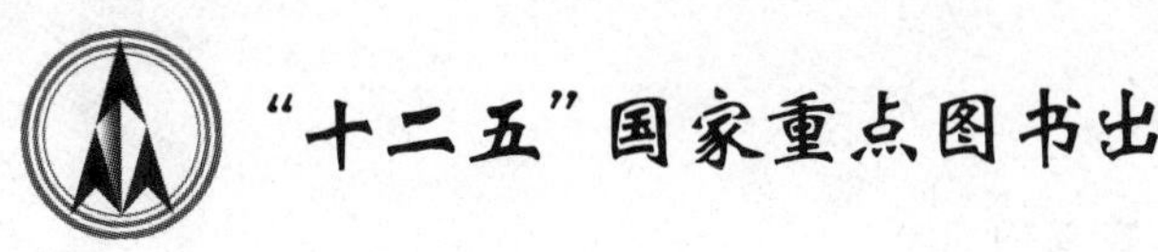

"十二五"国家重点图书出版规划项目

MEASUREMENT TECHNIQUE ON THERMAL RADIATION

热辐射测量技术

帅永　齐宏　艾青　赵军明　编著

谈和平　主审

内容简介

热辐射是能量传递的一种方式，也是信号传输的载体，在航空航天、新能源、激光、信息、生物技术等领域受到广泛重视。热辐射测量技术是研究热辐射特性与传输规律的直接手段和重要途径。本书从热辐射基本概念和传输机理出发，阐述了热辐射物性的定义和热辐射测量设备的使用原理，重点介绍了物体发射特性、反射特性、透射和吸收特性的测量方法和原理，同时还叙述了太阳能光热转换过程的辐射量和光热传输特性的测量方法和实验结果。

本书可供高等院校工程热物理、新能源、光学工程及相关专业高年级本科生及研究生使用，也可作为相关科研院所的工程技术人员学习和研究热辐射测量技术的参考书。

图书在版编目(CIP)数据

热辐射测量技术/帅永等编著. —哈尔滨：哈尔滨工业大学出版社，2014.8

ISBN 978－7－5603－4672－4

Ⅰ.①热…　Ⅱ.①帅…　Ⅲ.①热辐射－光热辐射测量－高等学校－教材　Ⅳ.①O414.1　②TH765.2

中国版本图书馆 CIP 数据核字(2014)第 086988 号

策划编辑　王桂芝
责任编辑　李长波
出版发行　哈尔滨工业大学出版社
社　　址　哈尔滨市南岗区复华四道街 10 号　邮编 150006
传　　真　0451－86414749
网　　址　http://hitpress.hit.edu.cn
印　　刷　哈尔滨工业大学印刷厂
开　　本　787mm×1092mm　1/16　印张 10.25　字数 235 千字
版　　次　2014 年 8 月第 1 版　2014 年 8 月第 1 次印刷
书　　号　ISBN 978－7－5603－4672－4
定　　价　32.00 元

前　言

热辐射是能量传递的一种方式，也是信号传输的载体，在红外探测与制导、能源动力等领域有广泛应用。近二十年来，热辐射特性与传输特性的测量技术研究在航空航天、新能源、激光、信息、生物技术等领域受到广泛重视。本书从热辐射基本概念和热辐射传输机理出发，主要阐述热辐射物性的定义和范畴、热辐射测量设备和系统的使用原理，结合课题组的研究成果和国内外研究动态讲解热辐射特性测量的实施途径和关键技术。本书可供高等院校工程热物理专业、新能源专业、光学工程及相关专业人士阅读和参考。

本书共分 6 章，第 1 章介绍了与热辐射物性有关的概念及其物理含义，给出了热辐射所遵循的基本辐射定律，并简单介绍了热辐射的传输特性。第 2 章介绍了温度测量类、辐射光源类、探测设备类等各类设备的测量原理，阐述了相应的使用方法和优缺点。第 3 章介绍了固体材料表面反射特性的表征参数，包括光谱法向反射率、光谱镜向反射率、光谱方向一半球反射率、双向反射分布函数的测试原理、方法和装置。第 4 章介绍了常用的物体发射特性测量方法，包括量热法、反射法、能量法和多波长法等，结合典型物体的发射特性测量结果进行了分析。第 5 章介绍了半透明物体透射和吸收特性测量方法及测量仪器。第 6 章介绍了太阳能光热利用过程中涉及的太阳能辐射量和热传输特性的测量技术，并结合相应的实验系统对结果进行了分析。

本书由帅永、齐宏、艾青、赵军明共同撰写，由谈和平主审。具体编写分工如下：第 1 章由帅永撰写，第 2 章由帅永与艾青共同撰写，第 3 章由帅永与赵军明共同撰写，第 4 章由齐宏撰写，第 5 章由艾青撰写，第 6 章由帅永撰写，全书最后由帅永统合定稿。

二十多年来，我们在热辐射特性与传输方面的研究工作，始终得到国家自然科学基金委的大力支持。本教材的部分研究先后得到国家自然科学基金面上项目（51276049、51276050）、国家重大科研仪器设备研制专项（51327803）及国家自然科学基金委创新研究群体（51121004）的资助。此外，本研究工作还得到教育部新世纪优秀人才支持计划（NCET－13－0173）、中央高校基本科研业务费专项资金（HIT. BRETIII. 201227）及哈工大创新实验课程建设项目的资助，在此表示衷心的感谢。

由于作者水平有限，书中难免有疏漏和不足之处，作者热切希望读者和同行专家提出宝贵的批评意见与建议。我们的电子信箱是：shuaiyong@hit. edu. cn，tanheping@hit. edu. cn。

作　者
2014 年 3 月
于哈尔滨工业大学

目　录

第1章　热辐射基本概念和定律

本章首先介绍什么是热辐射，然后对与热辐射物性有关的概念及其物理含义进行了讨论，给出了热辐射所遵循的基本辐射定律，并简单介绍了热辐射的传输特性，是热辐射测量技术的物理基础。

1.1　热辐射与电磁波谱

辐射传热通常用来描述由于电磁波引起的热量传输的科学，已知的电磁波谱如图1.1所示。电磁辐射都具有以下共同特点：

(1) 电磁辐射都以横波形式进行传播，即电磁波的振动方向与传播方向垂直；

(2) 电磁辐射在真空中的传播速度相同，都等于光在真空中的传播速度，即 3×10^8 m/s；

(3) 电磁辐射的传输并不需要介质；

(4) 都具有波粒二象性。

在工程上经常遇到的温度范围内，热辐射的能量主要集中在0.1～1 000 μm范围内，可分为紫外线、可见光和红外线三部分。真空中，可见光的波长为0.38～0.76 μm，红外线的波长为0.76～1 000 μm，0.1～0.38 μm为紫外线波段。

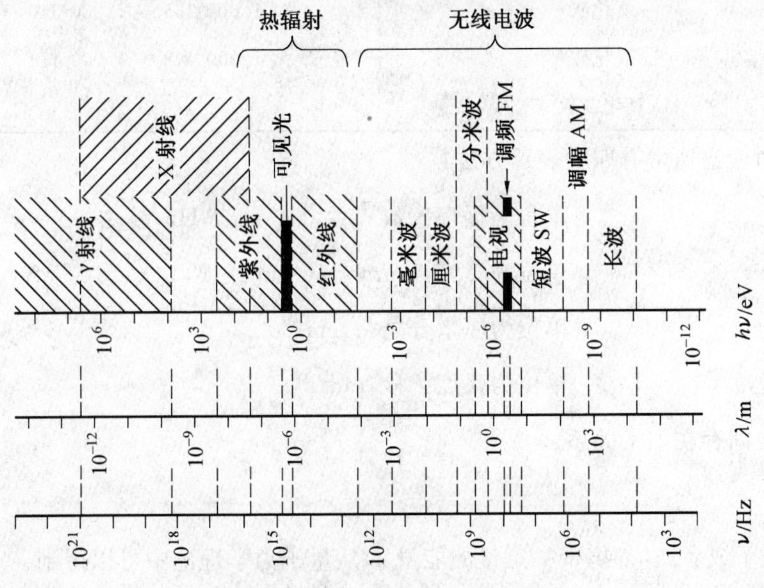

图1.1　电磁波谱图

综上所述，紫外线、可见光和红外线都属于电磁波，具有电磁波的通性，但不同条件下电磁波产生的机制不同，红外区辐射主要产生于分子的转动和振动，而在可见光与紫外区辐射主要产生于电子在原子场中的跃迁。这些辐射在与物质相互作用的性质也有区别，但都显示出波动和粒子双重性。另外，不同物质的粒子运动情况不同，而每一种粒子均会产生其特有的辐射谱线，可以用来确定物质的成分，这也正是光谱学的物理基础。正因为如此，这部分辐射的工程应用与研究侧重也不同。热辐射是指由于热的原因产生的电磁波，是热量传输三种方式（导热、对流、热辐射）之一，广泛应用于热交换领域，属传热学研究范畴。而可见光与红外线又可作为一种信号，广泛应用于遥测、通信领域，属光学研究范畴。在20世纪前半叶，这两者大部分时间是各自独立发展的，但这两种传输过程的物理本质、计算方法，除一些术语不同外基本一样。近年来，随着工业发展，尤其在国防科技中出现很多伴随着传热过程的信息传输问题，如红外目标特性、红外探测与遥感、红外成像制导等，需要将传热过程与光学传输过程结合起来。

热辐射在介质中的传输速度 c 为

$$c = c_0 / n \tag{1.1}$$

式中，c_0 为真空中的光速，$c_0 = 3 \times 10^8$ m/s；n 为介质的折射率（折射系数、单折射率）。真空的折射率 $n \equiv 1$，因此介质的折射率也就同时代表"相对折射率"。对于大多数气体，其折射率 n 非常接近于1，见表1.1。

表1.1 常见气体的折射率 n

常见的气体	n
氢	1.000 138 ～ 1.000 142
空气（室温、可见光波段）	1.000 293
一氧化碳	1.000 335 ～ 1.000 340
二氧化碳	1.000 448 ～ 1.000 454
一氧化二氮	1.000 516

热辐射光谱通常有四种表示方法：

频率，ν　　单位为循环次数 / 秒，1 s^{-1} = 1 Hz，赫兹

波长，λ　　单位为微米，1 μm = 10^{-6} m 或埃，1 Å = 10^{-8} m

波数，η　　单位为厘米分之一，cm^{-1}

角频率，ω　　单位为弧度 / 秒，rad/s

它们之间存在如下关系：

$$\nu = \frac{\omega}{2\pi} = \frac{c}{\lambda} = c\eta \tag{1.2}$$

每个光子或者波，都携带一定量的能量 ϵ，从量子力学理论中可以得到

$$\epsilon = h\nu \tag{1.3}$$

式中，h 为普朗克常数，$h = 6.626 \times 10^{-34}$ J·s。这就把波和粒子的二象性联系了起来，即在

能量的观点上，认为：组成不同波长的单色光的光子各不相同。当光从一种介质透射到另一种介质时，光的频率不变，因为光子的能量必须守恒，而波长和波数则依赖于两种介质的折射率。某些场合下，电磁波用光子携带的能量 $h\nu$ 来表征，其能量单位为电子伏特（$1\ \mathrm{eV}=1.602\,2\times10^{-19}\ \mathrm{J}$）。因此，携带 a eV 光子能量的光在真空中的波长为

$$\lambda=\frac{h_c}{h\nu}=\frac{6.626\times10^{-34}\ \mathrm{J\cdot s}\times2.998\times10^{8}\ \mathrm{m/s}}{a\times1.602\,2\times10^{-19}\ \mathrm{J}}=\frac{1.240}{a}\mu\mathrm{m} \tag{1.4}$$

1.2　热辐射能量的表示方法

辐射能按空间方向、波长的分布，需要用不同的参量来表示。空间方向的性质常用方向角和立体角表示，有时也用向量表示。设有一半球，半径为 R，在基圆中心有一微元面 $\mathrm{d}A$。微元面发射一微元束能量，微元束的中心轴表示该能束的发射方向，用 θ 和 ψ 表示，如图 1.2 所示。θ 角是 $\mathrm{d}A$ 面的法线与微元束中心轴的夹角，称为天顶角，也称纬度角。ψ 角是中心轴在基圆上的投影线与 x 坐标轴的夹角，称为圆周角，也称经度角。微元立体角 $\mathrm{d}\Omega$，用球面上被立体角切割的球形面积 $\mathrm{d}A_s$，除以球半径的平方来表示，如图 1.3 和图 1.4 所示，单位为球面度，sr。

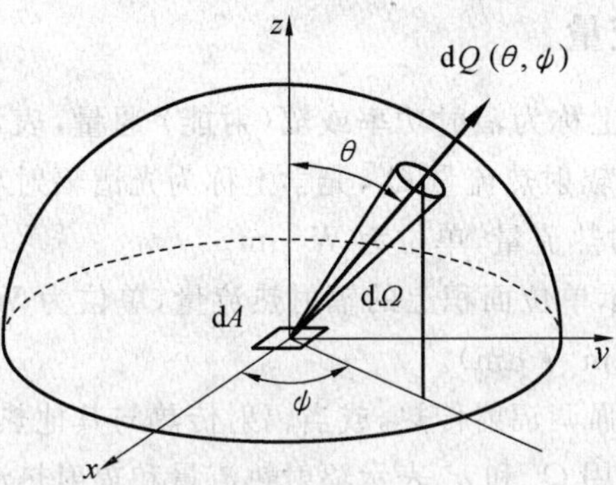

图 1.2　辐射微元束的空间几何性质

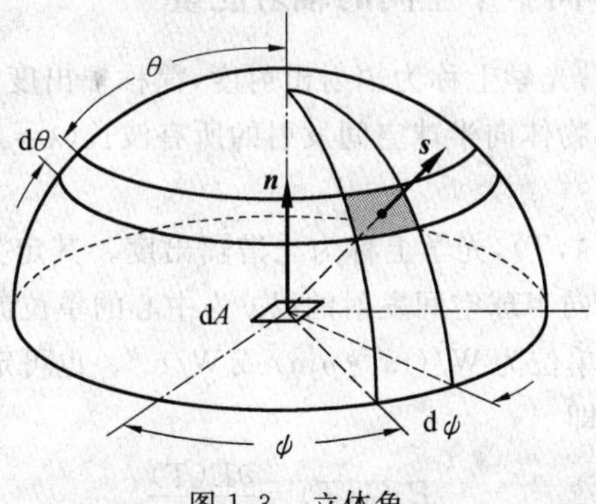

图 1.3　立体角

$$\mathrm{d}\Omega=\frac{\mathrm{d}A_s}{R^2}=\frac{R\sin\theta\mathrm{d}\psi\cdot R\mathrm{d}\theta}{R^2}=\sin\theta\mathrm{d}\theta\mathrm{d}\psi \tag{1.5}$$

可以得出全空间的立体角为 4π，而半个空间的立体角为 2π，我们经常考虑热辐射在

2π空间里的传输特性。图1.3方向角的表示与图1.2的略有不同，两者仅差一无穷小量，完全可以忽略不计。

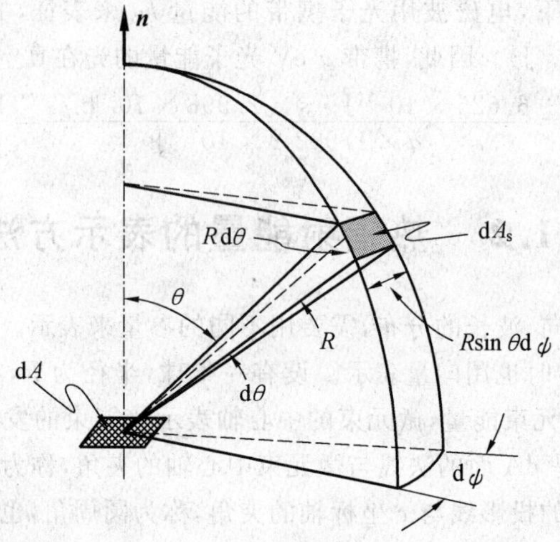

图 1.4　立体角的定义

1.2.1　描述热流量

辐射热流量 Q，光学上称为辐射功率或辐（射能）通量，表示单位时间内的辐射热量（能量），单位为 W。光谱辐射热流量 Q_λ，光学上称为光谱辐射功率，表示以波长 λ 为中心的单位波长间隔内的辐射热流量，单位为 W/μm。

辐射热流密度 q，表示单位面积上的辐射热流量，单位为 W/m²。光谱辐射热流密度 q_λ，单位为 W/m³ 或 W/(m² · μm)。

在本书中，有时为了强调辐射传热，或当辐射传热与其他热量传输方式同时出现时以示区别，加上角标 r，分别用 Q^r 和 q^r 表示辐射热流量和辐射热流密度。

1.2.2　描述物体向半个空间的辐射能量

半球总辐射力 $E(T)$，光学上称为辐射出射度，简称辐出度。其定义为：单位时间内，单位面积上，温度为 T 的物体向半球空间发射的所有波长（$\lambda=0\sim\infty$）的总能量，简称总辐射力；单位为 W/m²。

半球光谱辐射力 $E_\lambda(\lambda,T)$，光学上称为光谱辐出度。其定义为：单位时间内，单位面积上，具有温度 T 的物体向半球空间发射的以 λ 为中心的单位波长间隔内的能量，简称光谱辐射力或单色辐射力；单位为 W/(m² · μm) 或 W/m³。也可定义为：微元波长范围内的辐射力除以该波长范围，即

$$E_\lambda(\lambda,T)=\frac{\partial E(T)}{\partial\lambda} \tag{1.6}$$

显然，半球总辐射力与光谱辐射力的关系为

$$E(T)=\int_0^\infty E_\lambda(\lambda,T)\mathrm{d}\lambda \tag{1.7}$$

1.2.3　描述物体向某个方向的辐射能量

定向辐射力 $E(\theta,\psi,T)$，其定义为：单位时间内，单位面积上，温度为 T 的物体向 θ,ψ 方向的单位立体角内发射的所有波长($\lambda=0\sim\infty$) 的总能量；单位为 $\mathrm{W/(m^2\cdot sr)}$。显然

$$E(T)=\int_{2\pi}E(\theta,\psi,T)\mathrm{d}\Omega \tag{1.8}$$

光谱定向辐射力(单色定向辐射力)$E_\lambda(\lambda,\theta,\psi,T)$，其定义为：微元波长范围内的定向辐射力除以该波长范围；单位为 $\mathrm{W/(m^3\cdot sr)}$ 或 $\mathrm{W/(m^2\cdot sr\cdot \mu m)}$。即

$$E_\lambda(\lambda,\theta,\psi,T)=\frac{\partial E(\theta,\psi,T)}{\partial\lambda} \tag{1.9}$$

$$E(\theta,\psi,T)=\int_0^\infty E_\lambda(\lambda,\theta,\psi,T)\mathrm{d}\lambda \tag{1.10}$$

1.2.4　描述物体向某个方向法向面积上的辐射能量

辐射强度 $I(\theta,\psi,T)$，光学上称为辐(射) 亮度或辐射度，其定义为：单位时间内，垂直发射方向的单位面积上，温度为 T 的物体向(θ,ψ) 方向的单位立体角内发射的所有波长的总能量；单位为 $\mathrm{W/(m^2\cdot sr)}$。按定义可知

$$I(\theta,\psi,T)=\frac{\mathrm{d}Q(\theta,\psi,T)}{\mathrm{d}\Omega\mathrm{d}A_{\mathrm{pro}}}=\frac{\mathrm{d}Q(\theta,\psi,T)}{\mathrm{d}\Omega\mathrm{d}A\cos\theta}=\frac{E(\theta,\psi,T)}{\cos\theta} \tag{1.11}$$

式中，$\mathrm{d}A_{\mathrm{pro}}$ 为 $\mathrm{d}A$ 在 θ,ψ 方向上的法向投影面积，$\mathrm{d}A_{\mathrm{pro}}=\mathrm{d}A\cos\theta$。

光谱辐射强度(单色辐射强度)$I_\lambda(\lambda,\theta,\psi,T)$，光学上称为光谱辐(射) 亮度或光谱辐射度，其定义为：微元波长范围内的辐射强度除以该波长范围；单位为 $\mathrm{W/(m^3\cdot sr)}$ 或 $\mathrm{W/(m^2\cdot sr\cdot\mu m)}$。即

$$I_\lambda(\lambda,\theta,\psi,T)=\frac{\partial I(\theta,\psi,T)}{\partial\lambda} \tag{1.12}$$

$$I(\theta,\psi,T)=\int_0^\infty I_\lambda(\lambda,\theta,\psi,T)\mathrm{d}\lambda \tag{1.13}$$

1.2.5　描述探测仪器所感知的物体辐射能量

在辐射传热的测量与计算中，有几种热量的表示方法很有用，即本身辐射、投射辐射、有效辐射及净辐射。

本身辐射是指由物体本身温度决定的辐射。单位面积上本身辐射称为本身辐射力，用 E 表示，即(半球总) 辐射力，光学中称辐射出射度。

投射辐射(有的文献中称为入射辐射、投入辐射) 是指入射到物体上的总辐射热量。单位面积的投射辐射称为投射辐射力，用 H 表示。投射辐射可以是从其他物体发射来的，也可以是物体自身发射的。例如，凹形表面发射的一部分能量会落到自己身上，这部分能量应计算到该表面的投射辐射中。

有效辐射是指物体本身辐射和反射辐射之和，单位面积的有效辐射称为有效辐射力，用 J 表示。图 1.5 为不透明(透射率 $\tau_\lambda=\tau=0$) 表面的有效辐射力示意图。对于不透明灰表面 A，$\alpha(T_A)+\rho(T_A)=1$，所以

$$J = E + \rho H = \varepsilon E_b + (1 - \alpha) H \tag{1.14}$$

式中，右端第一项为表面的本身辐射力，第二项为表面的反射辐射力。用辐射探测仪测到的不透明物体辐射能量都是有效辐射。

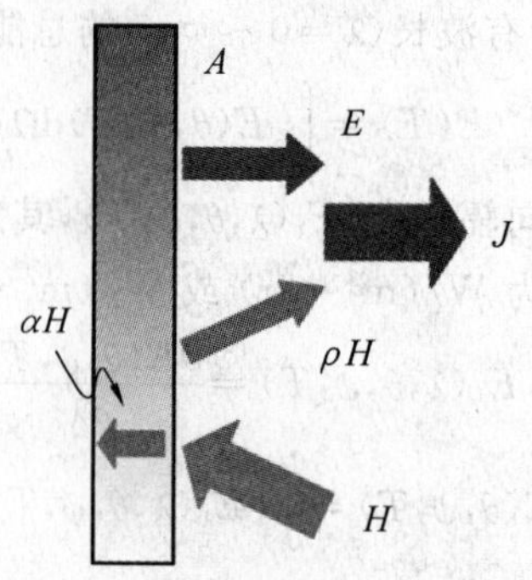

图 1.5　有效辐射示意图

在辐射传热中，物体最终失去或得到的热量称为该物体的净辐射，我国出版的大部分书中直接称为辐射换热量。单位时间内物体单位面积的净辐射量称为净辐射热流密度或辐射传热热流密度，用 q 表示。一个物体的净辐射等于其有效辐射力减去投射辐射力，也可以表示为物体单位面积的自射辐射减去其吸收辐射，即有

$$q = J - H = E - \alpha H \tag{1.15}$$

1.2.6　描述物体在某个光谱下的辐射能量

前面已经对以波长 λ 表示的光谱辐射能量进行了介绍。类似的，若用频率 ν 表示光谱辐射力 E_ν（有的文献称其为单频辐射力），单位为 $\mathrm{W/(m^2 \cdot Hz)}$，则辐射力可写为

$$E = \int_0^\infty E_\lambda \mathrm{d}\lambda = \int_\infty^0 E_\nu \mathrm{d}\nu = -\int_0^\infty E_\nu \mathrm{d}\nu \tag{1.16}$$

由此可得 E_λ 与 E_ν 的关系为

$$E_\lambda \mathrm{d}\lambda = -E_\nu \mathrm{d}\nu \tag{1.17}$$

因为单位波长间隔不等于单位频率间隔，所以 E_ν 与 E_λ 在数值上不等。

若用波数表示光谱辐射力 E_η，因为波数 η 为波长的倒数 $\eta = 1/\lambda$，则有下列关系

$$E = -\int_0^\infty E_\eta \mathrm{d}\eta \tag{1.18}$$

$$E_\lambda \mathrm{d}\lambda = -E_\nu \mathrm{d}\nu = -E_\eta \mathrm{d}\eta \tag{1.19}$$

由于辐射传热学与光学、光谱学、电磁学、辐射度学在发展史上各自独立，所以辐射能量、辐射物性参数的术语，在不同的学科领域中有不同的名称。此外，我国科技界的部分术语和名称是由外文翻译而来，译名不一致。随着辐射传热与光学、光谱学、电磁学、辐射度学的交叉，有些术语已逐渐统一，但至今仍未完全一致。为便于查阅，表 1.2 列举了传热学、光学及电磁学中一些描述辐射能量的有关术语。

表 1.2　描述辐射能量的有关术语

名称及符号	定义式及单位	其他名称
辐射热流量 Q	$\dfrac{\text{辐射热量}}{\text{时间}}$, W	辐(射能)通量,辐射功率
辐射热流密度 q	$\dfrac{\text{辐射热量}}{\text{时间}\times\text{面积}}$, $\dfrac{\mathrm{W}}{\mathrm{m}^2}$	辐射传热热流密度
(半球总)辐射力 E	$\dfrac{\text{半球空间辐射能量}}{\text{时间}\times\text{面积}}$, $\dfrac{\mathrm{W}}{\mathrm{m}^2}$	辐出度,辐射出射度,辐射通量密度
(半球)光谱辐射力 E_λ	$\dfrac{\text{微元波段的辐射力}}{\text{微元波段}}$, $\dfrac{\mathrm{W}}{\mathrm{m}^3}$	光谱辐出度,光谱辐射出射度,单色辐射力
定向辐射力 $E(\theta,\psi)$	$\dfrac{\text{某方向的辐射能量}}{\text{时间}\times\text{面积}\times\text{立体角}}$, $\dfrac{\mathrm{W}}{\mathrm{m}^2\cdot\mathrm{sr}}$	方向辐射力
光谱定向辐射力 $E_\lambda(\theta,\psi)$	$\dfrac{\text{某方向微元波段的辐射能量}}{\text{时间}\times\text{面积}\times\text{立体角}\times\text{微元波段}}$, $\dfrac{\mathrm{W}}{\mathrm{m}^3\cdot\mathrm{sr}}$	单色定向辐射力
辐射强度 I	$\dfrac{\text{某方向的辐射能量}}{\text{时间}\times\text{法向面积}\times\text{立体角}}$, $\dfrac{\mathrm{W}}{\mathrm{m}^2\cdot\mathrm{sr}}$	辐射度,辐(射)亮度
光谱辐射强度 I_λ	$\dfrac{\text{微元波段的辐射强度}}{\text{微元波段}}$, $\dfrac{\mathrm{W}}{\mathrm{m}^3\cdot\mathrm{sr}}$	单色辐射强度
投射辐射力 H	$\dfrac{\text{投射辐射能量}}{\text{时间}\times\text{面积}}$, $\dfrac{\mathrm{W}}{\mathrm{m}^2}$	辐(射)照度
光谱投射辐射力 H_λ	$\dfrac{\text{微元波段的投射辐射力}}{\text{微元波段}}$, $\dfrac{\mathrm{W}}{\mathrm{m}^3}$	光谱辐(射)照度

1.3　热辐射物性定义与范畴

一物体表面 A,温度为 T_A,外界辐射投射到该表面上的热流量 Q 中,一部分 Q_α 被表面 A 吸收,另一部分 Q_ρ 被反射,其余部分 Q_τ 穿透表面 A。按照能量守恒定律有

$$\frac{Q_\alpha}{Q}+\frac{Q_\rho}{Q}+\frac{Q_\tau}{Q}=1 \tag{1.20}$$

式中,各热流量的百分比 $\alpha(T_A)=Q_\alpha/Q,\rho(T_A)=Q_\rho/Q,\tau(T_A)=Q_\tau/Q$ 分别称为该物体对投射辐射的吸收率 $\alpha(T_A)$、反射率 $\rho(T_A)$ 和透射率(穿透率、透过率)$\tau(T_A)$,即

$$\alpha(T_A)+\rho(T_A)+\tau(T_A)=1 \tag{1.21}$$

引入光谱吸收率 $\alpha_\lambda(\lambda,T_A)$、光谱反射率 $\rho_\lambda(\lambda,T_A)$ 及光谱透射率 $\tau_\lambda(\lambda,T_A)$,同样由能量守恒定律,有

$$\alpha_\lambda(\lambda,T_A)+\rho_\lambda(\lambda,T_A)+\tau_\lambda(\lambda,T_A)=1 \tag{1.22}$$

1.3.1 理想物体

(1) 漫发射体(又称兰贝特体、朗伯体)

物体发射的辐射强度与方向无关的性质称为漫发射。具有漫发射性质的物体称为漫发射体，漫发射体必定漫吸收。

(2) 绝对黑体(简称黑体)

$\alpha_\lambda=\alpha=1$，黑体的发射、吸收性质与方向无关，各个方向上的辐射强度相同，是漫发射体。

(3) 漫反射体

反射的辐射强度与方向无关的性质称为漫反射。具有漫反射性质的表面称为漫反射表面或漫反射体。

(4) 白体

$\rho_\lambda=\rho=1$，且全部为漫反射的物体称为白体。

(5) 镜体

$\rho_\lambda=\rho=1$，且遵守镜面反射规律(入射角等于反射角)的物体称为镜体。

(6) 绝对透明体(简称透明体)

$\tau_\lambda=\tau=1$。

(7) 灰体

$\alpha_\lambda=\alpha<1$，且发射、吸收性质与方向无关，只取决于温度。

1.3.2 实际物体表面的热辐射物性

(1) 发射率 $\varepsilon(T_A)$

发射率又称辐射率、黑度、比辐射率，定义为一个温度 T_A 物体的辐射力 $E(T_A)$ 与同温度黑体辐射力 $E_b(T_A)$ 之比，无量纲。

$$\varepsilon(T_A)=E(T_A)/E_b(T_A) \tag{1.23}$$

与黑体不同，实际物体的发射率取决于光谱、方向。为了描述物体发射本领随光谱及方向的分布性质，引入方向光谱发射率、方向(总)发射率和(半球)光谱发射率。

方向光谱发射率(定向光谱发射率)$\varepsilon_\lambda(\lambda,\theta,\psi,T_A)$ 是物体的方向光谱辐射力与同温度、同波长、同方向的黑体方向光谱辐射力之比，即

$$\varepsilon_\lambda(\lambda,\theta,\psi,T_A)=\frac{E_\lambda(\lambda,\theta,\psi,T_A)}{E_{b\lambda}(\lambda,\theta,T_A)} \tag{1.24}$$

依照方向光谱发射率可以得到法向光谱发射率 $\varepsilon_{\lambda,n}(\lambda,T_A)$，即指天顶角 θ 为零时的光谱发射率，下标 n 表示方向为表面的法线方向。由于对大多数表面来说可假定 $\varepsilon_{\lambda,n}$ 不随方位角 ψ 变化，故表达式括号中省去了 ψ 的符号。$\varepsilon_{\lambda,n}$ 是工程实践中常用的一个热辐射性质，当利用光学高温计测定物体的表面温度时，只有知道了 $\varepsilon_{\lambda,n}$ 才能确定表面的真实温度。

方向(总)发射率 $\varepsilon(\theta,\psi,T_A)$ 的定义与此类似，若采用方向光谱发射率 $\varepsilon_\lambda(\lambda,\theta,\psi,T_A)$ 表示，则

$$\varepsilon(\theta,\psi,T_A)=\frac{E(\theta,\psi,T_A)}{E_b(\theta,T_A)}=\frac{\pi\int_0^{\infty}\varepsilon_\lambda(\lambda,\theta,\psi,T_A)I_{b\lambda}(\lambda,T_A)d\lambda}{\sigma T_A^4} \tag{1.25}$$

(半球) 光谱发射率 $\varepsilon_\lambda(\lambda,T_A)$ 的定义以及与方向光谱发射率 $\varepsilon_\lambda(\lambda,\theta,\psi,T_A)$ 的关系为

$$\varepsilon_\lambda(\lambda,T_A)=\frac{E_\lambda(\lambda,T_A)}{E_{b\lambda}(\lambda,T_A)}=\frac{1}{\pi}\int_{\theta=0}^{\pi/2}\int_{\psi=0}^{2\pi}\varepsilon_\lambda(\lambda,\theta,\psi,T_A)\cos\theta\sin\theta d\theta d\psi \tag{1.26}$$

(半球总) 发射率 $\varepsilon(T_A)$ 若用方向光谱发射率 $\varepsilon_\lambda(\lambda,\theta,\psi,T_A)$ 表示，为

$$\varepsilon(T_A)=\frac{\int_{\theta=0}^{\pi/2}\int_{\psi=0}^{2\pi}\left[\int_0^{\infty}\varepsilon_\lambda(\lambda,\theta,\psi,T_A)I_{b\lambda}(\lambda,T_A)d\lambda\right]\cos\theta\sin\theta d\theta d\psi}{\sigma T_A^4} \tag{1.27}$$

综上所述，描述物体发射本领最基本的参数是方向光谱发射率，由它可导出其他的发射率。但是目前方向光谱发射率的数据很少，在绝大多数工程问题中，均假定物体为漫发射体，即 $\varepsilon_\lambda(\lambda,\theta,\psi,T_A)=\varepsilon_\lambda(\lambda,T_A)$。

(2) 吸收率 $\alpha(T_A)$

吸收率是吸收表面温度的函数，定义为物体吸收的辐射能量占投射到物体上的辐射能量的百分比，见式(1.20)，$\alpha(T_A)=Q_\alpha/Q$。

(半球) 光谱吸收率 $\alpha_\lambda(\lambda,T_A)$ 是物体所吸收的光谱辐射能量占半球空间投射到物体上的同波长辐射能量的百分比。

方向光谱吸收率 $\alpha_\lambda(\lambda,\theta,\psi,T_A)$ 是物体在(θ,ψ) 方向上吸收的光谱辐射能量占同方向、同波长投射到物体上的辐射能量的百分比。

其他定义与此类同。(半球总) 吸收率 $\alpha(T_A)$、(半球) 光谱吸收率 $\alpha_\lambda(\lambda,T_A)$、方向光谱吸收率 $\alpha_\lambda(\lambda,\theta,\psi,T_A)$ 间有下列关系，即

$$\alpha(T_A)=\frac{\int_0^{\infty}\alpha_\lambda(\lambda,T_A)H_\lambda(\lambda,T_i)d\lambda}{\int_0^{\infty}H_\lambda(\lambda,T_i)d\lambda}=\frac{\int_0^{\infty}\int_{\Omega=2\pi}\alpha_\lambda(\lambda,\theta,\psi,T_A)H_\lambda(\lambda,\theta,\psi,T_i)d\Omega d\lambda}{\int_0^{\infty}\int_{\Omega=2\pi}H_\lambda(\lambda,\theta,\psi,T_i)d\Omega d\lambda} \tag{1.28}$$

式中，$H_\lambda(\lambda,T_i)$ 表示投射到物体表面上的光谱投射辐射力；$H_\lambda(\lambda,\theta,\psi,T_i)$ 表示投射到物体表面上的定向光谱投射辐射力。

(3) 透射率 $\tau(T_A)$

透射率是半透明表面温度的函数，定义为物体透过的辐射能量占投射到物体上的辐射能量的百分比，见式(1.20)，$\tau(T_A)=Q_\tau/Q$。

(半球) 光谱透射率 $\tau_\lambda(\lambda,T_A)$ 是半透明材料所透过的光谱辐射能量占半球空间投射到物体上的同波长辐射能量的百分比。

光谱定向透过率 $\tau_\lambda(\lambda,\theta_i,\psi_i,T_A)$ 是透过半透明材料、投射方向为(θ_i,ψ_i) 包含在立体角 $\Delta\Omega_i$ 内的光谱辐射的份额，其表达式为

$$\tau_\lambda(\lambda,\theta_i,\psi_i,T_A)=\frac{\int_0^{2\pi}\int_0^{\pi/2}I_{\lambda,tr}(\lambda,\theta_i,\psi_i,\theta_{tr},\psi_{tr},T_A)\cos\theta_{tr}\sin\theta_{tr}d\theta_{tr}d\psi_{tr}}{I_{\lambda,i}(\lambda,\theta_i,\psi_i,T_A)\cos\theta_i\Delta\Omega_i} \tag{1.29}$$

式中，下标 tr 表示透过；下标 i 表示入射。分子部分是透过半透明材料的在整个半球空间

的辐射，分母部分是从方向为(θ_i,ψ_i)包含在立体角$\Delta\Omega_i$内投入的总的辐射。

全波长定向透过率$\tau(\theta_i,\psi_i,T_A)$是透过半透明材料、投射方向为$(\theta_i,\psi_i)$包含在立体角$\Delta\Omega_i$内的全波长辐射的份额，其表达式为

$$\tau(\theta_i,\psi_i,T_A)=\frac{\int_0^\infty\int_0^{2\pi}\int_0^{\pi/2} I_{\lambda,tr}(\lambda,\theta_i,\psi_i,\theta_{tr},\psi_{tr},T_A)\cos\theta_{tr}\sin\theta_{tr}\mathrm{d}\theta_{tr}\mathrm{d}\psi_{tr}\mathrm{d}\lambda}{\int_0^\infty I_{\lambda,i}(\lambda,\theta_i,\psi_i,T_A)\cos\theta_i\Delta\Omega_i\mathrm{d}\lambda} \tag{1.30}$$

若采用光谱定向透过率$\tau_\lambda(\lambda,\theta_i,\psi_i,T_A)$表示，则

$$\tau(\theta_i,\psi_i,T_A)=\frac{\int_0^\infty \tau_\lambda(\lambda,\theta_i,\psi_i,T_A)I_{\lambda,i}(\lambda,\theta_i,\psi_i,\theta_{tr},\psi_{tr},T_A)\cos\theta_{tr}\Delta\Omega_i\mathrm{d}\lambda}{\int_0^\infty I_{\lambda,i}(\lambda,\theta_i,\psi_i,T_A)\cos\theta_i\Delta\Omega_i\mathrm{d}\lambda} \tag{1.31}$$

若半透明材料是镜透明体（无漫透射辐射），则$\tau_\lambda(\lambda,\theta_i,\psi_i,T_A)$和$\tau(\theta_i,\psi_i,T_A)$可分别写成

$$\tau_\lambda(\lambda,\theta_i,\psi_i,T_A)=\frac{I_{\lambda,tr}(\lambda,\theta_i,\psi_i,T_A)}{I_{\lambda,i}(\lambda,\theta_i,\psi_i,T_A)} \tag{1.32}$$

$$\tau(\theta_i,\psi_i,T_A)=\frac{I_{tr}(\theta_i,\psi_i,T_A)}{I_i(\theta_i,\psi_i,T_A)} \tag{1.33}$$

或

$$\tau(\theta_i,\psi_i,T_A)=\frac{\int_0^\infty \tau_\lambda(\lambda,\theta_i,\psi_i,T_A)I_{\lambda,i}(\lambda,\theta_i,\psi_i,T_A)\mathrm{d}\lambda}{\int_0^\infty I_{\lambda,i}(\lambda,\theta_i,\psi_i,T_A)\mathrm{d}\lambda} \tag{1.34}$$

由上可知，透射率除了与光谱特性有关外，还与入射方向、透射方向有关。为了考虑这些因素的影响，引入双向透射分布函数（Bidirectional Transmittance Distribution Function，BTDF）。如图1.6所示，在入射方向(θ_i,ψ_i)包含在立体角$\Delta\Omega_i$内，单位时间、单位面积的入射光谱能量$I_{\lambda,i}(\lambda,\theta_i,\psi_i,T_A)\cos\theta_i\Delta\Omega_i$投射到半透明表面上，在不同透射方向上透射的能量不同。若在透射方向(θ_{tr},ψ_{tr})上透射的光谱辐射强度为$I_{\lambda,tr}(\lambda,\theta_i,\psi_i,\theta_{tr},\psi_{tr},T_A)$，则光谱双向透射分布函数$\mathrm{BTDF}_\lambda(\lambda,\theta_{tr},\psi_{tr},\theta_i,\psi_i,T_A)$的定义为两能量之比，即

$$\mathrm{BTDF}_\lambda(\lambda,\theta_{tr},\psi_{tr},\theta_i,\psi_i,T_A)=\frac{I_{\lambda,tr}(\lambda,\theta_i,\psi_i,\theta_{tr},\psi_{tr},T_A)}{I_{\lambda,i}(\lambda,\theta_i,\psi_i,T_A)\cos\theta_i\Delta\Omega_i} \tag{1.35}$$

(4) 表面反射方向特性的表示

反射率除与光谱特性有关外，还与入射方向、反射方向有关。为了考虑这些因素的影响，与双向透射分布函数BTDF类似，引入双向反射分布函数（Bidirectional Reflectance Distribution Function，BRDF）。

① 光谱双向反射分布函数$\mathrm{BRDF}_\lambda(\lambda,\theta_r,\psi_r,\theta_i,\psi_i)$。

如图1.7和图1.8所示，在入射方向(θ_i,ψ_i)上，入射立体角$\Delta\Omega_i$内，单位时间、单位面积的投射光谱能量为

$$H_\lambda(\lambda,\theta_i,\psi_i)\Delta\Omega_i=I_{\lambda,i}(\lambda,\theta_i,\psi_i)\cos\theta_i\Delta\Omega_i$$

此能量投射到表面，在不同反射方向上反射的能量不同。若在反射方向(θ_r,ψ_r)上，反射的光谱辐射强度为$I_{\lambda,r}(\lambda,\theta_r,\psi_r,\theta_i,\psi_i)$，则光谱双向反射分布函数的定义为此两能量

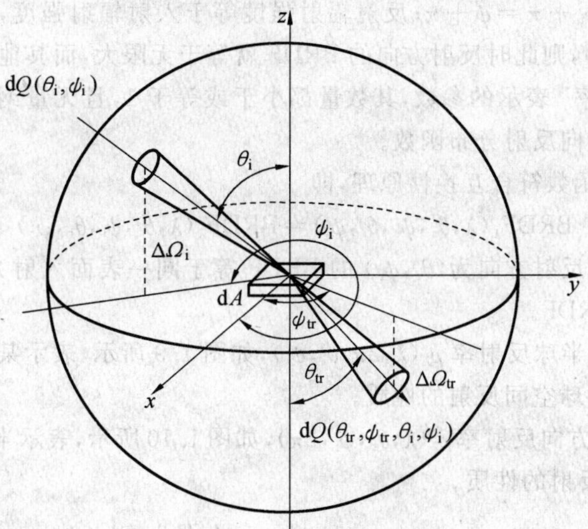

图 1.6　表面双向透射分布函数示意图

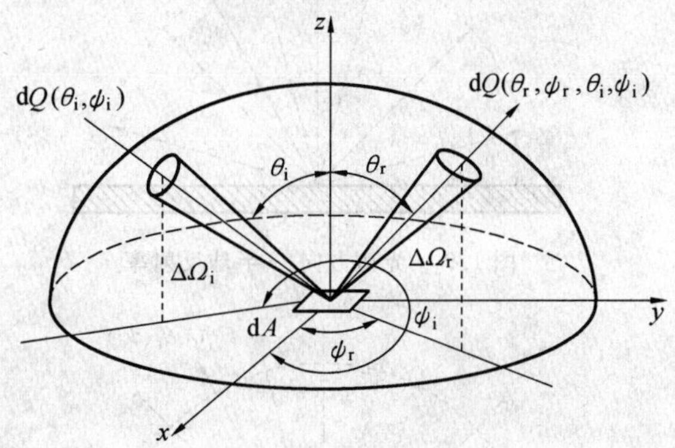

图 1.7　表面双向反射分布函数示意图

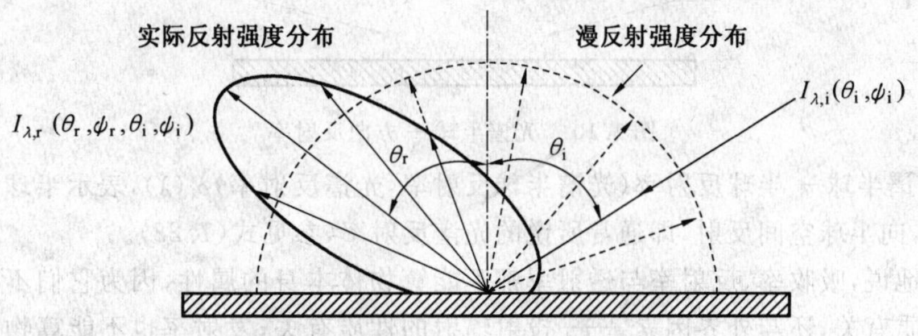

图 1.8　双向反射分布函数的定义

之比，即

$$\mathrm{BRDF}_\lambda(\lambda,\theta_r,\phi_r,\theta_i,\phi_i,T_A)=\frac{I_{\lambda,r}(\lambda,\theta_r,\phi_r,\theta_i,\phi_i,T_A)}{I_{\lambda,i}(\lambda,\theta_i,\phi_i)\cos\theta_i\Delta\Omega_i}\tag{1.36}$$

其中，T_A 表示表面的温度。若立体角 $\Delta\Omega_i$ 的单位为 sr(球面度)，则由式(1.34)可以看出 BRDF 的单位为 1/sr。BRDF 的取值可以从 0 到 ∞。对于理想镜面：入射角等于反射角，

即 $\theta_r=\theta_i=\theta, \psi_r=\psi_i+\pi=\psi+\pi$；反射辐射强度等于入射辐射强度，即 $I_{\lambda,r}(\theta_r,\psi_r,\theta_i,\psi_i,T_A)=I_{\lambda,i}(\theta_i,\psi_i,T_A)$，则此时反射方向的 BRDF 就等于无限大，而其他方向的 BRDF 等于零。一般情况，用“率”表示的参数，其数量都小于或等于 1，且无量纲。所以本书采用光学上的名词 —— 双向反射分布函数。

双向反射分布函数符合互换性原理，即

$$\mathrm{BRDF}_\lambda(\lambda,\theta_r,\psi_r,\theta_i,\psi_i)=\mathrm{BRDF}_\lambda(\lambda,\theta_i,\psi_i,\theta_r,\psi_r) \tag{1.37}$$

入射方向为(θ_i,ψ_i)、反射方向为(θ_r,ψ_r)的 BRDF 等于同一表面入射方向为(θ_r,ψ_r)、反射方向为(θ_i,ψ_i)的 BRDF。

② 光谱方向－半球反射率 $\rho_\lambda(\lambda,2\pi,\theta_i,\psi_i)$，如图 1.9 所示，表示某一方向$(\theta_i,\psi_i)$投射来的光谱能量，向半球空间反射的性质。

③ 光谱半球－方向反射率 $\rho_\lambda(\lambda,\theta_r,\psi_r,2\pi)$，如图 1.10 所示，表示半球空间投射来的能量，向(θ_r,ψ_r)方向反射的性质。

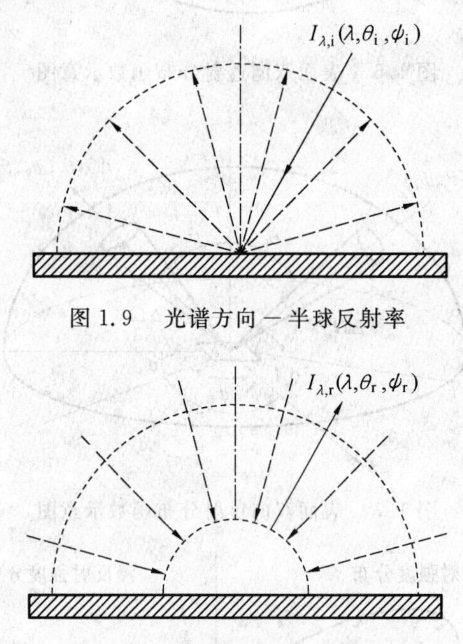

图 1.9　光谱方向－半球反射率

图 1.10　光谱半球－方向反射率

④ 光谱半球－半球反射率(光谱半球反射率，光谱反射率)$\rho_\lambda(\lambda)$，表示半球空间投射来的能量，向半球空间反射，即通常所说的光谱反射率，参见式(1.22)。

严格地说，吸收率、反射率与透射率都不能算物体本身的属性，因为它们不仅与物体固有的性质有关，还与外界因素 —— 投射辐射的性质有关；发射率也不能算物体本身的属性，因为固体表面发射率与固体所处环境介质的折射率有关。但通常情况下忽略外界因素，仍将它们归类为辐射物性参数。

1.3.3　介质辐射特性及布格尔定律

辐射热能在介质中的传输沿程衰减，局部区域的辐射能不仅取决于当地的物性与温度，还与远处的物性、温度有关，分析计算时需要考虑一定的容积(计算域)，这就是介质辐射的延程性或容积性。由于介质辐射的容积性，需要研究辐射能量的空间分布，因此通常用辐射强度 I 来描述辐射能量的空间分布。

在介质辐射中，除发射、吸收外，常需要考虑散射。散射是指热射线通过介质时，方向改变的现象。从能量变化的角度，散射可分为四种类型：

① 弹性散射，射线方向改变，但光子能量（从而其频率）没有因散射而改变，即在散射时辐射场与介质之间无能量交换。

② 非弹性散射，不仅射线方向改变，光子能量也有变化，本书不考虑非弹性散射。

③ 各向同性散射，即任何方向上的散射能量都相同。

④ 各向异性散射，即散射能量随方向变化。根据此散射定义，表面反射就属于散射，界面处的折射，粒子与物体边缘的衍射也属于散射。但在物理光学内，对散射的定义有更细致的规定，将散射与反射、衍射、折射区别开来。辐射传热中着重从能量分布上分析此问题，将反射、衍射、折射的能量均归为散射能量。介质的散射是由于介质的局部不均匀所引起的，介质中含有各种粒子（气体分子、尘埃、气溶胶）就会引起散射，其物理机理可用电磁场理论的二次辐射来解释；介质的组分、密度、温度的非均匀性会导致介质折射率的非均匀分布，产生折射率梯度。

1. 布格尔(Bouguer) 定律

射线在介质中传输时，由于介质的吸收及散射，能量逐渐衰减。设一束光谱辐射强度为 I_λ 的射线垂直穿过厚度为 $\mathrm{d}x$ 的介质，如图 1.11 所示，布格尔定律认为，在原射线方向上辐射能的衰减量 $\mathrm{d}I_\lambda$ 正比于投射量 I_λ 及厚度 $\mathrm{d}x$，即

$$\mathrm{d}I_\lambda = -\beta_\lambda(x) I_\lambda \mathrm{d}x \tag{1.38}$$

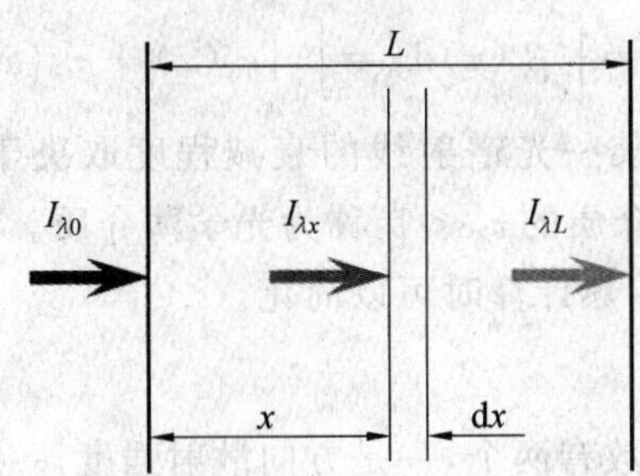

图 1.11　布格尔定律的推导

式中，负号表示减少；比例系数 β_λ 称为光谱衰减（减弱）系数，单位为 1/m，它与射线波长，介质的状态、压力或密度、成分等有关，$\beta_\lambda = \beta_\lambda(T, P, \mu_\mathrm{i}) = \beta_\lambda(x)$。对于非均质、非均温介质，$\beta_\lambda$ 是空间位置的函数。令 $x = 0$ 处，$I_\lambda = I_{\lambda,0}$；$x = L$ 处，$I_\lambda = I_{\lambda,L}$，则

$$\int_{I_{\lambda,0}}^{I_{\lambda,L}} \frac{\mathrm{d}I_\lambda}{I_\lambda} = -\int_0^L \beta_\lambda(x)\mathrm{d}x$$

得

$$I_{\lambda,L} = I_{\lambda,0} \exp\left[-\int_0^L \beta_\lambda(x)\mathrm{d}x\right] \tag{1.39}$$

此式即为布格尔定律，也有称之为贝尔(Beer) 定律，光学中也称为朗伯(Lambert) 定律。此式表明：光谱辐射强度沿传递行程按指数规律衰减。若 $\beta_\lambda \neq f(x)$，式(1.39) 可

写为

$$I_{\lambda,L}=I_{\lambda,0}\exp(-\beta_\lambda L) \tag{1.40}$$

2. 衰减系数、吸收系数、散射系数与光学厚度

衰减系数由两部分组成，即

$$\beta_\lambda(x)=\kappa_\lambda(x)+\sigma_{s\lambda}(x) \tag{1.41}$$

式中，κ_λ 称为光谱吸收系数；$\sigma_{s\lambda}$ 称为光谱散射系数，单位与 β_λ 相同，均为 1/m。部分介质的 β_λ 与密度 ρ 有线性或近似线性的关系，所以有时将密度从 β_λ 中单独分离出来，在工程中也有将压力 P 或浓度 μ 分离出来的表示方法，即

$$\beta_\lambda(x)=\beta_{\lambda,\rho}\rho(x)=\beta_{\lambda,P}P(x)=\beta_{\lambda,\mu}\mu(x) \tag{1.42}$$

式中，$\beta_{\lambda,\rho}$，$\beta_{\lambda,P}$，$\beta_{\lambda,\mu}$ 分别称为光谱密度、压力、浓度衰减系数，但也有些文献不加区别，均称其为光谱衰减系数。因其物理内涵不同，它们的单位也不一样，分别为 m^2/kg，$1/(Pa\cdot m)$，m^2/kg。光谱吸收系数与光谱散射系数也有类同式(1.42) 的表示方法。

若介质的光谱衰减系数 β_λ 很大，由布格尔定律可知，投射到此介质上的光谱辐射能，传播很短一段距离就衰减了。反之，穿透的距离就很长。衰减系数的倒数 $1/\beta$ 具有长度的量纲，所以可称其为光学穿透距离，相应的 $1/\beta_\lambda$ 可称为光谱光学穿透距离。当 $1/\beta_\lambda$ 等于几何穿透距离 L 时，光谱辐射强度衰减 1/e 倍，即 $I_{\lambda L}/I_{\lambda 0}=1/e$。光谱光学穿透距离也可看成以光谱衰减份额为权重，全行程的光谱光学平均穿透距离 $l_{m,\lambda}$，条件是 $\beta_\lambda\neq f(x)$，即

$$l_{m,\lambda}=\beta_\lambda\int_0^\infty x\frac{I_\lambda(x)-I_\lambda(x+\mathrm{d}x)}{I_\lambda(0)}=\frac{1}{\beta_\lambda} \tag{1.43}$$

布格尔定律式(1.39) 中 e 的指数项，称为光谱光学厚度，无量纲，用 $\tau_\lambda(x)$ 表示，即

$$\tau_\lambda(x)=\int_0^L\beta_\lambda(x)\mathrm{d}x=\int_0^L[\kappa_\lambda(x)+\sigma_{s\lambda}(x)]\mathrm{d}x \tag{1.44}$$

从此式可看出，介质中某一光谱射线的衰减程度取决于光谱光学厚度。若介质的 $\tau_\lambda\gg 1$，称为光学厚介质；若介质的 $\tau_\lambda\ll 1$，称为光学薄介质。光学厚与光学薄都是介质辐射的一种极限情况，在辐射传热计算时可以简化。

3. 散射方向特性的表示

描述散射方向的主要参数有两个，一是方向散射强度，一是散射相函数。

(1) 方向散射强度

若入射方向用 $\boldsymbol{\Omega}_i$ 表示，投射到散射体上的光谱辐射强度为 $I_\lambda(\boldsymbol{\Omega}_i)$，其中一部分被散射体散射，被散射的光谱辐射强度称为光谱散射强度，本书用 $I_{s\lambda}(\boldsymbol{\Omega}_i,4\pi)$ 表示，符号中 $\boldsymbol{\Omega}_i$ 表示入射方向，4π 表示散射到空间各方向。注意光谱散射强度是投射来的光谱辐射强度 $I_\lambda(\boldsymbol{\Omega}_i)$ 的一部分，所以它与 $I_\lambda(\boldsymbol{\Omega}_i)$ 有相同的单位 $W/(m^2\cdot\mu m\cdot sr)$。

为了描述散射能量在方向上的分布，引入光谱方向散射强度 $I_{s\lambda}(\boldsymbol{\Omega}_i,\boldsymbol{\Omega}_s)$，其定义式为

$$I_{s\lambda}(\boldsymbol{\Omega}_i,\boldsymbol{\Omega}_s)=\frac{\mathrm{d}I_{s\lambda}(\boldsymbol{\Omega}_i,4\pi)}{\mathrm{d}\Omega_s} \tag{1.45}$$

式中，$\boldsymbol{\Omega}_s$ 表示散射方向；Ω_s 表示散射方向的立体角，如图 1.12 所示。$I_{s\lambda}(\boldsymbol{\Omega}_i,\boldsymbol{\Omega}_s)$ 表示入射方向为 $\boldsymbol{\Omega}_i$，散射方向为 $\boldsymbol{\Omega}_s$，在散射方向单位立体角内的散射强度，其单位为 $W/(m^2\cdot\mu m\cdot sr^2)$。显然，方向散射强度对整个散射空间的积分等于散射强度，即

$$I_{s\lambda}(\boldsymbol{\Omega}_i,4\pi)=\int_{\Omega_s=4\pi}I_{s\lambda}(\boldsymbol{\Omega}_i,\boldsymbol{\Omega}_s)\mathrm{d}\Omega_s \tag{1.46}$$

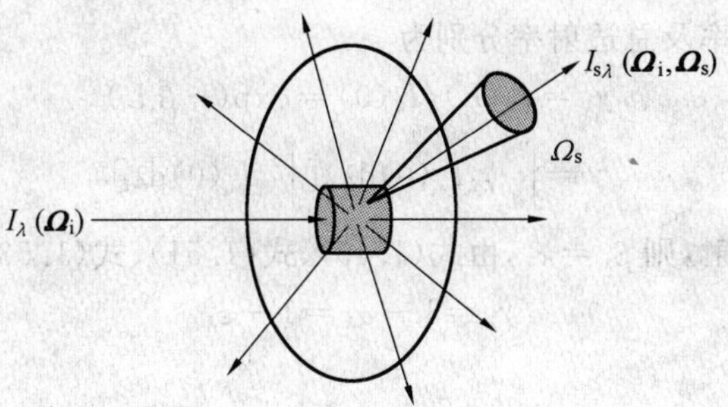

图 1.12　方向散射强度 $I_{s\lambda}(\boldsymbol{\Omega}_i,\boldsymbol{\Omega}_s)$

(2) 散射相函数

光谱方向散射强度与按 4π 散射空间平均的光谱方向散射强度之比称为光谱散射相函数，简称相函数，符号为 $\Phi_\lambda(\boldsymbol{\Omega}_i,\boldsymbol{\Omega}_s)$，其定义式为

$$\Phi_\lambda(\boldsymbol{\Omega}_i,\boldsymbol{\Omega}_s)=\frac{I_{s\lambda}(\boldsymbol{\Omega}_i,\boldsymbol{\Omega}_s)}{\dfrac{1}{4\pi}\displaystyle\int_{\Omega_s=4\pi}I_{s\lambda}(\boldsymbol{\Omega}_i,\boldsymbol{\Omega}_s)\mathrm{d}\Omega_s}=\frac{I_{s\lambda}(\boldsymbol{\Omega}_i,\boldsymbol{\Omega}_s)}{\dfrac{1}{4\pi}I_{s\lambda}(\boldsymbol{\Omega}_i,4\pi)} \tag{1.47}$$

散射相函数描述了散射能量的空间分布。由式(1.47)可看出：散射相函数对整个散射空间的积分等于 4π，即

$$\frac{1}{4\pi}\int_{\Omega_s=4\pi}\Phi_\lambda(\boldsymbol{\Omega}_i,\boldsymbol{\Omega}_s)\mathrm{d}\Omega_s=1 \tag{1.48}$$

此式称为散射相函数的归一化条件。散射相函数一般与散射体的尺寸、形状、辐射特性等有关，是一个比较复杂的函数。

4. 介质的发射率、吸收率与透射率

介质辐射特性有时也沿用固体辐射特性的概念，用发射率、吸收率与透射率表示。

(1) 介质的吸收率

介质吸收率为介质吸收的能量与投射能量之比。对等温均质介质，若光谱投射能量为 $I_\lambda(0)$，介质中射线的行程长度为 L，介质光谱吸收系数为 $\kappa_\lambda\neq f(x)$，则其吸收的能量为 $I_\lambda(0)[1-\exp(-\kappa_\lambda L)]$，根据定义，其光谱吸收率及总吸收率分别为

$$\alpha_\lambda=1-\exp(-\kappa_\lambda L) \tag{1.49}$$

$$\alpha=\int_0^\infty\alpha_\lambda I_\lambda(0)\mathrm{d}\lambda\Big/\Big[\int_0^\infty I_\lambda(0)\mathrm{d}\lambda\Big] \tag{1.50}$$

(2) 介质的发射率

根据基尔霍夫定律，介质的光谱发射率及总发射率分别为

$$\varepsilon_\lambda=\alpha_\lambda=1-\exp(-\kappa_\lambda L) \tag{1.51}$$

$$\varepsilon=\frac{\displaystyle\int_0^\infty\varepsilon_\lambda I_{b\lambda}\mathrm{d}\lambda}{\displaystyle\int_0^\infty I_{b\lambda}\mathrm{d}\lambda}=\frac{\pi\displaystyle\int_0^\infty I_{b\lambda}[1-\exp(-\kappa_\lambda L)]\mathrm{d}\lambda}{\sigma T^4} \tag{1.52}$$

(3) 介质层的透射率

穿透介质层的能量与投射能量之比称为此介质层的透射率(穿透率、透过率)。等温均质介质的光谱透射率及总透射率分别为

$$\gamma_\lambda = I_\lambda(L)/I_\lambda(0) = \exp(-\beta_\lambda L) \tag{1.53}$$

$$\gamma = \int_0^\infty \gamma_\lambda I_\lambda(0)\mathrm{d}\lambda / \left[\int_0^\infty I_\lambda(0)\mathrm{d}\lambda\right] \tag{1.54}$$

若忽略介质的散射,则 $\beta_\lambda = \kappa_\lambda$,由式(1.49)、式(1.51)、式(1.53)可得

$$\gamma_\lambda = 1 - \alpha_\lambda = 1 - \varepsilon_\lambda \tag{1.55}$$

对于灰介质

$$\gamma = 1 - \alpha = 1 - \varepsilon \tag{1.56}$$

若介质散射不能忽略,式(1.55)、式(1.56)不成立。吸收率、发射率不能表示散射,这是用吸收率、发射率、透射率表示介质辐射性质的缺点。

(4) 混合气体的光谱吸收率

混合气体的光谱吸收率可以由布格尔定律予以定量描述。为方便起见,下面以两种气体组成的等温、均质混合气体为例。

考虑第一种极限情况,两种气体的光谱重叠在一起。设混合气体中射线的行程长度为 L,取微元长度 $\mathrm{d}x$,射线通过 $\mathrm{d}x$ 气体时被吸收了 $\mathrm{d}I_\lambda$ 的能量,其中 $\mathrm{d}I_{\lambda1}$ 为气体 1 吸收,$\mathrm{d}I_{\lambda2}$ 为气体 2 吸收。根据布格尔定律可得

$$\mathrm{d}I_\lambda = \mathrm{d}I_{\lambda1} + \mathrm{d}I_{\lambda2} = -(\kappa_{\lambda1} + \kappa_{\lambda2})I_\lambda \mathrm{d}x$$

分离变量,对 L 求积,得

$$\int_{I_\lambda(0)}^{I_\lambda(L)} \frac{\mathrm{d}I_\lambda}{I_\lambda} = -\int_0^L (\kappa_{\lambda1} + \kappa_{\lambda2})\mathrm{d}x = -(\kappa_{\lambda1} + \kappa_{\lambda2})L$$

由式(1.49)可得

$$\kappa_{\lambda1} L = -\ln(1 - \alpha_{\lambda1})$$

$$\kappa_{\lambda2} L = -\ln(1 - \alpha_{\lambda2})$$

混合气体的光谱吸收率为

$$\begin{aligned}\alpha_\lambda = 1 - \exp[-(\kappa_{\lambda1} + \kappa_{\lambda2})L] = 1 - \exp[\ln(1 - \alpha_{\lambda1}) + \ln(1 - \alpha_{\lambda2})] = \\ 1 - (1 - \alpha_{\lambda1})(1 - \alpha_{\lambda2})\end{aligned}$$

$$\alpha_\lambda = \alpha_{\lambda1} + \alpha_{\lambda2} - \alpha_{\lambda1}\alpha_{\lambda2} \tag{1.57}$$

等号右端第三项表示:在波长 λ 处,气体 1、2 相互吸收的影响。混合气体的总吸收率为

$$\alpha = \frac{\int_0^\infty \alpha_\lambda I_\lambda(0)\mathrm{d}\lambda}{\int_0^\infty I_\lambda(0)\mathrm{d}\lambda} = \frac{\int_0^\infty (\alpha_{\lambda1} + \alpha_{\lambda2} - \alpha_{\lambda1}\alpha_{\lambda2})I_\lambda(0)\mathrm{d}\lambda}{\int_0^\infty I_\lambda(0)\mathrm{d}\lambda} \tag{1.58}$$

若两种气体均为灰体,则 $\alpha_{\lambda1} = \alpha_1$,$\alpha_{\lambda2} = \alpha_2$,由式(1.57)或式(1.58)可知

$$\alpha = \alpha_1 + \alpha_2 - \alpha_1\alpha_2 \tag{1.59}$$

考虑第二种极限情况,两种气体的谱带没有重叠之处,即两种气体互不吸收,在 $\alpha_{\lambda1} \neq 0$ 处 $\alpha_{\lambda2} = 0$,在 $\alpha_{\lambda2} \neq 0$ 处 $\alpha_{\lambda1} = 0$。显然

$$\alpha_\lambda = \alpha_{\lambda 1} + \alpha_{\lambda 2}, \quad \alpha = \alpha_1 + \alpha_2 \tag{1.60}$$

实际上，绝大多数混合气体的谱带仅部分重叠，所以总吸收率在两极限情况之间，即

$$\alpha = \alpha_1 + \alpha_2 - \Delta\alpha \tag{1.61}$$

$\Delta\alpha$ 在 $0 \sim \alpha_1\alpha_2$ 之间。

混合气体的发射率和吸收率类同，即有

$$\varepsilon_\lambda = \varepsilon_{\lambda 1} + \varepsilon_{\lambda 2} - \varepsilon_{\lambda 1}\varepsilon_{\lambda 2} \tag{1.62}$$

$$\varepsilon = \varepsilon_1 + \varepsilon_2 - \Delta\varepsilon \tag{1.63}$$

1.4　热辐射基本定律与传输方程

1.4.1　介质中的普朗克定律

普朗克定律(Planck's Law)给出了黑体发射光谱的变化规律，真空中其表达式为

$$E_{b\lambda} = \frac{c_1\lambda^{-5}}{\exp[c_2/(\lambda T)] - 1} \tag{1.64}$$

式中，$E_{b\lambda}$ 为黑体光谱辐射力，$\text{W}/(\text{m}^2 \cdot \mu\text{m})$；$c_1 = 2\pi h_{c0}^2$ 为第一辐射常数；$c_2 = h_{c0}/k_B$ 为第二辐射常数；h 为普朗克常数；k_B 为玻耳兹曼常数。这些常数的单位及数值见表1.3。

表1.3　相关辐射某些物理常数的值

名　称	符号	数　值
真空中的光速	c_0	$2.997\,924\,58 \times 10^8$ m/s
普朗克(Planck)常数	h	$6.626\,176 \times 10^{-34}$ J·s
玻耳兹曼(Boltzmann)常数	k_B	$1.380\,662 \times 10^{-23}$ J/K
普朗克定律第一辐射常数	c_1	$3.741\,832 \times 10^{-16}\ \text{W}\cdot\text{m}^2 = 2\pi h_{c0}^2$
普朗克定律第二辐射常数	c_2	$1.438\,8 \times 10^4\ \mu\text{m}\cdot\text{K} = h_{c0}/k_B$
维恩位移定律中的常数	c_3	$2\,897.79\ \mu\text{m}\cdot\text{K}$
黑体辐射常数	σ	$5.670\,3 \times 10^{-8}\ \text{W}/(\text{m}^2\cdot\text{K}^4)$
黑体辐射系数	C_0	$5.670\,3\ \text{W}/(\text{m}^2\cdot\text{K}^4)$

如果黑体处在介质中，则须考虑折射率的影响。介质中的光速 $c = c_0/n$，射线波长 $\lambda_m = \lambda/n$。介质中普朗克定律中的第一及第二辐射常数分别记为 c_{1m} 及 c_{2m}，即

$$c_{1m} = 2\pi h_c^{\ 2} = 2\pi h(c_0/n)^2 = c_1/n^2 \tag{1.65a}$$

$$c_{2m} = \frac{h_c}{k_B} = \frac{h_{c0}}{k_B n} = \frac{c_2}{n} \tag{1.65b}$$

代入式(1.64)，以 $E_{b\lambda_m}$ 表示介质中黑体光谱辐射力，则

$$E_{b\lambda_m} = \frac{c_{1m}\lambda_m^{-5}}{\exp[c_{2m}/(\lambda_m T)] - 1} = \frac{c_1\lambda_m^{-5}}{n^2\{\exp[c_2/(n\lambda_m T)] - 1\}} \tag{1.66}$$

若用真空中的波长 λ，则因 $\text{d}\lambda_m = (1/n)\text{d}\lambda$，有

$$E_{b\lambda_m} d\lambda_m = \frac{c_1 \lambda^{-5} n^2 d\lambda}{\exp[c_2/(\lambda T)] - 1} = n^2 E_{b\lambda} d\lambda \tag{1.67}$$

空气的折射率可认为等于1(表1.1),所以大气中的普朗克定律与真空中的相同。

1.4.2 介质中的维恩位移定律

维恩位移定律(Wien's Displacement Law)说明黑体的峰值波长λ_{max}与温度的关系,真空中其表达式为

$$\lambda_{max} T = c_2/4.965\ 1 = c_3 = 2\ 897.79\ \mu m \cdot K \tag{1.68}$$

通过类似的推论,可得介质中的维恩位移定律,令$\lambda_{m,max}$为介质中黑体辐射的峰值波长,则

$$n\lambda_{m,max} T = 2\ 897.79\ \mu m \cdot K \tag{1.69}$$

1.4.3 介质中的斯蒂芬-玻耳兹曼定律

斯蒂芬-玻耳兹曼定律在真空中的表达式为

$$E_b = \frac{\pi^4 c_1 T^4}{15 c_2{}^4} = \sigma T^4 \tag{1.70}$$

介质中的斯蒂芬-玻耳兹曼定律可利用式(1.67)得出。如介质折射率不随波长变化,则

$$E_{bm} = \int_0^\infty E_{b\lambda_m} d\lambda_m = \int_0^\infty n^2 E_{b\lambda} d\lambda = n^2 \sigma T^4 \tag{1.71}$$

1.4.4 兰贝特定律

兰贝特(Lambert)定律(朗伯定律)描写了辐射能量按方向分布的规律。由式(1.11)

$$E(\theta,\psi,T) = I(\theta,\psi,T)\cos\theta \tag{1.72}$$

对于漫发射体,辐射强度与方向无关,$I(\theta,\psi,T) = I(T)$,故

$$E(\theta,\psi,T) = I(T)\cos\theta \tag{1.73}$$

这就是兰贝特定律的表示式。它说明,漫发射体的定向辐射力随方向角呈余弦规律变化,故兰贝特定律也称为辐射余弦定律。黑体为漫发射体(兰贝特体、朗伯体),故遵守兰贝特定律。漫发射体的辐射力可写成

$$E(T) = \int_{2\pi} E(\theta,\psi,T) d\Omega = I(T) \int_{\theta=0}^{\pi/2} \int_{\psi=0}^{2\pi} \cos\theta \sin\theta d\theta d\psi = \pi I(T) \tag{1.74}$$

即漫发射体的辐射力是辐射强度的π倍。工程中不存在天然的漫发射体,所以兰贝特定律在工程应用时,需加上近似假设或限制条件。

1.4.5 基尔霍夫定律

基尔霍夫(Kirchhoff)定律可表述为:在热力学平衡态下,任何物体的辐射力和它对来自黑体辐射的吸收率之比,恒等于同温度下黑体的辐射力。注意到式(1.23),则有

$$\begin{cases}\dfrac{E(T_A)}{\alpha(T_A)}=E_b(T_A)\\ \alpha(T_A)=\dfrac{E(T_A)}{E_b(T_A)}=\varepsilon(T_A)\end{cases}\tag{1.75}$$

由上述定律的表述可以看出，基尔霍夫定律有下列限制：

① 整个系统处于热力学平衡态。

② 吸收率与发射率必须是同温度下的值。

③ 物体吸收率的投射辐射源必须是与该物体同温的黑体。

由电磁学理论可知，热辐射具有偏振性，偏振具有两个波动分量，它们彼此成直角地进行振动并垂直于传播方向。对于黑体辐射，偏振的两个分量相等。严格地讲，基尔霍夫定律最通用的形式为

$$\varepsilon_{\lambda,\perp}(\lambda,\theta,\psi,T_A)=\alpha_{\lambda,\perp}(\lambda,\theta,\psi,T_A)\tag{1.76a}$$

$$\varepsilon_{\lambda,\parallel}(\lambda,\theta,\psi,T_A)=\alpha_{\lambda,\parallel}(\lambda,\theta,\psi,T_A)\tag{1.76b}$$

限制条件 1：研究热辐射时，若不考虑偏振问题则

$$\varepsilon_\lambda(\lambda,\theta,\psi,T_A)=\alpha_\lambda(\lambda,\theta,\psi,T_A)\tag{1.77}$$

限制条件 2：满足限制条件 1，且对于漫发射体（必定也是漫吸收体）有

$$\varepsilon_\lambda(\lambda,T_A)=\alpha_\lambda(\lambda,T_A)\tag{1.78}$$

限制条件 3：满足限制条件 2，且对于灰体有

$$\varepsilon(T_A)=\alpha(T_A)\tag{1.79}$$

限制条件 4：满足限制条件 1，且对于局域热力学平衡态下的漫发射灰体有

$$\varepsilon=\alpha\tag{1.80}$$

1.4.6　介质能量的发射

一任意形状、均质、均温的微元体介质 dV，温度为 T，光谱吸收系数为 κ_λ，考虑该微元体向四周发射的光谱辐射热流量 $dQ_{\lambda,e}$。以微元体中心为球心，作半径为 R 的黑体空心球，如图 1.13 所示。球内壁与微元体之间为透明介质，整个腔内壁温度均为 T。

先考虑微元体吸收的光谱热流量 $dQ_{\lambda,a}$。以球心为原点作微元立体角 $d\Omega$，在黑体球面上分割出微元面 dA，在 dV 上割出垂直球半径的微元面 dA'_n。dA 投射到 dA'_n 上的光谱能量为 $I_{b\lambda}\cdot d\Omega\cdot dA'_n$。此投射辐射在 dV 内的行程长度为 ds，被 ds 吸收的光谱能量为

$$dQ'_{\lambda,a}=I_{b\lambda}[1-\exp(-\kappa_\lambda ds)]dA'_n d\Omega\approx I_{b\lambda}\kappa_\lambda ds dA'_n d\Omega=\kappa_\lambda I_{b\lambda}dV'd\Omega$$

由于 dV 很小，故在上式推导中已做了近似：$\exp(-\kappa_\lambda ds)\approx 1-\kappa_\lambda ds$；$dV'=ds\cdot dA'_n$。微元体 dV 对整个内球面发射光谱能量的吸收为 $dQ_{\lambda,a}$，等于 $dQ'_{\lambda,a}$ 对整个空间、整个微元体 dV 的积分

$$dQ_{\lambda,a}=\int_{4\pi}\int_{dV}dQ'_{\lambda,a}=\kappa_\lambda I_{b\lambda}\int_{dV}dV'\int_{4\pi}d\Omega=4\pi\kappa_\lambda I_{b\lambda}dV\tag{1.81}$$

由于系统恒温，所以微元体吸收的热流量等于发射的热流量 $dQ_{\lambda,e}$，即

$$dQ_{\lambda,e}=dQ_{\lambda,a}=4\pi\kappa_\lambda I_{b\lambda}dV=4\kappa_\lambda E_{b\lambda}dV\tag{1.82}$$

单位时间、单位体积发射的光谱辐射能量 $W_{\lambda,e}$，单位为 $W/(m^3\cdot\mu m)$

$$W_{\lambda,e}=dQ_{\lambda,e}/dV=4\kappa_\lambda E_{b\lambda}\tag{1.83}$$

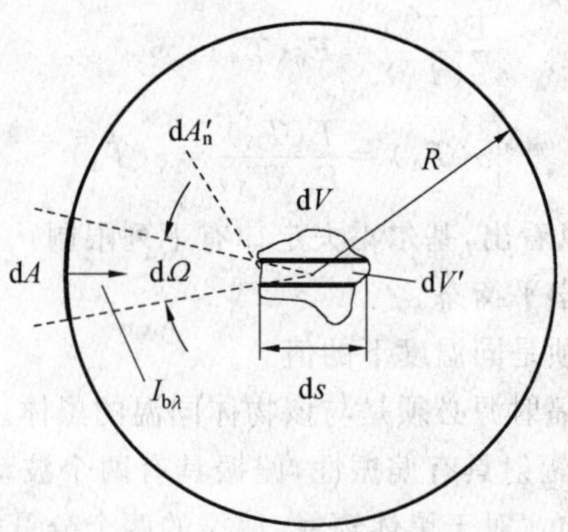

图 1.13 微元介质的辐射

当发射强度各方向相同时，发射的光谱辐射强度 $I_{\lambda,e}$ 为

$$I_{\lambda,e}=\frac{dQ_{\lambda,e}}{4\pi\cdot dA_n}=\kappa_\lambda I_{b\lambda}ds \tag{1.84}$$

式中，dA_n 为 dV 表面上发射方向的法向投影面积（注意，$dA_n\neq dA'_n$）；ds 为平行发射方向上 dV 的平均厚度，$ds=dV/dA_n$。

在上述推导中没有考虑介质对本身辐射的吸收，仅考虑介质的本身发射。

1.4.7 热辐射传递方程

考察一发射、吸收、散射性介质，在位置 s、辐射传输方向 $\boldsymbol{s}$（单位矢量，其方向余弦为 ξ,η,μ）上取一微元体，其截面为 dA，长度为 ds，如图 1.14 所示。令在 s 处 $\boldsymbol{s}$ 方向的光谱投射辐射强度为 $I_\lambda(s,\boldsymbol{s},t)$，则在 $s+ds$ 处 $\boldsymbol{s}$ 方向的出射辐射强度为 $I_\lambda(s,\boldsymbol{s},t)+dI_\lambda(s,\boldsymbol{s},t)$。因此，$\boldsymbol{s}$ 方向微元立体角 $d\Omega$、时间间隔 dt、波长间隔 $d\lambda$ 内的光谱辐射强度的变化为

$$dI_\lambda(s,\boldsymbol{s},t)dAd\Omega d\lambda dt$$

令 $W_{\lambda,\Omega}$ 表示该微元体在 $\boldsymbol{s}$ 方向上单位时间、单位体积、单位波长、单位立体角内光谱辐射能量的增益，即

$$W_{\lambda,\Omega}=W_{\lambda,\Omega,e}-W_{\lambda,\Omega,a}-W_{\lambda,\Omega,\text{out-sca}}+W_{\lambda,\Omega,\text{in-sca}} \tag{1.85}$$

式中，$W_{\lambda,\Omega,e}$，$W_{\lambda,\Omega,a}$，$W_{\lambda,\Omega,\text{out-sca}}$，$W_{\lambda,\Omega,\text{in-sca}}$ 分别表示 $\boldsymbol{s}$ 方向上，单位时间、单位体积、单位立体角内发射、吸收、散射射出和散射射入的光谱能量。在相同的时间和波长间隔内、同一微元体、同一微元角辐射能量的增益等于辐射强度的变化，即

$$W_{\lambda,\Omega}dAdsd\Omega d\lambda dt=dI_\lambda(s,\boldsymbol{s},t)dAd\Omega d\lambda dt \tag{1.86}$$

注意到 $ds=cdt$，c 为热辐射在介质中的传输速度，则

$$\frac{dI_\lambda(s,\boldsymbol{s},t)}{ds}=\frac{\partial I_\lambda(s,\boldsymbol{s},t)}{\partial t}\frac{dt}{ds}+\frac{\partial I_\lambda(s,\boldsymbol{s},t)}{\partial s}=\frac{1}{c}\frac{\partial I_\lambda(s,\boldsymbol{s},t)}{\partial t}+\frac{\partial I_\lambda(s,\boldsymbol{s},t)}{\partial s} \tag{1.87}$$

由式(1.86)和式(1.87)得

$$\frac{1}{c}\frac{\partial I_\lambda(s,\boldsymbol{s},t)}{\partial t}+\frac{\partial I_\lambda(s,\boldsymbol{s},t)}{\partial s}=W_{\lambda,\Omega} \tag{1.88}$$

令 j_λ^{tot} 表示单位时间、单位体积、单位波长、单位立体角内考虑自发发射和诱导发射的光谱总发射能量，其单位为 $W/(m^3\cdot sr\cdot\mu m)$，则

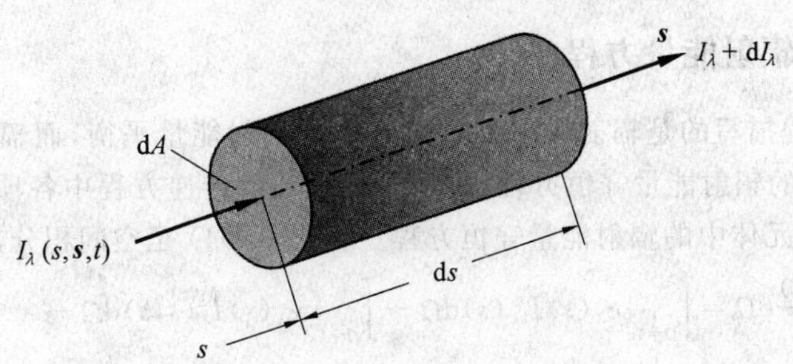

图 1.14　辐射传输方程的推导

$$W_{\lambda,\Omega,\mathrm{e}} = j_\lambda^{\mathrm{tot}}(s,\boldsymbol{s},t) \tag{1.89}$$

单位时间、单位体积、单位立体角、单位波长内吸收和散射射出的光谱能量分别为

$$W_{\lambda,\Omega,\mathrm{a}} = \kappa_\lambda(s) I_\lambda(s,\boldsymbol{s},t) \tag{1.90}$$

$$W_{\lambda,\Omega,\mathrm{out-sca}} = \sigma_{\mathrm{s}\lambda}(s) I_\lambda(s,\boldsymbol{s},t) \tag{1.91}$$

由空间各方向投射辐射引起 $\boldsymbol{s}$ 方向的光谱散射能量(散射射入)为

$$W_{\lambda,\Omega,\mathrm{in-sca}} = \int_{\Omega_\mathrm{i}=4\pi} \frac{\sigma_{\mathrm{s}\lambda}(s)}{4\pi} I_\lambda(s,\boldsymbol{s}_\mathrm{i},t)\Phi_\lambda(\boldsymbol{s}_\mathrm{i},\boldsymbol{s})\mathrm{d}\Omega_\mathrm{i} \tag{1.92}$$

式中，$\Phi_\lambda(\boldsymbol{s}_\mathrm{i},\boldsymbol{s}) = \Phi_\lambda(\boldsymbol{\Omega}_\mathrm{i},\boldsymbol{\Omega})$。从物理意义上，此式可理解如下，如图 1.15 所示，$I_\lambda(s,\boldsymbol{s}_\mathrm{i})$ 为 s 位置、$\boldsymbol{s}_\mathrm{i}$ 方向入射的光谱投射辐射强度。$\sigma_{\mathrm{s}\lambda}(s)I_\lambda(s,\boldsymbol{s}_\mathrm{i})$ 为微元体中由 $I_\lambda(s,\boldsymbol{s}_\mathrm{i})$ 引起向 4π 空间散射的光谱散射强度。$[1/(4\pi)]\sigma_{\mathrm{s}\lambda}(s)I_\lambda(s,\boldsymbol{s}_\mathrm{i})$ 为平均的光谱方向散射强度。$[1/(4\pi)]\sigma_{\mathrm{s}\lambda}(s)\cdot I_\lambda(s,\boldsymbol{s}_\mathrm{i})\Phi_\lambda(\boldsymbol{s}_\mathrm{i},\boldsymbol{s})$ 为由 $I_\lambda(s,\boldsymbol{s}_\mathrm{i})$ 引起、在 $\boldsymbol{s}$ 方向的光谱方向散射强度。将其对入射空间积分，即式(1.92)，得到由 4π 空间的入射辐射引起、在 $\boldsymbol{s}$ 方向的光谱散射强度。

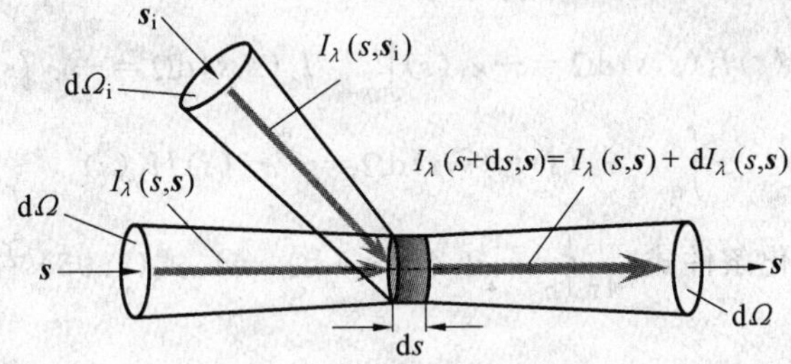

图 1.15　空间各方向投射辐射引起 $\boldsymbol{s}$ 方向散射的示意图

通常情况下，介质的局域辐射强度随时间变化的速度远小于光速，即$\frac{1}{c}\frac{\partial I_\lambda(s,\boldsymbol{s},t)}{\partial t} \to 0$，所以辐射传递方程中的非稳态项可忽略，则上式中各变量与时间 t 无关。引入局域热力学平衡态假设且基尔霍夫定律成立，则光谱发射能量可表示为

$$j_\lambda^{\mathrm{tot}}(s,\boldsymbol{s}) = \kappa_\lambda(s) I_{\mathrm{b}\lambda}(s) \tag{1.93}$$

这样，热辐射传递方程可以表述为

$$\frac{\mathrm{d}I_\lambda(s,\boldsymbol{s})}{\mathrm{d}s} = \boldsymbol{s}\cdot\nabla I_\lambda = \kappa_\lambda(s)I_{\mathrm{b}\lambda}(s) - \kappa_\lambda(s)I_\lambda(s,\boldsymbol{s}) - \sigma_{\mathrm{s}\lambda}(s)I_\lambda(s,\boldsymbol{s}) + \frac{\sigma_{\mathrm{s}\lambda}(s)}{4\pi}\int_{\Omega_\mathrm{i}=4\pi} I_\lambda(s,\boldsymbol{s}_\mathrm{i})\Phi_\lambda(\boldsymbol{s}_\mathrm{i},\boldsymbol{s})\mathrm{d}\Omega_\mathrm{i} \tag{1.94}$$

1.4.8 热辐射能量方程

辐射能量方程描写的是辐射场中某一微元体的辐射能量平衡，而辐射传递方程是 $\boldsymbol{s}$ 方向微元段 $\mathrm{d}s$ 中的辐射能量守恒方程，所以只要将辐射传递方程中各项对全空间 4π 积分，即可得空间微元体中的辐射能量守恒方程。对式(1.94) 全空间积分，得

$$\int_{\Omega=4\pi}\frac{\mathrm{d}I_\lambda(s,\boldsymbol{s})}{\mathrm{d}s}\mathrm{d}\Omega=\int_{\Omega=4\pi}\kappa_\lambda(s)I_{\mathrm{b}\lambda}(s)\mathrm{d}\Omega-\int_{\Omega=4\pi}\kappa_\lambda(s)I_\lambda(s,\boldsymbol{s})\mathrm{d}\Omega-\int_{\Omega=4\pi}\sigma_{\mathrm{s}\lambda}(s)I_\lambda(s,\boldsymbol{s})\mathrm{d}\Omega+\frac{\sigma_{\mathrm{s}\lambda}(s)}{4\pi}\int_{\Omega=4\pi}\int_{\Omega_{\mathrm{i}}=4\pi}I_\lambda(s,\boldsymbol{s}_{\mathrm{i}})\Phi_\lambda(\boldsymbol{s}_{\mathrm{i}},\boldsymbol{s})\mathrm{d}\Omega_{\mathrm{i}}\mathrm{d}\Omega \tag{1.95}$$

由上式等号左端可得

$$\int_{\Omega=4\pi}\frac{\mathrm{d}I_\lambda(s,\boldsymbol{s})}{\mathrm{d}s}\mathrm{d}\Omega=\int_{\Omega=4\pi}\left(\frac{\partial I_\lambda(s)}{\partial x}\frac{\mathrm{d}x}{\mathrm{d}s}+\frac{\partial I_\lambda(s)}{\partial y}\frac{\mathrm{d}y}{\mathrm{d}s}+\frac{\partial I_\lambda(s)}{\partial z}\frac{\mathrm{d}z}{\mathrm{d}s}\right)\mathrm{d}\Omega=\frac{\partial q_{\lambda,x}}{\partial x}+\frac{\partial q_{\lambda,y}}{\partial y}+\frac{\partial q_{\lambda,z}}{\partial z}=\mathrm{div}\,\boldsymbol{q}_\lambda \tag{1.96}$$

式中，$q_{\lambda,x},q_{\lambda,y},q_{\lambda,z}$ 为光谱辐射热流密度矢量 $\boldsymbol{q}_\lambda$ 在 x,y,z 坐标上的分量。因为 $I_{\mathrm{b}\lambda}(s)\neq f(\Omega)$，所以式(1.95) 等号右端第一项可写为

$$\int_{\Omega=4\pi}\kappa_\lambda(s)I_{\mathrm{b}\lambda}(s)\mathrm{d}\Omega=4\pi\kappa_\lambda(s)I_{\mathrm{b}\lambda}(s) \tag{1.97}$$

定义光谱投射辐射函数 $H_\lambda(s)$ 为

$$H_\lambda(s)=\int_{\Omega=4\pi}I_\lambda(s,\boldsymbol{s})\mathrm{d}\Omega \tag{1.98}$$

则式(1.95) 等号右端第二、三项可分别写为

$$-\int_{\Omega=4\pi}\kappa_\lambda(s)I_\lambda(s,\boldsymbol{s})\mathrm{d}\Omega=-\kappa_\lambda(s)\int_{\Omega=4\pi}I_\lambda(s,\boldsymbol{s})\mathrm{d}\Omega=-\kappa_\lambda(s)H_\lambda(s) \tag{1.99}$$

$$-\int_{\Omega=4\pi}\sigma_{\mathrm{s}\lambda}(s)I_\lambda(s,\boldsymbol{s})\mathrm{d}\Omega=-\sigma_{\mathrm{s}\lambda}(s)H_\lambda(s) \tag{1.100}$$

利用相函数归一化条件式：$\frac{1}{4\pi}\int_{\Omega_{\mathrm{s}}=4\pi}\Phi_\lambda(\boldsymbol{s}_{\mathrm{i}},\boldsymbol{s}_{\mathrm{s}})\mathrm{d}\Omega_{\mathrm{s}}=1$，式(1.95) 右端最后一项可简化为

$$\frac{\sigma_{\mathrm{s}\lambda}(s)}{4\pi}\int_{\Omega_{\mathrm{i}}=4\pi}I_\lambda(s,\boldsymbol{s}_{\mathrm{i}})\left[\int_{\Omega=4\pi}\Phi_\lambda(\boldsymbol{s}_{\mathrm{i}},\boldsymbol{s})\mathrm{d}\Omega\right]\mathrm{d}\Omega_{\mathrm{i}}=\sigma_{\mathrm{s}\lambda}(s)H_\lambda(s) \tag{1.101}$$

综合可得，全波长的辐射能量方程为

$$\mathrm{div}\,\boldsymbol{q}=4\pi\int_{\lambda=0}^{\infty}\kappa_\lambda(s)I_{\mathrm{b}\lambda}(s)\mathrm{d}\lambda-\int_{\lambda=0}^{\infty}\kappa_\lambda(s)H_\lambda(s)\mathrm{d}\lambda \tag{1.102}$$

上式表示：辐射能量的净得或净失等于本身发射与吸收辐射能量之差，又称之为辐射热流密度方程或辐射热流散度方程。

辐射传热过程中，如伴有其他传热方式时，能量方程应为

$$\rho c_p\frac{\mathrm{D}T}{\mathrm{D}t}=\mathrm{div}(\lambda\,\mathrm{grad}\,T-\boldsymbol{q}^{r}_{\lambda=0-\infty})+\phi+\phi_0+\beta T\frac{\mathrm{D}p}{\mathrm{D}t} \tag{1.103}$$

上式等号左端为瞬态能量的储存，称为非稳态项；c_p 为等压比热容；等号右端第一项

为导热与热辐射的贡献；等号右端第二项是内热源 ϕ，如化学能、电能等转化的热能；等号右端第三项 ϕ_0 为黏性耗散函数，表示黏性耗散生成的热量；第四项表示膨胀或压缩时压力做的功，p 为压力，β 为膨胀系数。

1.5　小　结

本章主要介绍了热辐射的定义和热辐射物性的范畴，结合热辐射的方向和光谱两个特征，重点给出了十种热辐射能量的表述方式和内涵。给出七种热辐射理想物体的定义，并用发射率、吸收率、透射率、双向透射分布函数、双向反射分布函数等参数描述了实际物体与理想物体的区别。导出了热辐射所遵循的普朗克定律、维恩位移定律、斯蒂芬－玻耳兹曼定律、兰贝特定律、基尔霍夫定律，描述了热辐射传递过程中的光谱辐射强度和能量的变化特性，给出了热辐射传递方程和能量方程，为热辐射测量技术提供了基础知识和理论支撑。

第 2 章　热辐射测量仪器和基本原理

本章主要讲述常用的热辐射测量过程所涉及的各类设备和系统，包括温度测量类、辐射光源类、探测设备类、其他辅助设备等，介绍各类设备的测量原理，分析相关系统和设备的种类和结构，阐述相应的使用方法和优缺点。

2.1　温度测量类仪器和基本原理

温度是表征物体冷热程度的物理量，属于国际单位制中七个基本物理量之一，它是科学研究和工农业生产过程中一个很重要而普遍的测量参数。热量的测量和热物性的测定，都是以温度测量为基础，温度测量的精度会直接影响热量和热物性的测量精度。因而，掌握正确的温度测量技术是十分重要的。

2.1.1　温度传感器的分类

温度传感器是通过物体随温度变化而改变某种特性来间接测量的。根据温度传感器的使用方式，通常分为接触式和非接触式两类。接触式温度传感器需要与被测介质保持热接触，使两者进行充分的热交换而达到热平衡状态。其可测量任何部分的温度，便于多点集中测量和控制，但测量热容量小或移动的物体有困难。非接触式温度传感器无须与被测介质接触，而是通过被测介质的热辐射传到温度传感器，以达到测温的目的。它不改变被测介质温度场，可以测量移动物体的温度(如行驶的火车的轴承温度)及热容量小的物体(如集成电路板中的温度分布)。常用的温度传感器的种类与测温范围见表 2.1。

表 2.1　常用的温度传感器的种类与测温范围

原理		种类	测温范围 /℃
接触式	膨胀式	玻璃制水银温度计	−35 ～ 360
		玻璃制有机液体温度计	−200 ～ 300
		双金属温度计	−80 ～ 600
		液体压力温度计	−30 ～ 500
		蒸气压力温度计	−20 ～ 350
		气体压力温度计	−50 ～ 550
	电阻	铂电阻温度计	−260 ～ 960
		铜电阻温度计	−50 ～ 150
		热敏电阻温度计	−200 ～ 1 600

续表 2.1

原理		种类	测温范围 /℃
接触式	PN 结特性	半导体二极管	$-150 \sim 150$
		晶体管	$-150 \sim 150$
		半导体集成电路	$-40 \sim 150$
	热电偶温度计（热电效应）	B(铂铑 30 － 铂铑 6)	0 ～ 1 800(高温，适应氧化、不适应还原性环境)
		S(铂铑 10 － 铂)	0 ～ 1 600(高温，适应氧化、不适应还原性环境)
		R(铂铑 13 － 铂)	0 ～ 1 600(高温，适应氧化、不适应还原性环境)
		K(镍铬 － 镍硅)	－ 270 ～ 1 300(适应氧化性环境，线性度好)
		N(镍铬硅 － 镍硅)	－ 270 ～ 1 300(热稳定性、抗氧化性优于 K 型)
		E(镍铬 － 铜镍 / 康铜)	－ 200 ～ 800(热电势大)
		J(铁 － 铜镍 / 康铜)	－ 210 ～ 1 200(热电势大，适应还原性环境)
		T(铜 － 铜镍 / 康铜)	－ 200 ～ 400(不适应弱氧化环境)
非接触式	热辐射	光学高温计	700 ～ 3 500
		光电高温计	100 ～ 3 000
		全辐射温度计	100 ～ 3 000
		比色温度计	180 ～ 3 500

2.1.2　热电偶温度计

热电偶测温原理是塞贝克效应(Seebeck Effect)，即两种不同的导体两端连接成回路，如果两个接点的温度不同，则回路中会产生一个电动势，称之为热电势，如图 2.1 所示。

热电偶产生的热电势的大小，与热电极的长度和直径无关，只与热电极和两端温度有关。当测量端与参与端的温度相等时，热电势为零。也就是说，当热电偶两个电极的材料确定后，热电势的大小只由两接点温度决定，与电极中间温度无关。热电偶具有结构简单、热容量小、测量范围大、材料的互换性好、热响应时间短、滞后效应小、信号能够远距离传送和多点测量、机械强度好、使用寿命长和安装方便等优点。

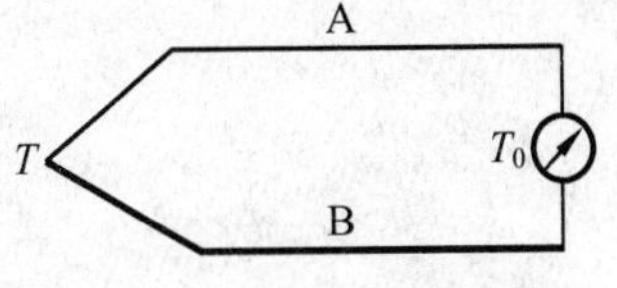

图 2.1　塞贝克效应原理图

在使用热电偶测温或对热电偶电路计算时，可采用热电偶测温回路的四个基本定律进行分析。

(1) 均质导体定律

由一种均质导体或半导体组成的闭合回路中，不论其截面积和长度及各处的温度分布如何，都不能产生热电势。由此可知，热电偶必须由两种不同性质的材料组成，也可据此检查热电偶材料的均匀性。

(2) 中间导体定律

热电偶回路中接入中间导体后，不论中间导体接在回路的哪个位置，只要中间导体两端温度相同，对热电偶回路的总热电势就没有影响。换句话说，测量过程中接入的各类仪表、转换开关等，只要保证其为等温就不影响热电偶回路的正常工作。

(3) 中间温度定律

热电偶回路两接点温度为 T 和 T_0 的热电势，等于热电偶在接点温度为 T 和 T_m 时的热电势与接点温度为 T_m 和 T_0 时的热电势代数和，其中温度 T_m 称为中间温度，介于 T 和 T_0 之间。按照这个定律，只要给出冷端为 0 ℃ 的热电势与温度关系，该热电偶就可以在任意冷端温度下使用。

(4) 参考电极定律

如果将热电极 C 作为参考电极，并已知参考电极与各种热电极配对时的热电势，那么在相同接点温度(T,T_0)下，任意两热电极 A，B 配对时热电势可按下式求得：

$$E_{AB}(T,T_0)=E_{AC}(T,T_0)+E_{CB}(T,T_0)=E_{AC}(T,T_0)-E_{BC}(T,T_0) \tag{2.1}$$

通过参考电极定律，可以避免热电偶选配逐个测定，大大简化了热电偶材料的选配工作。

热电偶按照电极材料可分为：铜－康铜、镍铬－镍铝、镍铬－镍硅、镍铬－铜镍、铁－铜镍、铜－铜镍、铂铑 10－铂、铂铑 13－铂、铂铑 30－铂铑 6 等。

热电偶按照使用环境可分为：耐高温型、耐磨热型、耐腐热型、耐高压型、隔爆热型、抗氧化型等。

热电偶按照结构形式可分为：装配式、铠装式和特殊形式的热电偶。铠装式热电偶可有多种材料的外保护套，内充满高密度氧化物质绝缘体，具有很强的抗污染性能和优良的机械强度，适合安装在环境恶劣的场合，如图 2.2 所示。而装配式热电偶由感温元件、外保护管、接线盒以及各种用途的固定装置组成，有单支和双支元件两种规格，保护管不但具有抗腐蚀性能，而且具有足够的机械强度，保证产品能安全地使用在各种场合，如图2.3所示。

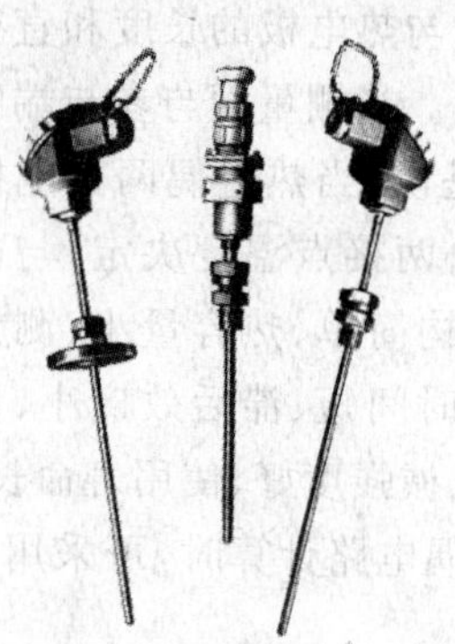

图 2.2　铠装式热电偶

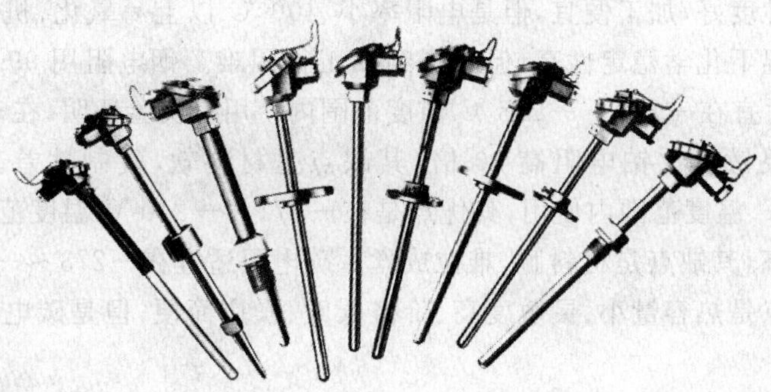

图 2.3　装配式热电偶

2.1.3　热电阻温度计

利用导体的电阻率随温度变化的物理特性，实现温度测量的方法，称为电阻测温法。很多物体的电阻率与温度有关，但能制作温度计的材料不仅要考虑耐温程度，还要考虑其电阻率与温度特性的单一性、稳定性和变化率都符合温度测量的要求。热电阻温度计有一个明显的缺点就是不能测量高温，因流过电流大时，会发生自热现象而影响测量精度。

1. 工作原理

热电阻的测温原理就是基于导体的电阻值随着温度的变化而变化的特性。大多数金属导体的电阻随着温度而变化的关系为

$$R_t = R_0[1+\alpha(t-t_0)] \tag{2.2}$$

式中，R_t，R_0 分别为热电阻在被测温度 t 和 t_0 时的电阻值，Ω；α 为热电阻的电阻温度系数，1/℃。纯金属的电阻温度系数 α 取值范围为 $(3\sim6)\times10^{-3}$ ℃$^{-1}$，它往往不是常数，属于温度的函数，不过往往可以在某一特定温度范围内被当作常数。热电阻温度计的组成主要是通过电阻体、绝缘套管和接线盒三部分组成，如图 2.4 所示。

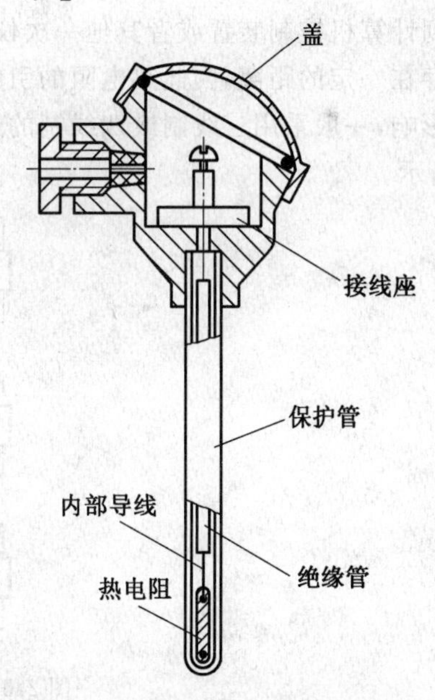

图 2.4　热电阻温度计结构示意图

2. 种类和结构

热电阻的材料要求：电阻温度系数要大；电阻率尽可能大，热容量要小，在测量范围内，应具有稳定的物理和化学性能；电阻与温度的关系最好接近于线性；应有良好的可加工性，且价格便宜。目前使用较多的热电阻材料有铂、铜、镍、铟、锰、碳和铑，都具有自身的优缺点。铂是比较理想的热电阻材料，其物化性质在高温和氧化环境中都比较稳定，并且具有较宽的温度范围。铜的优点是电阻

温度系数大，线性度好，加工便宜，但是电阻率小、100 ℃ 以上易氧化、机械强度低。镍的灵敏度高，在常温下化学稳定性高，但是提纯加工很困难。铟电阻用 99.999% 高纯度的铟丝绕成电阻，适宜在 −269 ～ −258 ℃ 温度范围内使用。实验证明，在 −269 ～ −258 ℃ 范围内，铟电阻灵敏度比铂电阻高 10 倍，其缺点是材料软，复制性差。锰电阻适宜在 −271 ～ −210 ℃ 温度范围内使用，其优点是在 −271 ～ −210 ℃ 温度范围内电阻随温度变化大，灵敏度高，其缺点是材料脆，难拉成丝。碳电阻适宜在 −273 ～ −268.5 ℃ 温度范围内使用，其优点是热容量小、灵敏度高、价格低廉、操作简便，但是碳电阻的热稳定性较差。

除了按照电阻材料分类，热电阻还可分为普通型热电阻、铠装热电阻、端面热电阻和隔爆热电阻等。从热电阻的测温原理可知，被测温度的变化是直接通过热电阻阻值的变化来测量的，因此，热电阻体的引出线等各种导线电阻的变化会给温度测量带来影响。铠装热电阻是由感温元件(电阻体)、引线、绝缘材料、不锈钢套管组合而成的坚实体，它的外径一般为 $\Phi 2 \sim 8$ mm，最小可达 $\Phi 1$ mm。与普通型热电阻相比，它有下列优点：体积小，内部无空气隙，热惯性大，测量滞后小；机械性能好，耐振，抗冲击；能弯曲，便于安装；使用寿命长。端面热电阻感温元件由特殊处理的电阻丝材料绕制，紧贴在温度计端面。它与一般轴向热电阻相比，能更正确和快速地反映被测端面的实际温度，适用于测量轴瓦和其他机件的端面温度。隔爆型热电阻通过特殊结构的接线盒，把其外壳内部爆炸性混合气体因受到火花或电弧等影响而发生的爆炸局限在接线盒内，生产现场不会引起爆炸。隔爆型热电阻可用于 B1a ～ B3c 级区内具有爆炸危险场所的温度测量。

热电阻是把温度变化转换为电阻值变化的一次元件，通常需要把电阻信号通过引线传递到计算机控制装置或者其他一次仪表上。工业用热电阻安装在生产现场，与控制室之间存在一定的距离，因此热电阻的引线对测量结果会有较大的影响。为了消除引线电阻的影响，一般采用三线制或四线制的连线方式，而不是采用简单的两线连接方式，如图 2.5 所示。

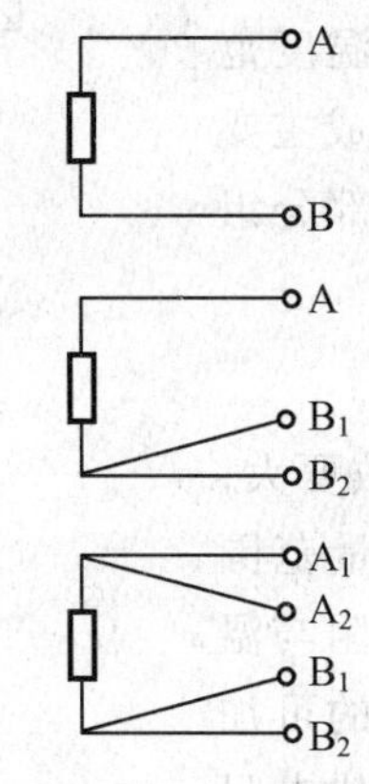

图 2.5　热电阻连线方式

2.1.4　热敏电阻温度计

1. 工作原理

热敏电阻(Thermistor)是利用半导体的电阻值随温度的变化而显著变化的特性实现测温的。半导体热敏电阻有很高的电阻温度系数,其灵敏度比热电阻高得多,而且体积可以做得很小,故动态特性好,特别适于在−100～300 ℃之间测温,如图2.6所示。热敏电阻的缺点是互换性不好,非线性度大,稳定性和复现性较差。不同的半导体有不同的物理特性,根据其工作原理可分为三大类:负温度系数热敏电阻 NTC(Negative Temperature Coefficient)、正温度系数热敏电阻 PTC(Positive Temperature Coefficient)和临界温度系数热敏电阻 CTC(Critical Temperature Coefficient)。临界温度系数热敏电阻有一突变温度,此特性可用于自动控温和报警电路中。三类热敏电阻的温度特性如图 2.7 所示。

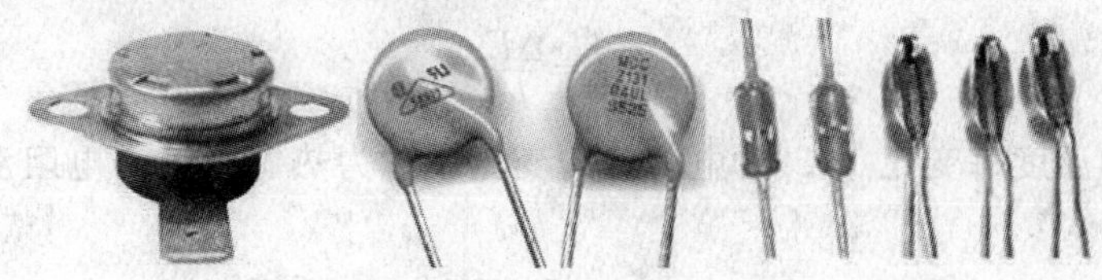

图 2.6　热敏电阻温度计

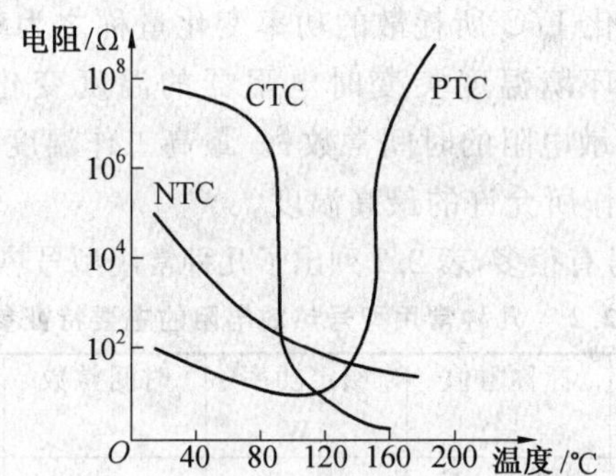

图 2.7　三类热敏电阻的温度特性

用于低温的元件是由锰、镍、钴、铜、铬、铁等复合氧化物烧结而成,具有负温度系数。负温度系数的热敏电阻温度计的电阻值随温度升高而呈指数下降,其电阻温度特性可以表示为

$$R_T = A\exp(B/T) \tag{2.3}$$

式中,R_T 为温度为 T 时的热敏电阻值;A,B 为与热敏电阻材料结构有关的常数,因材料构成而异。

用于高温的元件是由氧化钴等稀土元素的氧化物烧结而成,具有正温度系数。正温度系数的热敏电阻温度计的电阻值随温度升高而呈指数上升,其电阻温度特性可以表示为

$$R_T = A\exp(BT) \tag{2.4}$$

2. 种类和结构

热敏电阻主要是由一些金属氧化物采用不同比例配方，经高温烧结而成，按照形状分类可以分为：珠状、片状、杆状、垫圈状等，如图 2.8 所示。

图 2.8　热敏电阻的结构类型

热敏电阻有几个基本参数，依次为标称电阻 R_H、材料常数 B_H、电阻温度系数 α、耗散系数 H、时间常数 τ、最高工作温度 T_{max}。标称电阻值是热敏电阻在(25±0.2) ℃、零功率时的阻值，也称冷电阻。材料常数是表征负温度系数(NTC) 热敏电阻器材料的物理特性常数。B_H 值决定于材料的激活能 ΔE 和玻耳兹曼常数 k，它们之间满足下面的函数关系式

$$B_H = \frac{\Delta E}{k} \tag{2.5}$$

热敏电阻的温度每变化 1 ℃ 时电阻值的变化率称为热敏电阻的电阻温度系数 α，可以表示为

$$\alpha = \frac{\Delta R / R}{\Delta T} \tag{2.6}$$

热敏电阻器温度每变化 1 ℃ 所耗散的功率变化量称之为耗散系数 H。热敏电阻器在零功率测量状态下，当环境温度突变时电阻器的温度变化量从开始到最终变量的 63.2% 所需的时间称为热敏电阻的时间常数 τ。最高工作温度 T_{max} 为热敏电阻器在规定的技术条件下长期连续工作所允许的最高温度。

热敏电阻的种类和型号有很多，表 2.2 列出了几种常用型号热敏电阻的主要特征参数。

表 2.2　几种常用型号热敏电阻的主要特征参数

型号	用途	标称阻值 /kΩ	额定功率 /W	时间常数 /s	耗散系数 /(mW · ℃$^{-1}$)	外形、方式
MF－11	温度补偿	0.01 ～ 15	0.5	⩽ 60	⩾ 5	片状、直热
MF－13	温度补偿	0.82 ～ 300	0.25	⩽ 80	⩾ 4	杆状、直热
MF－16	温度补偿	10 ～ 1 000	0.5	⩽ 115	7 ～ 7.6	杆状、直热
RRC2	测温、控温	6.8 ～ 1 000	0.4	⩽ 20	7 ～ 7.6	杆状、直热
RRC7B	测温、控温	3 ～ 100	0.03	⩽ 0.5	7 ～ 7.6	珠状、直热
RRP7 ～ 8	作为可变电阻器	30 ～ 60	0.25	⩽ 0.4	0.25	珠状、直热
RRW2	稳定振幅	6.8 ～ 500	0.03	⩽ 0.5	⩽ 0.2	珠状、直热

2.1.5　辐射温度计

辐射测温法以热辐射基本定律为测量原理，利用传感器将物体热辐射的能量转换为随温度变化的光电信号，从而实现温度的测量。这种测量不需和被测物体接触，又被称为非接触式测温。其优点有：测量不干扰被测温度场，不影响温度场分布，从而具有较高的测量精度；理论上无测量上限；响应时间短，易于快速与动态测量。辐射测温法的主要缺

点是:不能直接测得被测物体的真实温度,需要利用材料发射率进行修正;受测量路径内中间介质的影响;价格较高。

1. 相关定义和概念

黑体辐射定律都是针对黑体才成立的,然而绝大多数测温对象都是非黑体。因此,把黑体辐射定律直接用于实际测温就会偏离其真实温度,并且测量精度直接受物体发射率的影响很大。在辐射测温中引入视在温度(又称表观温度),使得在物体的光谱发射率未知的情况下,把实际物体的温度测量同黑体辐射定律直接联系起来。视在温度又包括亮度温度、辐射温度和颜色温度。

当实际物体在某一波长下的单色辐射亮度同绝对黑体在同一波长下的单色辐射亮度相等时,称该黑体的温度为实际物体的亮度温度,用 T_s 表示,表述为

$$\varepsilon(\lambda, T)L(\lambda, T) = L_\lambda(T_s) \tag{2.7}$$

式中,$\varepsilon(\lambda, T)$ 为实际物体温度为 T 时、在波长 λ 下的光谱发射率;L 为辐射亮度。结合维恩近似公式并取对数可得到

$$\frac{1}{T_s} - \frac{1}{T} = \frac{\lambda}{c_2}\ln\frac{1}{\varepsilon(\lambda, T)} \tag{2.8}$$

由式(2.8)可知,通过光谱发射率和波长把实际物体的真实温度和它的亮度温度联系在一起。

如果实际物体的辐射亮度(所有波长)与黑体的辐射亮度相等,则黑体的温度称为实际物体的辐射温度,用 T_p 表示,表述为

$$T_p = T \cdot \varepsilon(T)^{1/4} \tag{2.9}$$

式中,$\varepsilon(T)$ 为实际物体温度为 T 时的全波发射率。

颜色温度,又称比色温度或比值温度。其定义为:如果黑体与实际物体在某一光谱区域内的两个波长下的单色辐射亮度之比相等,则黑体的温度称为实际物体的颜色温度,用 T_c 表示。依据定义,并结合维恩近似公式可得到

$$\frac{1}{T} - \frac{1}{T_c} = \frac{\ln\dfrac{\varepsilon_{\lambda_1}}{\varepsilon_{\lambda_2}}}{c_2\left(\dfrac{1}{\lambda_1} - \dfrac{1}{\lambda_2}\right)} \tag{2.10}$$

2. 工作原理和构成

辐射温度计一般由三个基本部分组成:接收被测对象热辐射的热探测器、聚焦热辐射于接收器的装置以及测量热探测器上信号的测量装置。用辐射温度计测温时,是将被测对象的热辐射经感温器的光学系统聚焦在热电堆上(由一组微细的热电偶串联而成)。热电堆的热电动势将与测量端(受热片)和参考端(环境)的温差成正比。辐射温度计的工作原理是保持参考端温度一定,则热电动势的大小将与被测对象的辐射能成正比,如图 2.9 所示。辐射温度计的优点是灵敏度高,坚固耐用,可测较低温度并能自动显示或记录。其缺点是对二氧化碳、水蒸气很敏感,测量精度受环境中的介质影响较大。

在实际测量中,辐射温度计的单色器不可能是完全单色的。而且,探测器也要求获得一定光谱范围的辐射能量,否则由于所接收的能量很小而无法做出响应。同时,实际被测

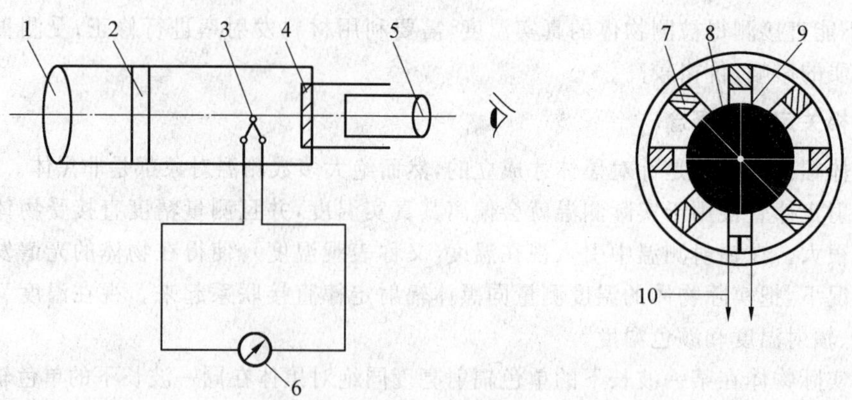

图 2.9　全辐射温度计工作原理示意图

1— 物镜;2— 补偿光阑;3— 热电堆;4— 灰色滤光片;5— 目镜;6— 显示仪表;7— 冷端;8— 受热靶面;9— 热端;10— 输出端

物体也不是黑体。测温时,将辐射温度计瞄准被测物体,辐射温度计的探测器接收到被测物体所辐射的能量,经信号处理电路转换为相应的电信号或进一步通过显示器直接显示出被测物体的温度值。根据以上辐射温度计的测温原理,可寻找出辐射能量的波长在$[\lambda_1,\lambda_2]$范围内的辐射源。

亮度温度计可分为光学高温计和光电高温计两类。光学高温计,又称隐丝式光学高温计或目视光学高温计,其测温原理是受热物体的温度越高,其颜色就越亮,单色辐射强度也就越大,受热物体的亮度大小反映了物体的温度数值。图 2.10 为 WGG－2 型光学高温计结构示意图,主要由光学系统与电测系统两部分组成。光学高温计是采用一已知温度的亮度(高温计灯泡灯丝的亮度)与被测物体的亮度进行比较来测量物体温度的。光学高温计采用亮度均衡法进行温度测量,使被测物体成像于高温计灯泡的灯丝平面上,通过光学系统在一定波长(0.65 μm)范围内比较灯丝与被测物体的表面亮度,通过调节滑线电阻可以调整流过灯丝的电流,也就是调整灯丝的亮度(即使每一电流对应于灯丝的一定温度,因而也就对应于一定的亮度),使灯丝的亮度与被测物体的亮度相均衡,此时灯丝轮廓就隐消于被测物体的影像中,并可由仪表指示值直接读取被测物体的亮度温度。

观测者目视比较背景和灯丝的亮度,会出现以下三种情况:如果灯丝亮度比被测物体亮度低,则灯丝在相对较亮的背景上显现出较暗的弧线,如图 2.11(a) 所示,此时供电电流过小,应调小可变电阻 R,以增大流过灯丝的电流,进而增加灯丝的亮度;若灯丝亮度比被测物体亮度高,则灯丝在相对较暗的背景下显现出较亮的弧线,如图 2.11(b) 所示,此时供电电流过大,应调大可变电阻 R,减小灯丝的亮度;只有当灯丝亮度和被测物体亮度相等时,灯丝顶端的轮廓才隐消在被测目标的影像中,如图 2.11(c) 所示,即达到正确的亮度平衡,此时,毫伏计的读数即为被测对象的亮度温度。

比色温度计是通过测量热辐射体在两个或两个以上波长下的单色辐射亮度之比来获得温度的仪表,如图 2.12 所示。它的特点是测温准确度高,响应快,可观测小目标。因为实际物体的发射率 $\varepsilon(\lambda,T)$ 与 $\varepsilon(T)$ 的数值差别很大,但对同一个物体的 $\varepsilon(\lambda_1,T)$ 与 $\varepsilon(\lambda_2,T)$ 比值的变化却很小,因此,用比色温度计测得的温度较辐射温度计、亮度温度计

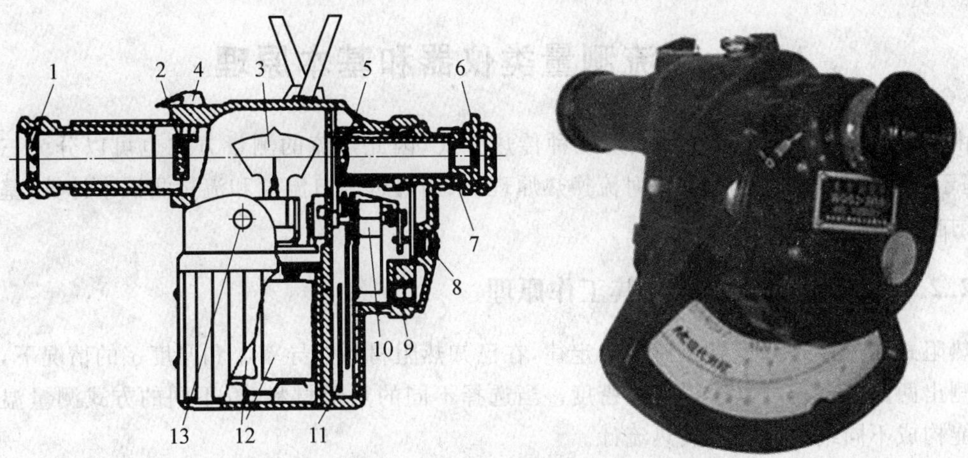

图 2.10　WGG－2 型光学高温计结构示意图

1— 物镜；2— 吸收玻璃；3— 光度灯；4— 旋钮；5— 目镜；6— 红色滤光片；7— 目镜定位螺母；8— 零位调节器；9— 滑线电阻盘；10— 测温电表；11— 刻度盘；12— 干电池；13— 按钮开关

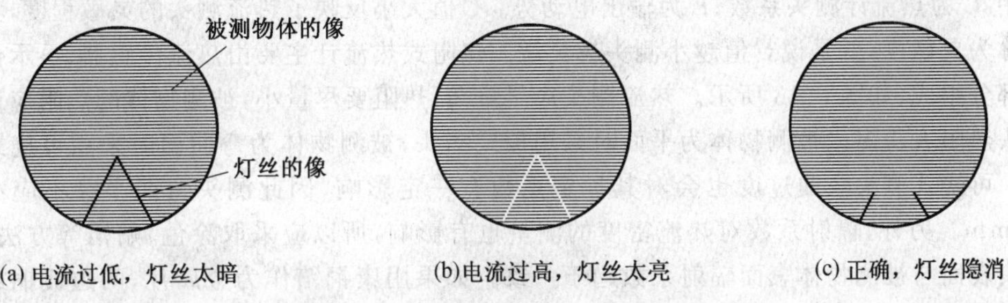

图 2.11　灯丝与背景亮度比较情况示意图

更加接近于真实温度。

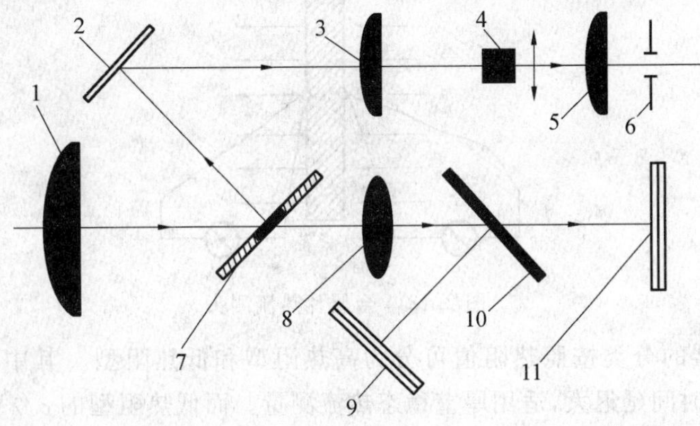

图 2.12　双通道比色温度计内部结构

1— 物镜；2— 反射镜；3— 倒像镜；4— 回零信号接收元件；5— 目镜；6— 出射光阑；7— 视场光阑；8— 场镜；9— 带可见光滤光片的硅光电池；10— 分光镜；11— 带红色滤光片的硅光电池

2.2 热流测量类仪器和基本原理

由于传热具有导热、对流和辐射三种传热方式，因此热流的测量方式也可以分为三类：基于导热的接触式测量；基于对流换热原理，采用对进出口温度和流量测试来计算；基于辐射换热方式的辐射热流计测量。

2.2.1 热阻式热流计及其工作原理

热阻式热流计是基于导热傅里叶定律，在已知热阻材料热导率 λ 和厚度 δ 的情况下，通过测出两面温差就可以获得热流密度。当选择不同的热阻材料，以不同的方式测量温差就能构成不同结构的热阻式热流计。

实际应用过程中，考虑到直接测量热电势比较方便，而温差数值和热电势成正比，可以描述为

$$q = C \cdot E \tag{2.11}$$

式中，C 为热流计测头系数；E 为输出电动势。C 值大小反映了热流测头的灵敏程度，其倒数称为灵敏度，就是说 C 值越小测头越灵敏。热阻式热流计主要由热流传感器、显示仪表两部分组成，如图 2.13 所示。热流测头应尽量薄，热阻要尽量小，被测物体的热阻应该比测头热阻大得多。被测物体为平面时采用板式测头，被测物体为弯曲面时采用可挠式测头。可挠式测头弯曲过度也会对其标定系数有一定影响，因此测头弯曲半径不应小于 50 mm。另外，辐射系数对热流密度的测量也有影响，所以应采取涂色、贴箔等方法，使测头表面与被测物体表面辐射系数趋于一致。如果用康铜箔作为金属片，两边镀铜或银就形成一对温差热电偶，结构示意如图 2.14 所示。

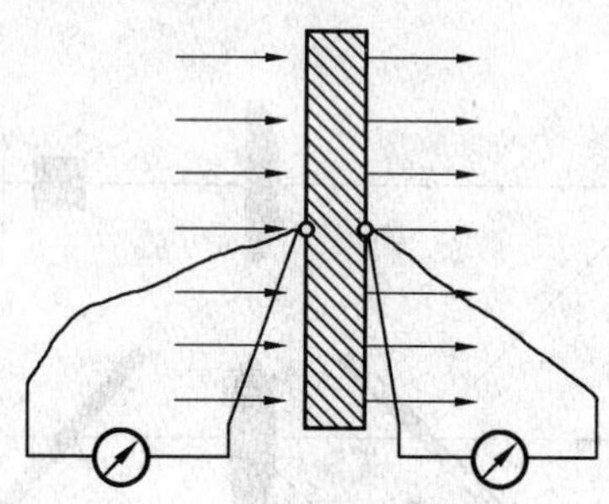

图 2.13　金属片热流测头

热流传感器的分类按照热阻值可分为高热阻型和低热阻型。其中高热阻型的 δ/λ 大，附加热阻和时间延迟大，适用厚壁稳态热流测量。而低热阻型的 δ/λ 小，反应灵敏，测温误差相对误差大，适合于动态热流测量。按照测温方式可分为热电偶型（或热电堆）和热电阻型（或热敏电阻），如图 2.15、图 2.16 所示。热电堆式的热流测头是目前应用最广泛的热流测头，由于其结构、材料和制作方法不同，可做成形形色色的测头，以适应各方面的需要，如作为热阻层的基板可以是硬塑料片或层压板等硬质材料，也可用塑料和橡胶灌注或压膜成型，甚至还有用空气层的。热流传感器按照力学性能还可分为硬平板式和可

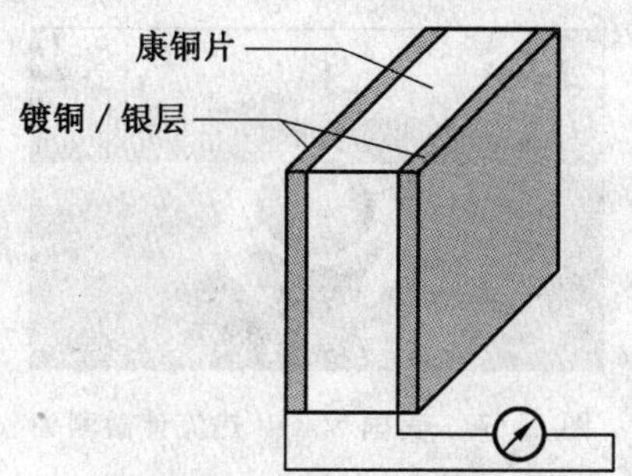

图 2.14　薄板型热流测头

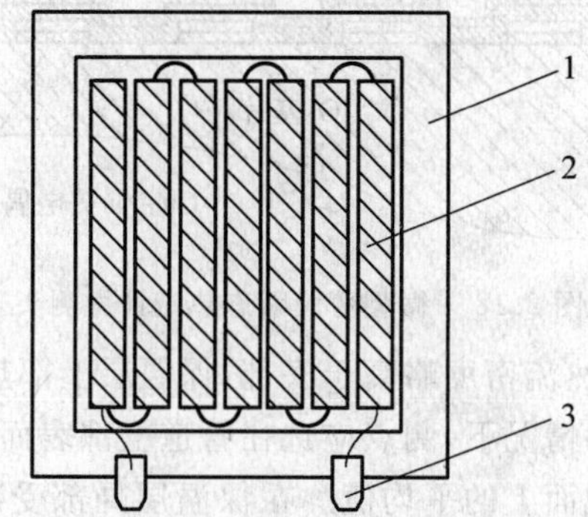

图 2.15　热电堆式热流传感器

1— 边框；2— 热电堆片；3— 接线片

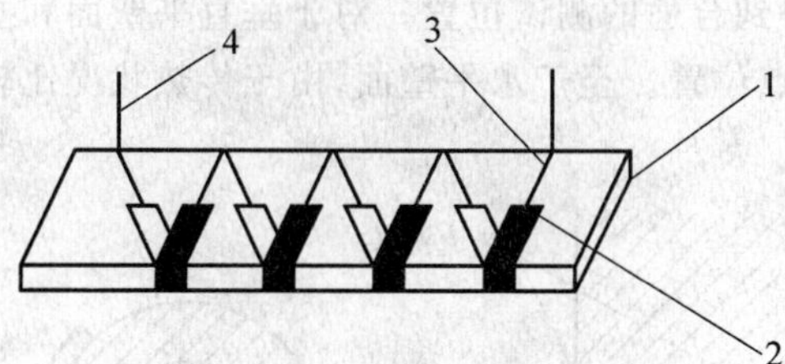

图 2.16　热电阻式热流传感器

1— 热阻层；2— 薄膜热电阻；3，4— 热电极连线

挠式。

随着薄膜技术的发展，热流计测头可以做得非常小，可极大提高响应速度。图 2.17 是美国 Vatell 公司开发的热流计微测头，其在陶瓷基底上分层镀膜刻蚀，形成微小的热电堆，在其周边还复合铂薄膜作为温度传感器，因而在测量热流的同时还可以测量温度。热流计薄膜测头厚度小于 2 μm，响应速度小于 10 ms。图 2.18 是北京工业大学马重芳教授课题组研制的微型薄膜瞬态热流计微测头，该测头在厚度为 0.05 mm 的 SiO_2 基片上蒸镀薄膜热电偶，测量厚度为 1 μm 的 SiO_2 热阻层两侧温差，从而得到瞬变热流值，主要用于燃料电池内微小空间的热流测量。

被测物体表面的放热状况与许多因素有关，在自然对流情况下被测物体放热的大小与热流测点的几何位置有关。对于水平安装的均匀保温层圆形管道，保温层底部散热的

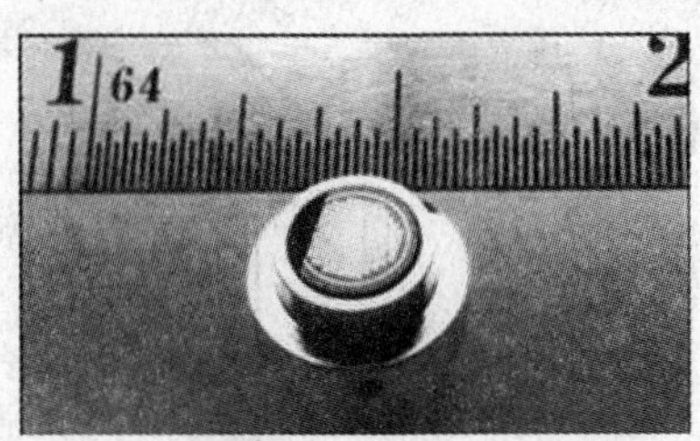

图 2.17　美国 Vatell 热流计微测头

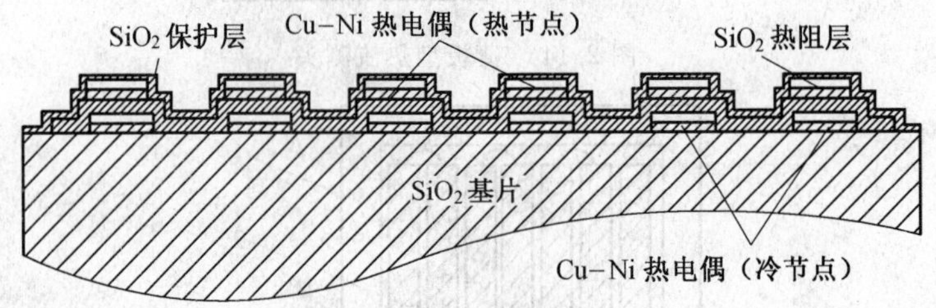

图 2.18　微型薄膜瞬态热流计微测头

热流密度最低，保温层侧面热流密度略高于底部，保温层上部热流密度比下部和侧面均大得多，如图 2.19 所示。这种情况下，测点应选在管道上部表面与水平夹角约为 45° 处，此处的热流密度大致等于其截面上的平均值。在保温层局部受冷受热或者受室外气温、风速、日照等因素影响时，热流密度在管道截面上的分布更加复杂，测点应选在能反映管道截面上平均热流密度的位置，最好在同截面上选几个有代表性位置进行测量，与所得到的平均值进行比较，从而得到合适的测试位置。对于垂直平壁面和立管也可做类似的考虑，通过测试找出合适的测点位置。至于水平壁面，由于传热状况比较一致，测点位置的选择较为容易。

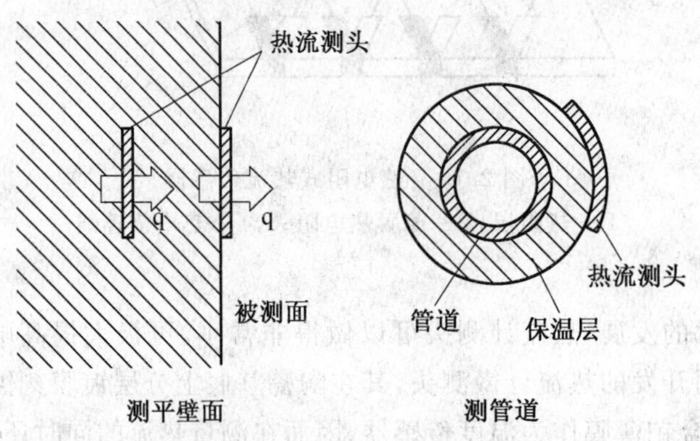

图 2.19　热流测头的安装示意图

热流测头表面为等温面，安装时应尽量避开温度异常点。有条件时，应尽量采用埋入式安装测头。测头表面与被测物体表面应接触良好，为此，常用胶液、石膏、黄油等粘贴测头，对于硅橡胶可挠式测头可以使用双面胶纸，这样不但可以保持良好接触，而且装拆方便。热流测头的安装应尽量避免在外界条件剧烈变化的情况下测量热流密度，不要在风天或太阳直射下测量，不能避免时可采取适当的挡风、遮阳措施。为正确评价保温层的散热状况，有条件时可采用多点测量和累积量测量，取其平均值，这样取得的效果更理想。使用热流计测量时，一定要等热稳定后再读数。

2.2.2　辐射式热流计及其工作原理

辐射式热流计，又称热辐射计，是热能辐射转移过程的量化检测仪器，是用于测量热辐射过程中热辐射迁移量的大小、评价热辐射性能的重要工具，即热辐射的大小表征热辐射能量转移的程度。辐射热流计是测量热辐射能量传递大小和方向的仪器，它是研究辐射换热交换的重要工具，在太阳能利用、空间技术、气象研究、工业、冶金、能源动力、建筑空调、医疗卫生等领域中都有重要的应用。

依据热辐射电磁波的波长可以分为：总（辐射 + 对流）热流计、纯辐射热流计、红外热辐射计、总（红外 + 可见光）辐射计、阳光辐射强度计等。依据环境温度可以分为：低温热辐射计、高温热辐射计（如火焰量热计最高可达 1 900 ℃）。

1. 纯辐射热流计

纯辐射热流计是指单独测量辐射热流的热流计，按照其几何结构和工作方式又可分为椭圆腔体辐射热流计、圆箔式辐射热流计和塞式辐射热流计。

椭圆腔体辐射热流计为无窗红外辐射热流传感器，可用于热炉和火焰辐射热流测量，无须窗口光谱透射系数校正。椭圆腔体辐射计包含反射镀金椭圆腔体，椭圆一个焦点处开有孔隙，而传感单元位于另一焦点处，全部辐射热通过前面的小孔，经过一次、最多两次反射，到达检测器上，如图 2.20 所示。椭圆腔体辐射计的吹气装置（使用惰性气体）可保持腔体清洁。与许多其他类型的辐射热流传感器不同，椭圆腔体辐射热流传感器无须加装红外窗口，且视角超过 160°。椭圆腔体辐射计可提供各种外部配置，并配有水冷和吹气装置。

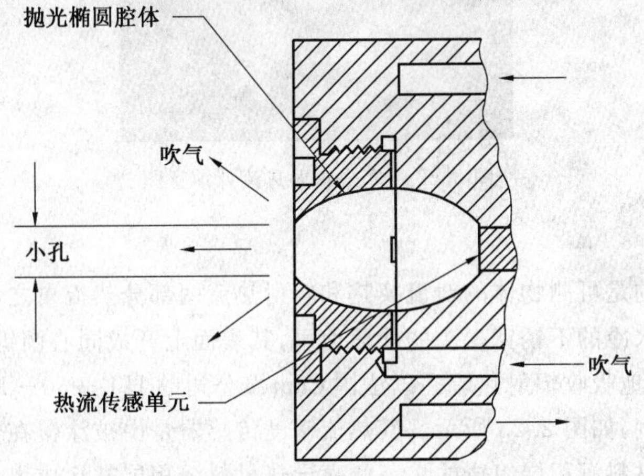

图 2.20　椭圆腔体辐射热流计原理示意图

圆箔式辐射热流计一般都是把高吸收率的箔片以焊接的方式连接在大质量热沉上面，通过连接箔片和热沉形成特殊的热电偶式结构，实现辐射热流的测量，如图 2.21 所示。实际使用中，为了防止高温燃气对流传热对箔片辐射热流接收的影响，需要在箔片前加装一块单晶硅片，由于单晶硅片能通过热辐射，故测出的为纯辐射热流，同时能起到防止积灰的作用。

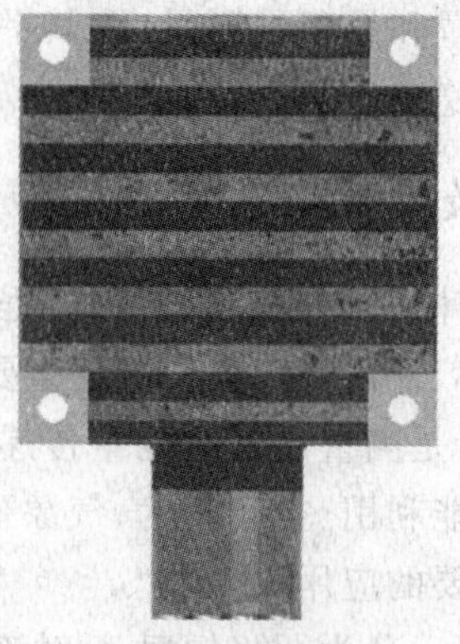

图 2.21　圆箔式辐射热流计示意图

塞式辐射热流计，也称之为金属块式辐射热流计，基本原理跟圆箔式辐射热流计类似，但是尺寸做得很小，属于热容式的热流计，基本结构如图 2.22 所示。热沉体式耐高温低热导率的玻璃或其他非金属材料，中间为无氧铜块。在确定铜板单向受热、四周及里面没有热损时，通过测出铜块底部的温升率，就可以根据热传导方程辅以辐射热流边界条件，得到准确的辐射热流密度。

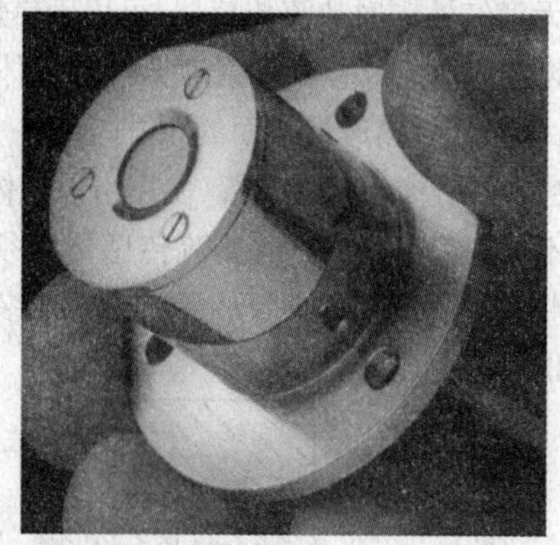

图 2.22　塞式辐射热流计示意图

2. 总热流计

总热流计指的是可测物体的对流换热和辐射热流两部分热流量之和的热流计。热流计检测器安装在水冷的不锈钢探头的前段面里，其表面上开成同心圆锯齿形槽，并涂有黑色涂层，以便更好地吸收辐射热流。以法国 Captec 公司的 HT－50－M20 型高温水冷热流密度传感器为例，如图 2.23 所示。其热流密度传感器是由被涂覆在低导热材料金属薄片两侧的高导热材料沉积层组成的。一侧高导热材料沉积层被涂成黑色，用来收集能量；另一侧高导热材料沉积层背面覆盖热屏障。高温水冷热流密度传感器接收到的热流差引起一个电势差，入射能流引起的电势差正比于接收到的热流，因此只需要测量得到传感器的输出电压就可计算得到热流密度值。依据高温水冷热流密度传感器的输出电压计算被测热流密度的方法如下：

$$q_{\mathrm{mea}} = U_{\mathrm{out}} / K_{\mathrm{S}} \tag{2.12}$$

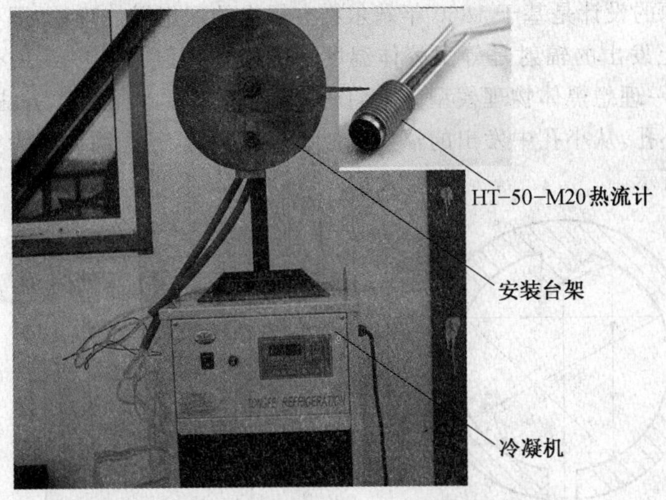

图 2.23　HT－50－M20 热流计及安装示意图

或

$$q_{\text{mea}} = U_{\text{out}} K_{\text{R}} \tag{2.13}$$

式中，K_{S} 是传感器的灵敏度，$\mu\text{V}/(\text{W}/\text{m}^2)$；$K_{\text{R}}$ 是传感器的分辨率，$(\text{W}/\text{m}^2)\cdot\mu\text{V}$。

2.3　辐射光源类仪器和基本原理

在各类热辐射测量过程中，往往需要借助辐射光源作为参考或者作为入射源，进而实现物体的热辐射物性的测量。下面把辐射光源分成黑体辐射源、光谱辐射源、激光光源几类介绍其工作原理和应用场合。

2.3.1　黑体辐射源

1. 黑体辐射源的工作原理

黑体是一种理想化的辐射体，它吸收所有波长的辐射能量，黑体辐射源没有能量的反射和透过，其表面的发射率为 1。应该指出，自然界中并不存在真正的黑体，但是为了弄清和获得红外辐射分布规律，在理论研究中必须选择合适的模型，这就是普朗克提出的体腔辐射的量子化振子模型，从而导出了普朗克黑体辐射的定律，即以波长表示的黑体光谱辐射度，这是一切红外辐射理论的出发点，故称黑体辐射定律。黑体辐射源，俗称黑体炉，不仅是辐射测温的基础和校准装置，其性能还直接影响温度溯源、温标传递和温度标定的质量。由于黑体辐射源在辐射测量领域的特殊地位，使其在辐射测温、遥感、遥测、红外加热等诸多领域有重要而广泛的应用。

一般黑体辐射源都要具备以下三个特点：

(1) 在任何条件下，完全吸收任何波长的外来辐射而无任何反射；

(2) 吸收比为 1；

(3) 在任何温度下，对入射的任何波长的辐射全部吸收。

黑体辐射源的设计是基于1860年基尔霍夫提出的理想黑体理论，即从密闭等温腔体内的任意面元上发出的辐射是等温腔体温度下的黑体辐射。自然界并不存在理想的黑体，基尔霍夫这一理想黑体物理模型为人们研制人工黑体提供了基本方法，即在密闭等温腔体上开一个小孔，从小孔中发出的辐射近似为黑体辐射，开孔腔体即为空腔式黑体辐射源，如图2.24所示。

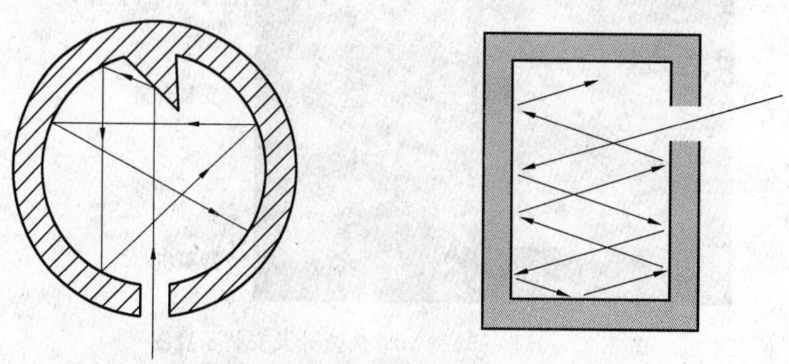

图2.24　两种空腔式黑体辐射源的结构示意图

目前黑体辐射源结构中最为常见的两种：腔体式黑体和平板式黑体。腔体式几何结构的一个重要缺点是它更适合用作一个电源辐射体，而不是作为一个朗伯辐射体来使用。而平板式辐射源的缺点是它不像腔体辐射源那样在整个光谱上都具有高的发射率或者均匀性。黑体辐射源空腔结构通常有以下几种：球形、圆锥－圆柱形、柱形、双棱锥形、内锥形。空腔底部为了提高发射率采用正锥、倒锥或沟槽结构。在空腔选材上多采用材料发射率较大的材料。对于空腔的发射率计算，工程上经常采用Gouffe公式进行近似计算。

$$\varepsilon_0 = \frac{\varepsilon\left\{1 + (1-\varepsilon)\left[\dfrac{A}{S_t} - \left(\dfrac{R}{L}\right)^2\right]\right\}}{\varepsilon\left(1 - \dfrac{A}{S_t}\right) + \dfrac{A}{S_t}} \tag{2.14}$$

式中，A为腔体出口面积；S_t为空腔内表面积(包括出口面积)；R为开口半径；L为腔体长度；ε为内壁材料发射率。表2.3为几种形状黑体的发射率变化情况。

表2.3　几种形状黑体的发射率变化情况

腔体类型	有效发射率 ε_0		
	$\varepsilon = 0.7$ 涂层	$\varepsilon = 0.8$ 涂层	$\varepsilon = 0.9$ 涂层
圆柱形($L/R = 8$)	0.994 6	0.996 6	0.998 4
圆锥形(14°)	0.953 4	0.971 6	0.986 9
球形($A_c/(4\pi R_s^2) = 0.9$)	0.958	0.970	0.985
倒圆锥形(14°)	0.999 6	0.999 8	0.999 9

用于制作黑体源的理想材料需要具有良好的热性能，如在尽可能宽的温度范围内具有较高的热扩散率。表2.4列出了部分黑体源使用材料的熔点、最大工作温度和热扩散率等参数。对于低温黑体，银的扩散率性能最佳。进入1 000 ℃以上的中高温区域，铂就是热扩散率最好的一种材料。但是进入3 000 ℃以上的高温时，黑体则需要在惰性气体中采用石墨材料。

表 2.4　黑体辐射源的材料属性

材料	熔点 /℃	热扩散率 /($cm^2 \cdot s^{-1}$) 20 ℃	热扩散率 /($cm^2 \cdot s^{-1}$) 800 ℃	空气中最大工作温度 /℃
纯铝	659	0.981	0.657(600 ℃)	600
铝(1100 合金)	644	0.8	—	600
铝(6061－T6)	582 ～ 652	0.6	—	500
铜(OFHC)	1 084	1.138	0.824	371
纯石墨	＞3 000	0.984	0.177	＞3 000
铬镍铁合金 Inconel 600	1 427	0.0406	—	1 149
纯铂	1 770	0.248	0.241	1 760
纯银	961	1.701	1.22	850
SS304(CR)	1 455	0.034	0.046	927
氧化铝(99.5%)	2 050 ～ 2 240	0.12	0.021 3	1 750
氧化铍(99.5%)	2 508 ～ 2 547	1.1	0.1	2 240
Moly－D(MD－33)×3	＞1 800	0.128est	0.064est	1 800
碳化硅(TSR 1.57 in ID)	2 730			1 600

2. 黑体辐射源的分类

理想黑体辐射源内部的温度场为均匀等温场，而实际的黑体炉由于加热不均匀、外界环境影响以及加工精度等原因造成了黑体炉内部温度场是具有温度梯度的不均匀场。由于这一原因而使得黑体炉有效发射率随温度分布和波长变化而变化。因此采用各种手段使黑体腔体尽可能均匀，接近理想黑体的温场，是提高黑体辐射源性能的主要途径。

黑体辐射源根据加热控温方式可分为：单段加热（或制冷）控温和多段加热控温。单段加热（或制冷）控温方式即只有一个控温器，一个温度传感器，一组加热或制冷元件，控制器通过温度传感器测温来控制加热或制冷元件的功率达到控温的目的。多段加热控温方式是采用多个控制器、多个温度传感器和多个加热元件来控制辐射源的温度，实现辐射源内部的温度梯度降低。多段加热控温方式要注意的是控制或减小各段之间的相互干扰，以不使得辐射源内部温度发生振荡。温度较低时，通常将黑体腔体放入油槽中，油在腔体周围循环，使腔体受热均匀，如图 2.25 所示。为了减小辐射源内部的温度梯度，可采用多段加热的控温方式，如图 2.26 所示。近年来，热管作为一种导热系数高、内阻小、等温性好的高效传热元件，被越来越多地应用在热管黑体辐射源的设计当中，也确实取得了良好效果，如图 2.27 所示。对于平板辐射源来讲，一条很有效的途径就是对平板表面进行微槽处理，可以有效地提高其发射率和光谱均匀性。

黑体辐射源根据其温度的不同可以分为：低温黑体（温度范围 －80 ～ 150 ℃）、中温黑体（温度范围50～1 200 ℃）以及高温黑体（温度范围1 200～3 000 ℃）。目前，低温和

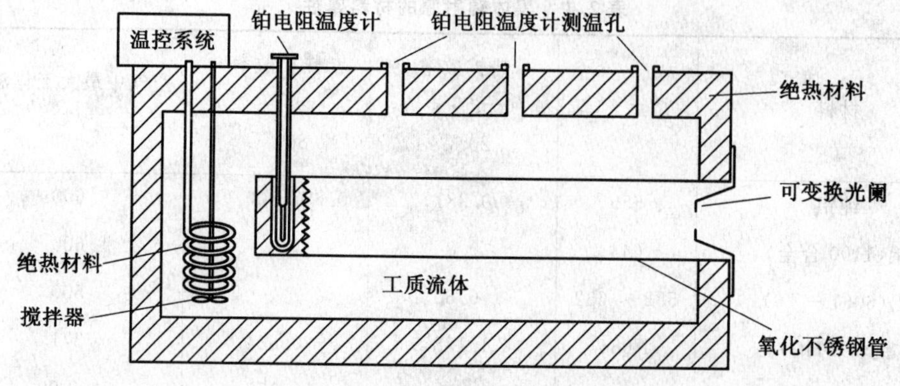

图 2.25　油槽均温的黑体辐射源结构示意图

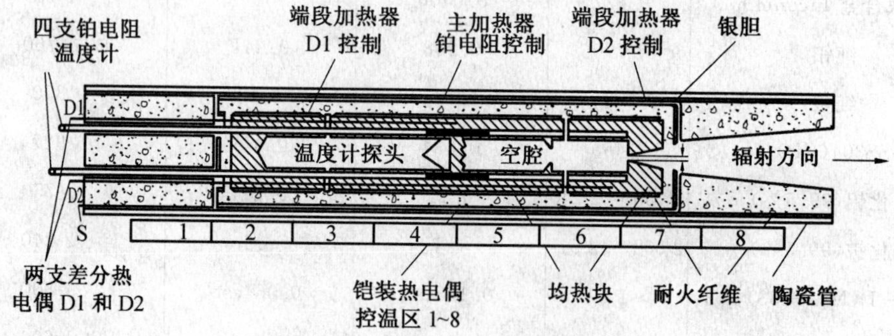

图 2.26　德国 PTB 研制的多段控温结构示意图

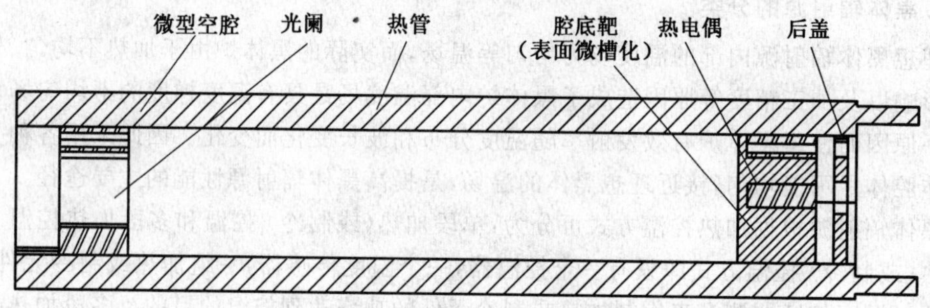

图 2.27　热管式均热元件的团体辐射源结构示意图

中温黑体辐射源技术已经较为成熟，并且已经作为产品被推广使用。而高温黑体相对来说设计和研制就困难很多。

低温黑体的下限温度为环境温度以下的黑体，需要借助制冷设备才能让其下限温度等于和低于环境温度。图 2.28 为德国的 HEITRONICS 公司生产的 ME30 黑体炉，其工作温度是 −20 ～ 350 ℃，发射率为 0.999 4，腔体深度为 300 mm，黑体腔出口直径60 mm，快速加热，稳定时间 1 h 内，质量大约为 20 kg。图 2.29 为北京南奇星科技发展有限公司生产的 HL−1 低温黑体炉，主要由主体、搅拌电机、控制面板、黑体腔口、制冷机组等构成，留有黑体温度检测孔，放液阀在设备左边，溢流口为工作介质受热膨胀时自动溢出，放液口为将槽体工作介质放出时用。它的黑体腔为铜材料，工作温度是 − 30 ～ 100 ℃，发射率为 0.995 以上，采用 24 位温度程序控制器,全温度段温度分辨率为0.01 ℃。

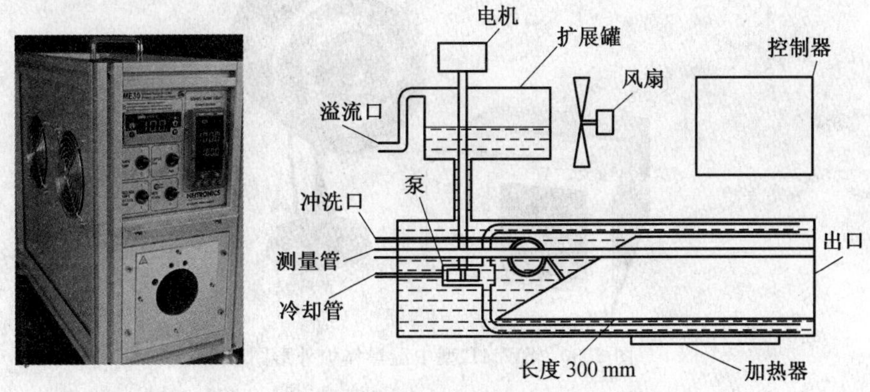

图 2.28　ME30 低温黑体炉实物及结构示意图

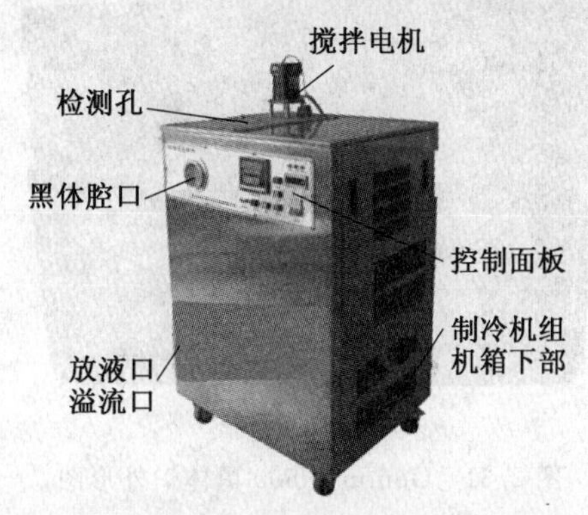

图 2.29　南奇星 HL－1 黑体炉外形图

中温黑体是下限温度为环境温度以上、上限温度为 1 200 ℃ 以下的黑体。因为该段温度为最常用,用普通的加热方式就能实现。图 2.30 为德国的 HEITRONICS 公司生产的 SW11B 黑体炉,其工作温度为 350 ～ 1 000 ℃,发射率优于 0.99,黑体腔出口直径为 25 mm,腔体深度为 145 mm,腔内温度均匀性优于 1 ℃,稳定时间 3 h 内,质量大约为 10 kg。图 2.31 为英国爱松特技术有限公司(ISOTECH) 生产的 Gemini R500 中温黑体炉,其工作温度为 30 ～ 550 ℃,发射率优于 0.995,黑体腔出口直径为 65 mm,腔体深度为 160 mm,腔内温度均匀性优于 0.5 ℃,稳定时间大约为 45 min,质量大约为 10 kg。图 2.32 为武汉凯尔文光电技术有限公司生产的 JQ－60QYZ5B 中温黑体炉,其工作温度为 50 ～ 500 ℃,有效发射率为 0.97 ± 0.02,黑体腔出口直径为 60 mm,温度稳定性为 ±(0.1 ～ 0.3) ℃/h,质量大约为 15 kg。

高温黑体是上限温度为 1 200 ℃ 以上的黑体,普通的加热方式已经不能解决,温度大于 1 600 ℃ 只能进行抽真空。高温黑体可以分为开口式和闭口式两种类型。开口式高温黑体出口没有窗口玻璃,空腔是直接与外界相连的,工作温度最高能达到 1 600 ℃。闭口式高温黑体出口有窗口玻璃,腔内抽真空或者充入惰性气体,工作温度最高可达到 3 000 ℃ 左右,其中石英玻璃窗口适合短波测量(小于 3.7 μm),KBr 玻璃窗口适合于红外波段测量。

图 2.30　SW11B 型中温黑体炉外形图

图 2.31　Gemini R500 黑体炉外形图

图 2.32　JQ－60QYZ5B 黑体炉外形图

图 2.33 为美国 MIKRON 公司生产的 M330 黑体炉，工作温度是 300～1 700 ℃，发射率优于 0.99，黑体腔出口直径为 25 mm，加热时间从环境温度到 1 600 ℃ 需80 min，质量大约为 80 kg。图 2.34 为英国 LAND 公司生产的 P1600B2 黑体炉，工作温度是 500～1 500 ℃。它的黑体腔周围均布了六根碳化硅加热棒，发射率优于 0.998，黑体腔出口直径为 49 mm，加热时间从环境温度到 1 400 ℃ 需 90 min，质量大约为 62 kg。国内的北京南奇星科技发展有限公司生产的 HG－1 高温黑体炉，最高工作温度为 700～1 600 ℃，发

射率接近 0.995，黑体腔出口直径为 40 mm。采用三段加热方式，温度均匀性较好，冷却系统采用风冷，底部安装有风机，温度的稳定性每 10 min 变化优于 ±0.5 ℃。

图 2.33　M330 黑体炉外形图

图 2.34　P1600B2 黑体炉外形图

对于封闭式高温黑体，美国的 MIKRON，TGI 和 EOI 公司有相关产品出售。MIKRON 公司的高温黑体有 600 ～ 2 300 ℃ 以及 600 ～ 3 000 ℃ 两种；TGI 公司有 300 ～ 2 000 ℃ 以及 500 ～ 3 000 ℃ 两种；EOI 公司有 1 000 ～ 2 000 ℃ 以及 1 000 ～ 3 000 ℃ 两种。它们的产品全都使用石墨作为腔体，采用对石墨直接通电的加热方式。由于石墨电阻率比较小，因此采用低电压大电流的方式进行加热。当温度低于 2 500 ℃ 时，可以抽真空进行加热，但是当温度超过该值时必须充入惰性气体进行保护。图 2.35 所示的是由 MIKRON 公司生产的 M390 高温黑体炉，其温度范围为 600 ～ 3 000 ℃，发射率大于 0.99，加热腔体长 150 mm，开口孔径为 50 mm，加热元件为充氩气的石墨管，5 min 从环境温度加热至 2 300 ℃，电极采用水冷方式，整个黑体炉质量大约为 182 kg。图 2.36 为美国光电工业公司(EOI) 生产的 LS3000 黑体炉，其温度范围为 1 000 ～ 3 000 ℃，发射率为 0.999 ± 0.01，开口孔径为 50 mm，整个黑体炉质量大约为 450 kg。

国内能够生产该类封闭式黑体炉的比较少，做得比较好的有上海工业自动化仪表研究所和北京南奇星有限公司，均采用石墨作为腔体进行通电加热，外侧有冷却水通道，出口处布置有窗口玻璃，温度高低需要调节加热功率。

图 2.35　M390 黑体炉外形图

图 2.36　LS3000 黑体炉外形图

2.3.2　光谱辐射源

为了获得物体的光谱辐射特性，往往需要借助某一特定区间的光谱辐射源作为入射源，配合相应的光谱仪，通过透射法、反射法、发射法等手段实现测量，与之对应的光谱辐射源包括卤钨灯、氙灯、氘灯、溴钨灯、汞灯、碳化硅红外光源等，相应的光谱范围见表 2.5。几种典型的灯源光谱辐射强度分布如图 2.37 所示。

表 2.5　典型光源的光谱辐射范围

紫外波段		可见光			红外波段	
100 nm	200 nm	400 nm	600 nm	1 000 nm	2 000 nm	3 000 nm
115	氘灯	400				
160		脉冲氙灯		2 000		
	185		氙灯	2 000		
	185		汞氙灯	2 000		
	193	空心阴极灯	852			
	360		卤钨灯		2 000	
	300		溴钨灯		2 500	
	300	汞灯	600(线光谱)			

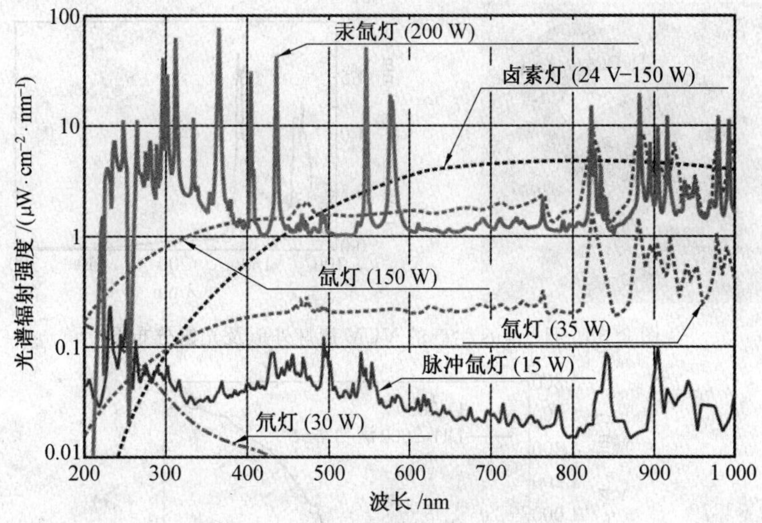

图 2.37　几种光源的光谱辐射强度分布图

在紫外波段范围经常使用氘灯作为标准光源，它能发出较强的紫外辐射，具有辐射强度高、稳定性好、寿命长等优点。借助氘灯可以测量各种紫外光源、探测器、材料的光谱特性。特别是应用于飞行仪器的校准光源，用于标定气球、火箭和卫星中的一些天文仪器的光谱特性，如卫星光谱仪、太阳光谱仪等。

氘灯的工作原理是：灯丝通电加热后，发射出自由电子，阳极加上电压，使得自由电子在电场的加速下向阳极运动。在这个过程中，自由电子与氘分子发生非弹性碰撞，使氘分子处于激发态，当其返回原来的状态或较低的能态时，就以辐射的形式放出能量而发光。氘灯能产生波长 165 ～ 370 nm 内的连续辐射，其下限由拉曼分子的线辐射决定，上限由巴尔麦线谱限制。160 ～ 300 nm 波段各国通用的光谱辐射传递标准光源为英国 Cathoden 公司制造的 V03 型或 V04 型熔石英窗口或氟化镁窗口的 30 W 氘灯。

图 2.38 为德国贺利氏公司（Heraeus）生产的真空紫外线（VUV）氘灯，发射的光可覆盖 110 ～ 350 nm 波段，尤其在 120 ～ 160 nm 波长处产生高发光强度。上海蔚海光学仪器有限公司生产的 D－2000 氘灯光源能够产生稳定的 215 ～ 400 nm 的输出光谱，其峰－峰稳定性小于 0.005%，漂移仅为 ±0.5% 每小时。DH－2000 氘－钨卤组合式光源在一个光路中集成了氘灯光源和钨卤光源的连续输出光谱，产生 215 ～ 2 000 nm 的稳定的光谱输出，如图 2.39 所示。

氙灯光源的工作原理：气体在电场作用下激励出电子和离子，成为导电体。离子向阴极、电子向阳极运动，从电场中得到能量，它们与气体原子或分子碰撞时会激励出新的电子和离子，也会使气体原子受激，内层电子跃迁到高能级。由于灯内放电物质是惰性气体氙气，其激发电位和电离电位相差较小。氙灯辐射光谱能量分布与日光相接近，色温约为 6 000 K。氙灯均为连续光谱部分的光谱分布几乎与灯输入功率变化无关，在寿命期内光谱能量分布也几乎不变。图 2.40 为短弧氙灯结构示意图。图 2.41 为 150 W 氙灯、150 W 溴钨灯、250 W 溴钨灯光谱辐射强度曲线对比示意图。

热辐射红外光源可以是黑体、气体放电光源、通电碳化硅棒等。黑体是理想的热辐射

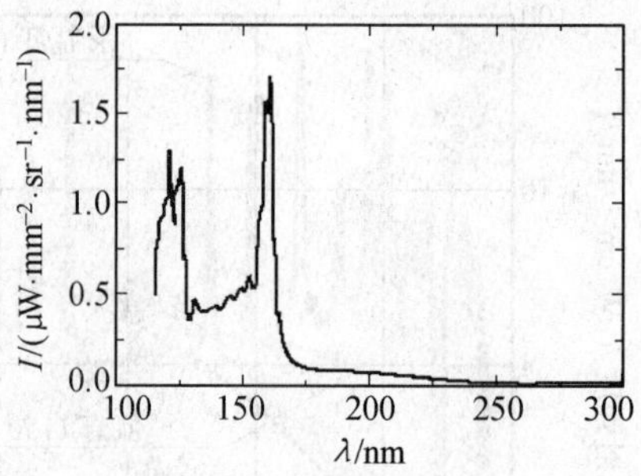

图 2.38　Heraeus 生产的 VUV 氘灯外形及光谱分布图

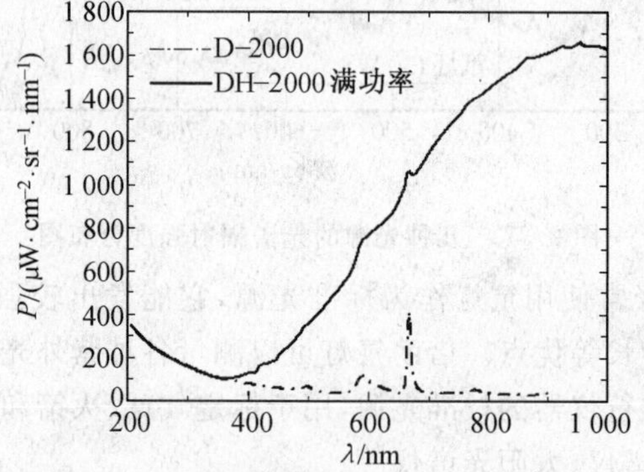

图 2.39　氘灯和氘钨灯光谱特性比较

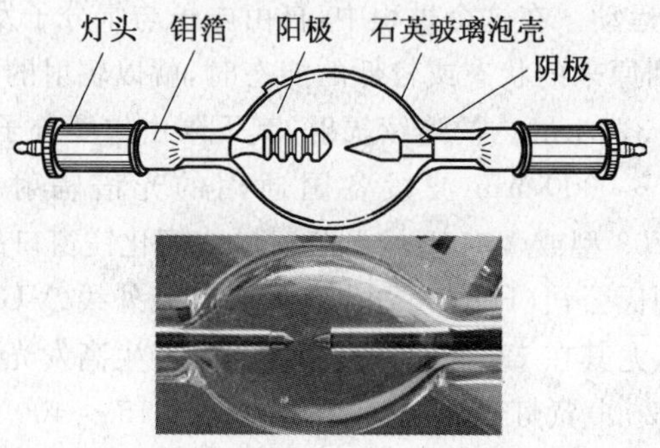

图 2.40　短弧氙灯结构示意图

红外光源,因为在同一温度下,黑体的辐射功率密度最大。白炽灯泡能将 75% 以上的输入电能转变为红外辐射,也可作为红外光源。因白炽体辐射出的5 μm以上的红外辐射均被玻璃外壳吸收,属于一种近红外和中红外光源。采用反射形玻璃外壳可充分利用白炽灯泡的红外辐射,通过玻壳后部的铝反射面把红外辐射集中到前方,进一步增强效果。此外,还可采用石英管形红外白炽灯作为红外光源,它利用卤钨循环原理工作,体积小、机械强度高、便于安装使用,且寿命可达 5 000 h 以上。

某些气体放电光源放电时产生红外辐射,可作为红外光源使用。氙灯的光谱连续并且在近红外区域产生强烈的辐射,常被用作太阳模拟光源、熔炼特殊金属或材料的热源。碳化硅棒通电加热后在波长为 2 ~ 20 μm 范围内近似黑体辐射,是一种中、远红外光源。

在发热物体表面涂敷钛、锆、铬、锰、铁、镍和硅的氧化物，或硼和硅的碳化物，可以制成远红外光源。

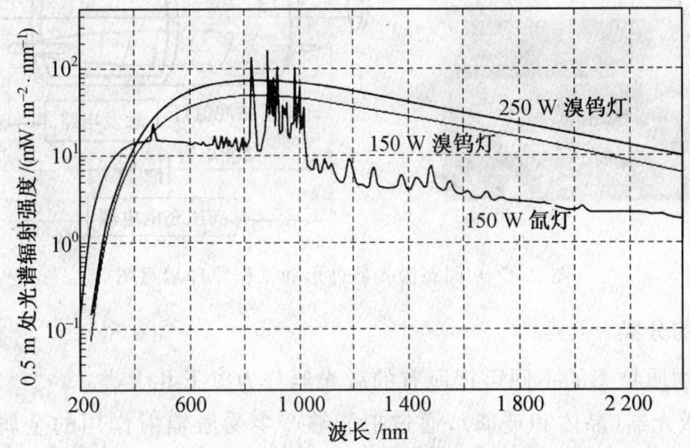

图 2.41　三种不同功率的溴钨灯和氙灯的光谱辐射强度对比

北京卓立汉光仪器有限公司研制的 LSH－SiC200 碳化硅红外光源，其光谱覆盖范围为 1 ～ 16 μm。该碳化硅红外光源包括光源室、直流稳压稳流电源和冷却水循环机。光源室又分为成像室、碳化硅棒及冷却室。成像室采用反射成像光路，反射镜镀金，以增加红外反射率，总反射率 ＞ 96%。为了获得特定宽度的光谱辐射，还可以对不同系列的灯源进行组合，如氘卤钨灯、氘灯和溴钨灯组合、溴钨灯碳化硅复合光源等，形成紫外 — 可见 — 红外波段内的宽谱带复合光源。

2.3.3　激光光源

为了获得透过性能稍差(如多孔材料) 的光谱透过特性、物体表面的双向反射特性，宽光谱光源的单色辐射强度很小，导致透射或反射信号特别微弱，很多情况下探测无法从强背景噪声下识别出信号。为了改善这个情况，激光光源就成了比较好的选择。

1. 工作原理

激光器是利用受激辐射原理使光在某些受激发的物质中放大或振荡发射的器件。除自由电子激光器外，各种激光器的基本工作原理均相同，用光、电及其他办法对物质进行激励，使得其中一部分粒子激发到能量较高的状态，当这种状态的粒子数大于能量较低状态的粒子数时，由于受激辐射，物质就能对某一波长的光辐射产生放大作用，也就是这种波长的光辐射通过物质时，会发射强度放大并与入射光相位、频率和方向一致的光辐射。产生激光的必不可少的条件是粒子数反转和增益大过损耗，所以装置中必不可少的组成部分有激励(或抽运) 源、具有亚稳态能级的工作介质两个部分。激励是工作介质吸收外来能量后激发到激发态，为实现并维持粒子数反转创造条件。激励方式有光学激励、电激励、化学激励和核能激励等。工作介质具有亚稳能级是使受激辐射占主导地位，从而实现光放大。图 2.42 为固态激光器外形和工作原理示意图。

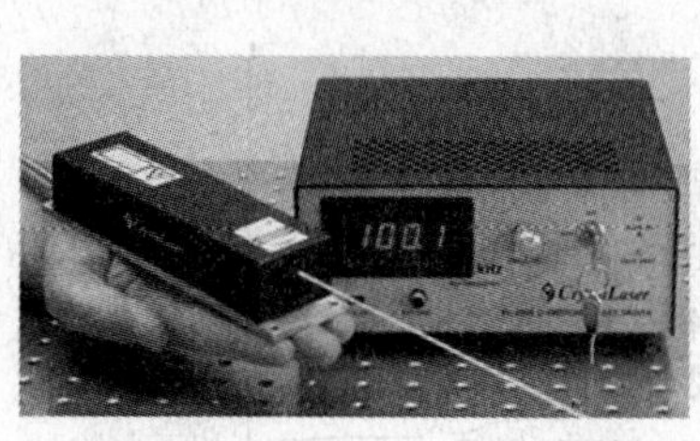

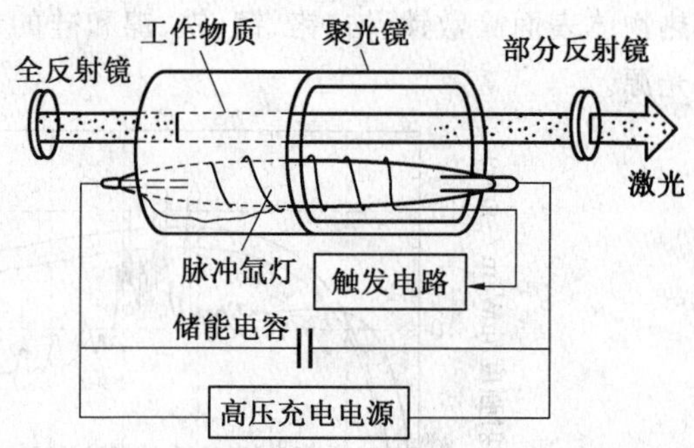

图 2.42　固态激光器外形和工作原理示意图

2. 激光器的分类

根据工作物质物态的不同可把所有的激光器分为以下几大类：

(1) 固体激光器(晶体和玻璃)，通过把能够产生受激辐射作用的金属离子掺入晶体或玻璃基质中构成发光中心而制成。

(2) 气体激光器，工作物质是气体，并且根据气体中真正产生受激发射作用的工作粒子性质的不同，而进一步区分为原子气体激光器、离子气体激光器、分子气体激光器、准分子气体激光器等。

(3) 液体激光器，工作物质包括有机荧光染料溶液和含有稀土金属离子的无机化合物溶液，其中金属离子(如 Nd) 作为工作粒子，而无机化合物液体(如 $SeOCl_2$) 作为基质。

(4) 半导体激光器，工作物质为半导体材料，通过一定的激励方式(电注入、光泵或高能电子束注入)，在半导体物质的能带之间或能带与杂质能级之间，通过激发非平衡载流子而实现粒子数反转，从而产生光的受激发射作用。对应的激励方式主要有三种，即电注入式、光泵式和高能电子束激励式。电注入式一般是由砷化镓(GaAs)、硫化镉(CdS)、磷化铟(InP)、硫化锌(ZnS) 等材料制成的半导体面结型二极管，沿正向偏压注入电流进行激励，在结平面区域产生受激发射。光泵式一般用 N 型或 P 型半导体单晶(如 GaAS, InAs, InSb 等) 做工作物质，以其他激光器发出的激光作为光泵激励。高能电子束激励式一般也是用 N 型或者 P 型半导体单晶(如 PbS, CdS, ZhO 等) 做工作物质，通过由外部注入高能电子束进行激励。

(5) 自由电子激光器，工作物质为在空间周期变化磁场中高速运动的定向自由电子束，只要改变自由电子束的速度就可产生可调谐的相干电磁辐射，其辐射谱可从 X 射线波段过渡到微波区域。

根据激光输出方式的不同又可以分为连续和脉冲激光器，其中脉冲激光的峰值功率可以非常大。按激励方式可以分为光泵式激光器、电激励式激光器、化学激光器、核泵浦激光器。按照运转方式可以分为连续激光器、单次脉冲激光器、重复脉冲激光器、锁模激光器、单模和稳频激光器、可调谐激光器。根据输出激光波长范围的不同，可将各类激光器区分为远红外激光器(25 ～ 1 000 μm)、中红外激光器(2.5 ～ 25 μm)、近红外激光器(0.75 ～ 2.5 μm)、可见激光器(0.4 ～ 0.7 μm)、近紫外激光器(200 ～ 400 nm)、真空紫外激光器(5 ～ 200 nm)、X 射线激光器(0.001 ～ 5 nm)，见表 2.6。

表 2.6　按照波长分类的常见激光器

波段	激光器名称
紫外	氮气激光(337.1 nm)，氦镉激光(325 nm)，氪离子激光(350.7 nm，356.4 nm)，准分子激光 KrF(248 nm)，XeF(351 ～ 353 nm)，ArF(193 nm)，XeCl(308 nm)，F2(157 nm)
可见	氦氖激光(632.8 nm)，氩离子激光(457.9 nm，476.5 nm，488.0 nm，496.5 nm，501.7 nm，514.5 nm)，氦镉激光(442 nm)，氪离子激光(476.2 nm，482.5 nm，520.6 nm，530.9 nm，586.2 nm，647.1 nm，676.4 nm)，铜蒸气激光(510.6 ～ 578.2 nm)，溴化铜激光(510.6 ～ 578.2 nm)，Nd:YVO4(掺钕钒酸钇，532 nm)，红宝石 Cr^{3+}(694.3 nm)，罗丹明 6G 染料(570 ～ 650 nm)，咕吨(Xanthene) 类染料激光(500 ～ 700 nm)，香豆素(Coumarin) 类染料激光(420 ～ 580 nm)，恶嗪(Oxazine) 类染料激光(600 ～ 800 nm)，半导体激光(405 nm，445 nm，473 nm，488 nm，515 nm，532 nm，588 nm，638 nm，660 nm)
近红外	氪离子激光(752.5 nm，799.3 nm)，氧碘(OI) 激光(1.315 μm)，Nd:YAG(掺钕钇铝石榴石，1 064 nm)，Nd:YVO4(掺钕钒酸钇，1 064 nm)，钛蓝宝石激光(670 ～ 1 200 nm)，Ca，Al，As 固体(半导体) 激光(850.0 nm)，Ca，As 固体(半导体) 激光(904.0 nm)，Nd 固体激光(1 064.0 nm)，花菁(Cyanine) 类染料激光(650 ～ 1 000 nm)
中远红外	二氧化碳激光(10.6 μm)，一氧化碳激光(6 ～ 8 μm)，HBr(4.0 ～ 4.7 μm)，氟化氢(HF) 化学激光(2.5 ～ 3.5 μm)，氟化氘(DF) 化学激光(3.5 ～ 4.5 μm)

2.4　红外检测类仪器和基本原理

检测器的作用是检测红外信号的能量，因此通常要求使用的检测器具有高的检测灵敏度、快的响应速度和较宽的测量范围。目前，红外检测类仪器主要有热检测器和光子检测器两大类。

2.4.1　红外检测器概述

在红外技术发展历程中，红外检测器技术的突破都会极大地促进红外技术的发展。红外检测器发展初期由于缺乏灵敏的检测器件，只能借助温度计实现红外探测，致使在红外辐射发现之后约 30 年间，对红外辐射的认识一直十分肤浅。1833 年，由多个热电偶制成热电堆的灵敏度比最好的温度计高 40 倍。19 世纪 80 年代出现了高灵敏的测辐射热计，它比热电堆的灵敏度又提高 30 倍。利用这些灵敏的红外检测器所获得的定量数据，人们才逐渐确立了红外辐射的基本定律。

现代红外技术的发展，依赖于 20 世纪 40 年代光子检测器的问世。实用的第一个红外检测器是第二次世界大战中德国制成的 PbS 检测器，后来又出现了其他铅盐器件，如 PbTe 等。在 20 世纪 50 年代后期，研制出 InSb 检测器，这些本征型器件的响应波段局限于 8 μm 以内。为扩大波段范围，发展了多种掺杂非本征型器件，其响应波段伸展到

150 μm 以上。最近 30 年来，红外检测器最重要的进展是研制成功了以 HgCdTe 为代表的三元化合物器件。到 20 世纪 60 年代末，三元化合物单元检测器基本成熟，其探测率已接近理论极限水平。20 世纪 70 年代发展了多元线阵红外检测器，20 世纪 80 年代英国又研制出了一种新颖的扫积型 HgCdTe 器件，它将探测功能和信号延时、叠加和电子处理功能合为一体。近年来，红外焦平面阵列技术的研究已经成为各国的发展重点，这种器件可在芯片上封装成千上万个检测器，同时又能在焦平面上进行信号处理，因此用它可制成凝视型红外系统。

红外检测器是将红外辐射能转化为可测信号（一般是电信号）的装置，根据对辐射响应方式的不同，将红外检测器分为热检测器和光子检测器两大类。热检测器的工作原理是：红外辐射照射检测器灵敏面，使其温度升高，导致某些物理性质发生变化，对它们进行测量，便可确定入射辐射功率的大小。对于光子检测器，当吸收红外辐射后，引起检测器灵敏面物质的电子态发生变化，产生光子效应，测定这些效应，便可确定入射辐射的功率。在热检测器中，热释电检测器的灵敏度较高，响应时间较快，而且坚固耐用。而光子检测器灵敏度更高，比热释电器件约高两个数量级。但光子器件需要制冷，截止波长越长，制冷温度就越低，例如 3 ～ 5 μm 的本征型器件需制冷到 193 K，8 ～ 14 μm 的器件需制冷到 77 K，而杂质型器件则需在更低温度下工作。常见的红外检测器见表 2.7。

表 2.7　常见的红外检测器

光子检测器		热检测器	
内光电效应	MCT	测辐射热仪	Vanadium Oxide(V_2O_5) Poly－SiGe Poly－Si Amorph Si
光伏效应 PV	Si,Ge InGaAs InSb,InAsSb		
光电导效应 PC	MCT PbS,PbSe	热电堆	Bi/Sb
外光电效应	SiX	热电检测器	Lithium Tantalite(LiTa) Lead Zirconium Titanite (PbZT)
光发射效应	PtSi		
QWIP 量子阱	GaAs/AlGaAs	Ferro－electric	Barium Strontium Titanite (BST)

对红外检测器的一般要求是：

(1) 探测率要尽可能高，以便提高系统灵敏度，保证达到要求的探测距离；

(2) 工作波段最好与被测目标温度（热辐射波段）相匹配，以便接收尽可能多的红外辐射能；

(3) 探测元件的制冷要求不能高，以便系统小型轻便化，最好能采用高水平的常温探测元件；

(4) 检测器工作频率要尽可能高，以便适应系统对高速目标的观测；

(5) 检测器本身的阻抗与前置放大器相匹配。

基于以上要求，在具体选用检测器时要依据以下原则：

(1) 根据目标辐射光谱范围来选取检测器的响应波段；

(2) 根据系统温度分辨率的要求来确定检测器的探测率和响应率；

(3) 根据系统扫描速率的要求来确定检测器的响应时间；

(4) 根据系统空间分辨率的要求和光学系统焦距来确定检测器的接收面积。

2.4.2　红外检测器的特性参数

描述一个红外检测器的性能可以用许多参数，但是，最基本的是三个方面的指标：对辐射的探测能力、响应的波长范围和响应速度。其中探测能力包含两个方面的含义：单色辐射功率入射到检测器能够产生多大的信号以及检测器能够辨识的最微弱信号小到什么程度。下面就来谈论这些基本的性能指标。

(1) 检测器阻抗和响应度

检测器阻抗是检测器的一个重要内部参数，由欧姆定律，检测器阻抗 Z 定义为

$$Z=\frac{dU}{dI} \tag{2.15}$$

当检测器阻抗与检测器前置放大器的输入阻抗相等时，可以获得最大输出，而红外检测器的输出信号一般很微弱，所以为了获得最大输出，检测器阻抗的设计就很重要。

检测器的响应度定义为检测器输出信号均方根电压 U 或电流 I 与入射到检测器上的均方根辐射功率 P 之比，记为 R，单位为 V/W 或 A/W，即

$$R_U=\frac{U}{P} \tag{2.16}$$

$$R_I=\frac{I}{P} \tag{2.17}$$

(2) 光谱响应

一般情况下，沿检测器表面响应度是不均匀的，另外响应度还与辐射波长 λ 和激励频率 f 有关，所以

$$R=R(x,y,\lambda,f) \tag{2.18}$$

采用单色辐射源（波长 λ），则测得的是光谱响应度，记为 R_λ，其在某波长处响应最大，称为峰值响应度，记为 R_{max}。

(3) 频率响应与响应时间

检测器频率响应的截止频率 f_c 定义为幅值下降为比峰值小 3 dB 时的频率。其倒数为响应时间，用 τ 表示，即

$$\tau=\frac{1}{2\pi f_c} \tag{2.19}$$

检测器的频率响应决定了其最大可能工作带宽，也就是可以响应变化多快的输入信号。

(4) 噪声等效功率（NEP）

检测器的探测能力除取决于响应度外，还决定于检测器本身的噪声水平。显然，响应度越大、噪声越低的检测器，能探测出来的辐射功率越微弱。因此任何检测器都有一个由其本身噪声决定的可探测功率阈值，或者称为最小可探测功率，称为噪声等效功率。

噪声等效功率定义为：投射到检测器响应平面上的红外辐射功率所产生的电输出信号正好等于检测器本身的均方根噪声电压(或电流)时的辐射功率值，以NEP表示。上述定义表明，噪声等效功率就是为使检测器产生输出信噪比为1所必须入射的红外辐射功率，即

$$NEP = P\frac{V_N}{V_S} = \frac{V_N}{R_V} \tag{2.20}$$

(5) 噪声等效温差(NETD)

常常用噪声等效温差而不是噪声等效功率来描述检测器的性能。噪声等效温差定义为使检测器产生信噪比为1的输出的黑体的温度差别。噪声等效温差取决于光学系统的F数及像元尺寸大小。如测微辐射热计的噪声等效温差约为50 mK，而InSb的噪声等效温差约为20 mK。

(6) 探测率(D)

用NEP基本上能描述检测器的性能，但是，一方面由于它是以检测器能探测到的最小功率来表示，NEP越小表示检测器的性能越好，这与人们的习惯不一致；另一方面，由于在辐射能量较大的范围内，红外检测器的响应率并不与辐照能量强度呈线性关系，从弱辐照下测得的响应率不能外推出强辐照下应产生的信噪比。为了克服上述两方面存在的问题，引入探测率D，它被定义为NEP的倒数，探测率D表示辐照在检测器上的单位辐射功率所获得的信噪比。

$$D = \frac{1}{NEP} = \frac{V_S}{PV_N} \tag{2.21}$$

这样，探测率D越大，表示检测器的性能越好，所以在对检测器的性能进行相互比较时，用探测率D比用NEP更合适些。D的单位为W^{-1}。

探测率与辐射波段、接收系统带宽、检测器温度及其敏感面积都有关系，为了可以对不同的检测器进行对比，引入单位敏感面和单位波长范围的探测率D^*，单位是$W^{-1} \cdot cm \cdot Hz^{\frac{1}{2}}$。

(7) 信号衰减

除了以上性能参数外，检测器还要受到性能衰减的影响，主要有漂移、老化和噪声。

漂移是指输出信号在平均值附近的波动，波动的频率很低，主要由温度变化、输入波动引起。老化是指检测器在长时间工作后性能的衰减。

2.4.3 热检测器

热检测器是根据入射辐射的热效应引起探测材料某一物理性质变化并进而转换为输出信号变化的一类检测器。物体吸收辐射使其温度发生变化，从而引起物体的物理、机械等性能相应变化的现象称为热效应。探测材料因吸收入射红外辐射温度升高，可以产生温差电动势、电阻率变化、自发极化强度变化等，测量这些物理性质的变化就能够测量被吸收的红外辐射功率。

热检测器利用了辐射引起的物体热效应，其响应与辐射波长无关，因此，它对任何波长的辐射都有响应，所以称热检测器为无选择性检测器。如果想对特定波段进行响应，需

要在热检测器前加一滤波片将不需要的辐射滤掉。这是它同光子检测器的一大差别。

热检测器的发展比光子检测器早，但目前一些光子检测器的探测率已接近背景噪声限，而热检测器的探测率离背景噪声限还有一定差距。热检测器的灵敏性由有效电导率 G_R 确定，G_R 为

$$G_R = 4\sigma T^3 A \tag{2.22}$$

式中，σ 是玻耳兹曼常数；T 是检测器温度；A 是检测器的敏感面积。

检测器的探测率为

$$D^* = \sqrt{\frac{A}{4kT^2 G_R}} \tag{2.23}$$

式中，k 是热导率，W/(m · K)；其他符号意义同前。

理论上，热检测器的最大探测率 $D^* = 1.8 \times 10^{10}$ cm · $\mathrm{Hz}^{\frac{1}{2}}$/W，实际中由于受到其他因素的影响，现在的探测率在 $10^7 \sim 10^9$(cm · $\mathrm{Hz}^{\frac{1}{2}}$)/W 之间。

辐射被物体吸收后转化成热，物体温度升高，伴随产生其他效应，如体积膨胀、电阻率变化或产生电流、电动势。测量这些性能参数的变化就可知道辐射的存在和大小。利用这种原理制成了温度计、高莱检测器、热敏电阻、热电偶和热释电检测器等。

1. 高真空热电偶

早期的红外分光光度计都采用高真空热电偶作为监测器，它可在波长 2 ～ 50 μm 的范围内使用。根据不同波长范围可选用KBr，KRS－5\CsI作为红外透过窗。它是由两种不同的温差电势率的金属制成的热容量很小的节点（装在涂黑的接收面上），接收面（0.2 ～ 0.4 × 2 mm）吸收的辐射引起节点温度上升。因为温差电动势同温度的上升成正比，对电动势的测量就相当于对辐射强度的测量。为了提高灵敏度和减少热传导的损失，将其热电偶密封在一个可抽真空达到 10^{-5} mmHg（毫米汞柱）的玻璃容器内。同时为了避免电噪声的引入，连接检测器和前置放大器的电缆也应尽量短。但当高真空热电偶受震或环境温差和湿度变化太大时，均可能造成节点断开或黑体脱落，真空度下降，造成高真空热电偶灵敏度下降或失效，因而在使用过程中需特别注意。通常未使用的热电偶最好保存在真空干燥器中。

2. 热电堆

将若干个热电偶串联或并联在一起就成为热电堆。在相同的辐照下，串联热电堆可提供比热电偶大得多的温差电动势。因此，热电堆比单个热电偶应用更广泛，敏感面积约为 50 mm^2，时间常数 τ 大约在几百微秒。增大串联热电偶的数目 N，虽然可以减小时间常数，但是也降低了响应度。因此，热电堆中的串联热电偶数目不宜过大。

3. 测微辐射热计焦平面阵列

20 世纪 90 年代初，霍尼威尔公司电光中心的研究人员研制和论证了一种新型红外焦平面阵列 —— 测微辐射热计焦平面阵列。测微辐射热计利用其材料的电阻阻值的变化对应于入射辐射引起的温升变化来获取探测信息，一般不需要外部调制盘。但必须用温差电制冷 — 加热器稳定其工作温度。此类检测器采用的材料主要有硅和二氧化钒。这种焦平面阵列是采用标准集成电路工艺制造。阵列结构采用了桥式结构，是在硅上加工

出由很小的两条腿支撑的主架微桥阵列，在微桥上沉积测辐射热计材料。但由于桥式结构要求桥路电压非常稳定，因而目前红外仪器设备中较少使用该设备。

4. 高莱池

高莱池是一种灵敏度较高的气胀式检测器。在充氦的气室两端各封上克罗酊(低硝化纤维)膜，前侧的膜上在真空下喷镀金(Au)变黑，已接受红外辐射；后侧的膜经真空喷镀锑(Sb)，作为可屈伸性的反射镜(可挠性膜)，当辐射通过红外窗口到吸收膜上时，膜吸收辐射并传给气室的气体，气体温度升高，压力增大，柔镜膨胀。为了测出它的移动量，另用一光源将光投射到柔镜背面的反射膜上。在没有辐照时，气室内气压稳定，柔镜处于正常状态，由柔镜背面反射的光因被光栅遮挡而照射不到光电管上。当有辐照时，辐射透过窗口照射到吸收膜，吸收膜将吸收的能量传给气室，气室温度升高，气压增大，柔镜膜片变形，从而引起反射光线的移动，通过光栅到达光电管的光强发生变化，由此可检测红外辐射的强弱。

高莱池检测器可用于整个红外波段，但由于结构复杂、笨重并容易破损所以寿命短，并且其时间常数在 0.03 s 作用，不适于作为高扫描红外检测器，随着 TGS(硫酸三甘肽)等检测器的出现，高莱池检测器已很少使用。

5. 热释电检测器

热释电检测器是发展较晚的一种热检测器。目前，不仅单元热释电检测器已成熟，而且多元阵列元件也成功地获得应用。热释电检测器的探测率比光子检测器的探测率低，但它的光谱响应宽，在室温下工作，可以跟踪干涉仪随时间的变化，因此已在红外热成像、红外摄像管、非接触测温、入侵报警、红外光谱仪测量等方面获得应用，是目前广泛使用的一种红外检测器。

热释电检测器采用具有特殊热电性质的绝热体，通常为热电材料的单晶片，例如硫酸三甘氨酸酯 TGS、氧化物单晶、陶瓷、聚合物等。众所周知，当绝缘体放置于电场中时会使绝缘体产生极化，极化度与介电常数成正比，但移去电场，诱导的极化作用也随之消失。而热电材料即使移除电场，其极化也并不立即消失，极化强度与温度相关。当红外辐射照射时，温度会发生变化，从而使影响晶体的电荷分布，这种变化可以被检测。热电检测器通常制成三明治结构，将热电材料晶体夹在两片电极之间，一个电极是红外透明的，允许红外辐射照射，辐射照射引起温度变化，从而使晶体电荷分布发生变化，通过外部连接的电路可以测量。电流的大小与晶体的表面积、极化度随温度变化的速率成正比。但需注意，当热电材料的温度升至某一特定值时极化会消失，此温度称为居里点，常见的 TGS 晶片的居里点为 47 ℃。

6. 液晶

组成液晶的胆甾醇酯在温度效应下改变方向，对入射的白光反射彩色光，色彩从红色到紫色。根据组成成分的不同，液晶可以分辨 0.01 ℃ 的温度变化，它的优点是温度灵敏度高、便宜，可以进行面温度测量。主要缺点是测温范围有限(如 5 ～ 10 ℃)，在测量前后要对表面进行清除，是接触测量等。液晶在许多方面获得应用，如在空气动力学研究中，在模型表面涂上液晶放在风洞中进行吹风实验，用普通的彩色相机就可以记录下液晶颜色的变化，也就是温度的变化，这样就代替了昂贵的红外热像仪。

综上所述，因为热检测器的依据是辐射产生的热效应，所以它们测量的是入射辐射能量的吸收速率。或者说，热检测器的响应只依赖于吸收的辐射功率，与辐射的光谱分布无关。因而原则上讲，热检测器是一类无选择性的检测器。但实际上不可能制造出均匀"黑的"热检测器材料，即材料的吸收会与波长有关，因此，严格来讲，热检测器的实际光谱响应还会随波长有缓慢变化。此外，热检测器的响应时间较长（一般为几毫秒或更长些），并且决定于检测器热容量的大小和散热（即热迁移）的快慢。减小热容量和增加热迁移可加快响应速度。此外，热检测器的性能与器件尺寸、形状及工艺细节等有关，因此需要十分讲究工艺技巧，否则，产品规格不易稳定。热检测器发展中的主要困难是同时提高探测率和响应速度。为提高探测率一般采用黑化吸收涂层的办法来增加热检测器的热容量，但这会增加响应时间。

2.4.4　光子检测器

红外光子检测器是利用入射的光子流与探测材料中的电子之间直接相互作用，从而改变电子能量状态，引起各种电学现象，统称为光子效应。光子效应又有内光电效应和外光电效应之分。外光电效应是入射光子使吸收光的物质表面发生电子的效应，也称光电子发生效应，对应的检测器称为光电子发生光子检测器。在内光电效应中，光所激发的载流子仍滞留在材料内部。根据载流子引起材料电导率的变化值或光生电动势的大小，就可以测定被吸收的光子数，对应的检测器称为光子检测器。常见光子检测器的性能参数见表 2.8，D^* 表示探测率。

表 2.8　常见光子检测器性能参数

探测器类型	可用光谱区间 /cm^{-1}	D^* /$(cm \cdot W^{-1} \cdot Hz^{-\frac{1}{2}})$	时间常数 /s	工作温度	持续时间 /h
辐射热计	5～100（截止波长 100 cm^{-1}）	$NEP = 2\times10^{-13}$	$10^{-2}(10^{-3})$	4.2(1.7) K 液氦	＞12
	10～370（截止波长 370 cm^{-1}）	$NEP = 6\times10^{-13}$	$10^{-2}(10^{-3})$	4.2(1.7) K 液氦	＞12
DTGS	10～1 000(PE 窗口)	2×10^{8}	10^{-2}	室温	—
	200～9 000(CsI 窗口)	4×10^{8}	10^{-3}	室温	—
PA 单元	250～5 000	灵敏度 50 mV/Pa	10^{-2}	室温	—
Ge－Cu	330～4 000	2×10^{10}	10^{-6}	液氦	24
DTGS	400～9 000(KBr 窗口)	4×10^{8}	10^{-3}	室温	—
MCT	400～7 000	5×10^{9}	10^{-6}	液氮	4(8)
	750～7 000	3×10^{10}	10^{-6}	液氮	4(8)
InSb	1 900～10 000	2×10^{11}	10^{-6}	液氮	4(8)

续表 2.8

探测器类型	可用光谱区间 /cm^{-1}	D^* /(cm · W^{-1} · Hz$^{-\frac{1}{2}}$)	时间常数 /s	工作温度	持续时间 /h
InAs	3 300 ～ 12 000	4×10^{11}	10^{-7}	液氮	4(8)
PbSe	2 000 ～ 10 000	2×10^{9}(0.75 kHz)	10^{-6}	室温	—
PbS	3 100 ～ 12 000	5×10^{10}(1 kHz)	10^{-4}	室温	—
Ge	5 500 ～ 12 000	NEP $=8\times10^{-10}$	10^{-9}	室温	—
Si	9 000 ～ 可见	NEP $=10^{-13}$	10^{-7}	室温	—

光子检测器属于选择性检测器，其响应与波长有关。光子检测器仅对具有足够能量的光子有响应，即存在一长波限。在小于长波限工作时，光电信号随波长的增长而增大。超过长波限后，光信号迅速下降到零。长波限处于紫外、可见或波长为 2 ～ 3 μm 的近红外波段工作时，检测器可直接在室温下工作；当长波限在 4 ～ 5 μm 时，则需冷却到干冰温度，即 195 K；如果要检测器延伸到 8 ～ 14 μm 或更长波段工作，则需冷却到液氮温度，即 77 K 或更低温度。

光子检测器是固态检测器，内光电效应引起其电导率(光电导) 变化或产生电势(光生伏特)。光电导检测器需要外部供电来测量电导率的变化，为了稳定工作需要使用高性能的碱性电池；而光伏检测器就像是个电源，不需要太复杂的读出电路，因此比光电导检测器更有吸引力。由于没有热检测器中的加热现象，所以响应时间短，光子检测器的固态形式也使得其更紧凑、可靠和牢固，应用更广泛。

室温下检测器的电子大多数处于价带中，无法自由流动，不导电，少数电子由于热能较高自激发到导带中。当检测器冷却到低温，电子能量很低，导带中不再有电子，因而不导电。此时在入射光子作用下，如果光子能量足够大，电子被从价带激发到导带，因而检测器可以产生光电流，电流与入射光子密度有关。电子从价带跃迁到导带，入射光子能量有一最小值，与此对应的光子波长称为截止波长。光子能量与波长成反比，所以短波光子能量比长波的大，长波检测器的工作温度比短波的低。例如 InSb 短波检测器的工作温度是 − 100 ℃(173 K)，MCT 长波检测器的工作温度是 − 196 ℃(77 K)，而量子阱检测器(QWIP) 需要冷却到 70 K(− 203 ℃)。下面对常用的四类光子检测器进行简要介绍。

1. 光电导检测器

半导体材料吸收入射光子后，激发出附加自由电子和(或) 自由空穴，称为光生载流子。半导体因自由载流子增加，电导率发生变化，这种现象称为光电导效应。对本征半导体，当照射到半导体材料上的光子能量 $h\nu$ 大于或等于该半导体的禁带宽度 E_g 时，光子就能把价带电子激发到导带上去，产生电子 − 空穴对。由辐射所激发的电子或空穴，一旦进入导带或满带后，很快便与带中要有的热平衡电子或空穴具有相同的迁移率，使材料的电导率发生改变，增加电导率，因而称为本征光电导。对掺杂半导体，杂质能级上的束缚态电子(n 型) 或空穴(p 型) 吸收入射光子后被激发产生光生载流子，改变了电导率，因而称为杂质光电导。与本征激发不同，杂质激发只能产生电子或空穴。

当入射光子的能量小于材料的禁带宽度 E_g 时，不能激发出光生载流子，即对超过一定波长的入射光，材料无响应。实际上很难确定长波限的确切数值。习惯上以电导率下降到峰值一半的波长为长波限。不同的半导体材料，其禁带宽度不同，因而截止波长 λ_c 也不等。截止波长 λ_c 与禁带宽度 E_g 的关系为

$$\lambda_c = \frac{h_c}{E_g} = \frac{1.24}{E_g} \tag{2.24}$$

式中，λ_c 的单位取 μm；h_c 为普朗克常数；E_g 的单位为电子伏特(eV)。

目前，单质半导体的禁带宽度大于 0.2 eV，所以对于本征型光电导检测器，长波限都不超过 6 μm。由于杂质电离能比禁带宽度 E_g 小很多，从杂质能级上激发电子或空穴所需的光子能量比较小。因此，延长响应波段的方法之一就是采用杂质光电效应。杂质光电导可以工作在较长的红外波段。例如，选用不同的杂质，锗检测器的使用范围可以从 10 μm 直到 120 μm。一般来说，杂质光电导都必须处于低温工作状态，以保证杂质能级上的电子或空穴基本上未离化，处于束缚状态，从而材料有较高的暗电阻。如果杂质光电导的激活能为 E_i，则其长波限为

$$\lambda_c = \frac{h_c}{E_i} = \frac{1.24}{E_i} \tag{2.25}$$

式中，E_i 的单位取电子伏特；λ_c 的单位为 μm。

2. 光伏型检测器

光伏型检测器属于结型器件，是仅次于光电导型而广泛应用的光电检测器。光伏效应除了利用点单的PN结外，还有雪崩型、P－i－N结、肖特基势垒结以及异质结光电二极管等。

在N型(或P型)半导体单晶上，用适当的方法，把P型(或N型)杂质掺入其中，使该单晶的不同区域分别具有N型和P型的导电类型，则在两者交界面处就形成PN结。PN结是光伏型检测器的核心，在PN结的P区中有较多的空穴。而在另一侧N区，导带中有较多的电子。由于扩散的结果，使P区带负电，N区带正电，这些电荷积累在PN结附近，建立起一势垒。当这一势垒增高，使相应电场达到一定强度，就能阻止电子继续向P区扩散以及阻止空穴继续向N区扩散，此时达到热平衡状态。在入射光的照射下，不论是N区或P区或结区都可产生电子空穴对，破坏原来的热平衡状态。P区中的光生空穴和N区的光生电子被PN结势垒阻挡，不能进入结区，结区产生的光生电子－空穴对，在结区电场作用下被分开，光生电子移向N区，光生空穴移向P区。如果器件处于开路状态，则这些光生电子及光生空穴将使P区得到附加的正电荷，使N区得到附加的负电荷，相应地PN结得到一附加电动势，这就是光生电动势。由于光生电动势与原来PN结势垒方向相反，从而降低原PN结势垒的高度，这就相当于在原来PN结上加一正向偏压，势垒降低，扩散电流增加，达到新的平衡状态。

总之，光生电动势的产生是由于光生电子－空穴的分离，因而入射辐射的能量必须足以产生电子－空穴对，即必须是本征激发才有光生伏特效应。杂质激发只能产生一种载流子，没有光生伏特效应。就目前的工艺水平而言，光伏型检测器和光导型检测器所能达到的探测率基本相同。然而，光导型检测器的探测率与响应时间有正比关系，而光伏型

检测器的探测率与响应时间基本无关，这就可使光伏型检测器具有与光导型检测器相等的探测率，其响应时间可以短很多，扩大了结型检测器的应用范围。

3. 量子阱检测器

量子阱红外检测器(QWIP)是20世纪90年代发展起来的高新技术。与其他红外技术比较，QWIP具有响应速度快、探测率与HgCdTe检测器相近和探测波长可通过量子阱参数的调整加以控制等优点。而且，利用MBE和MOCVD等先进工艺可生长出高品质、大面积和均匀的量子阱材料，容易做出大面积的检测器阵列。由于具有这么多的优点，量子阱光检测器，特别是红外检测器的研究引起人们广泛的重视，在长波应用方面得到迅速发展。

世界上第一台QWIP由贝尔实验室的Levine等于1987年研制成功。量子阱检测器以GaAs为基底，GaAs禁带宽度为$\Delta E=1.35\ \text{eV}$，相应红外辐射要求$E_{\text{IR}}=h\nu>\Delta E$，对应波长约为$\lambda=0.92\ \mu\text{m}$，所以GaAs检测器可以作为近似红外检测器。在QWIP中，在GaAs基底上形成AlGaAs和GaAs薄层结构，在不同层的交界区域中，在价带和导带中形成新的能级，称为子带，这些子带能带间隙小。能级差$\Delta E_{\text{SB}}=E_2-E_1$，与势阱宽度$b$、高度$h$有关，通过调整AlGaAs厚度和浓度可以进行改变，这说明通过改变设计参数可以改变QWIP的光谱响应范围。

QWIP是利用掺杂量子阱的导带中形成的子带间跃迁，并将从基态激发到第一激发态的电子通过电场作用形成光电流这一物理过程，实现对红外辐射的探测。根据探测波段的不同可分为：短波红外检测器，以InP衬底上生长的InGaAs/InAlAs QWIP为代表；中长波红外检测器，以AlGaAs/GaAs QWIP为代表，是目前研究最多的。根据掺杂材料的不同又可分为N型掺杂QWIP(载流子为电子)、P型掺杂QWIP(载流子为空穴)。

QWIP的子带能级有限，所以光谱响应相对很窄，如光谱灵敏度为10 μm的检测器，其光谱宽度只有1 μm。像所有波长红外检测器一样，QWIP必须冷却到70～72 K，比一般光子检测器要低，可以采用斯特林制冷来实现。QWIP温度灵敏度可以很高，温度分辨率可达到30～40 mK(NETD)。

4. 光电发生光子检测器

在入射光子的作用下，光电阴极发射电子，测量发射电流就可以获得入射光子的信息。光电发射光子检测器的光谱范围与光电阴极材料和外部红外传输系统有关，典型的光谱范围从紫外到近红外(0.2～1 μm)。光电倍增管对电子流进行第二次放大，十级的管子可以放大$10^5\sim10^7$倍。光电倍增管主要用于点探测，也可用于夜视成像增强。

2.5 小　结

本章主要介绍了热辐射量的测量仪器和基本原理，包括测温类仪器、热流测量仪器、辐射光源、红外检测仪器等。温度传感器根据工作方式可分为接触式和非接触式两大类，包括热电偶温度计、热电阻温度计、热敏电阻温度计、辐射温度计。热流测量仪器根据传热方式可分为导热式、对流式和辐射式三大类，包括热阻式热流计、辐射式热流计、总热流计、总辐射计等。辐射光源类仪器根据光谱特性可分为黑体辐射源、光谱辐射源和激光光源三大类，其中黑体辐射源根据工作温度又可分为低温黑体、中温黑体和高温黑体。红外检测类仪器根据作用机理可分为热检测器和光子检测器两大类，其中光子检测器包括光电导检测器、光伏检测器、量子阱检测器和光电发生光子检测器。上述各类仪器为热辐射测量技术的发展提供了工具和技术支撑。

第3章　固体表面反射特性的测量

固体表面的反射特性是进行表面相关辐射换热计算、辐射探测的基本参数，如进行锅炉炉膛的辐射换热分析计算、发动机引擎内辐射换热分析、太阳聚集系统性能分析、辐射加热干燥系统、辐射测温、地物目标遥感，都需要利用表面的反射特性参数，将表面反射特性参数直接用于换热分析，或以表面反射特性参数作为辐射场分析和求解的边界条件。本章主要介绍固体表面的反射特性的表征参数，不同类型固体表面反射特性的基本特征，以及固体表面多种反射特性参数，包括光谱法向反射率，光谱镜向反射率，光谱方向－半球反射率，双向反射分布函数的测试原理、方法和装置。

3.1　表面反射特性的表征参数

表面的反射特性与表面材质及表面形貌密切相关，如金属材质表面会显示出明亮的金属光泽（即对可见光有很高的反射率），同时光滑平整的表面与粗糙不平的表面的反射特性会有明显的区别。实际应用中表面的反射特性一般可以分为两类，即镜反射和漫反射。两种表面反射特性类型如图3.1所示。

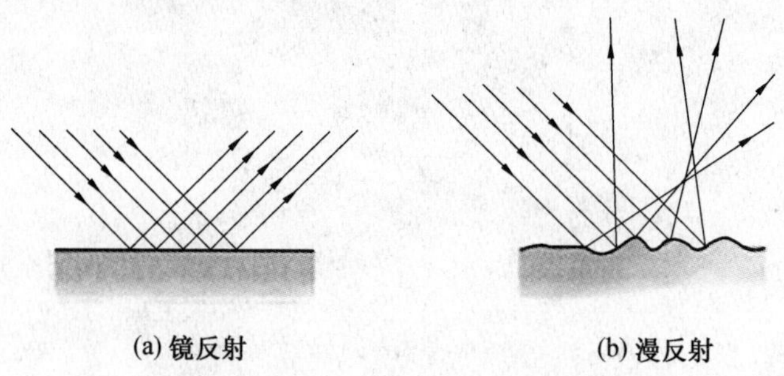

图3.1　表面的不同反射特性类型

对于镜反射面，反射能量集中于镜反射方向。而对于漫反射面，入射光被表面反射后的方向呈发散状态。光滑表面的反射具有镜反射特性，而粗糙表面的反射具有漫反射特性。本节介绍不同类型表面反射特性的表征参数。

3.1.1　光谱镜向反射率

对于具有镜反射特性的表面，其反射能量主要集中于镜反射方向，同时根据反射定律，镜反射中反射角等于入射角。在相同入射光功率的情况下，对于不同入射方向镜反射的能量一般也不相同。对于该类型表面的反射特性的表征可以用光谱镜向反射率来表示，定义为：单色光入射时镜反射方向的反射光功率与入射光功率之比。假设以波长为λ的非偏振平行光照射表面，则该表面的光谱镜向反射率的定义式为

$$\rho_\lambda(\theta_i) = \frac{P_{\lambda,r}}{P_{\lambda,i}} \tag{3.1}$$

其中，$\rho_\lambda(\theta_i)$ 表示入射角为 θ_i 时的镜向反射率；$P_{\lambda,i}$ 表示单色平行光入射功率；$P_{\lambda,r}$ 表示镜反射方向 $\theta_r = \theta_i$ 的单色反射光功率。图 3.2 给出了镜反射中光谱方向反射率定义的示意图。

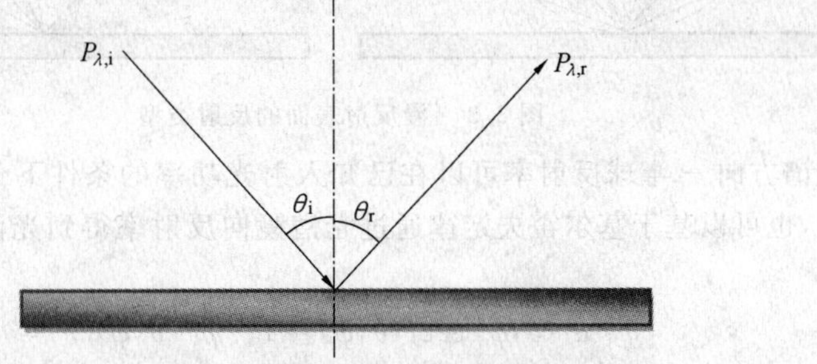

图 3.2　光谱镜向反射率定义示意图

若入射方向为法向方向，即 $\theta_i = 0$，此时的镜向反射率 $\rho_\lambda(0)$ 也称为法向反射率。

对于镜反射表面，其反射特性可以通过光谱镜向反射率完全表征。在实际应用中，利用光谱镜向反射率参数，可以在已知入射光功率的条件下，分析出反射光功率的大小。同时对于不透明表面，也可以基于基尔霍夫定律通过光谱镜向反射率得到光谱方向吸收率及发射率：

$$\alpha_\lambda(\theta) = \varepsilon_\lambda(\theta) = 1 - \rho_\lambda(\theta) \tag{3.2}$$

其中，α_λ 和 ε_λ 分别为吸收率和发射率。

根据能量守恒，光谱镜向反射率必须满足 $\rho_\lambda(\theta) \leqslant 1$。

3.1.2　光谱方向－半球反射率

对于具有漫反射特性的表面，单一方向的入射光功率，会被反射到表面上部各个方向。人工或者自然形成的粗糙表面一般都具有漫反射特性，图 3.3 给出了不同类型的漫反射特性。对于这种类型的反射特性，使用方向反射率参数不能够很好地进行表征，因为镜反射方向的反射能量只占总反射光功率的一小部分。为了能更好地表征总反射光功率，该类型表面的反射特性可以通过光谱方向－半球反射率来表示，定义为：单色光入射条件下半球空间反射的总光功率与入射光功率之比。假设入射光是波长为 λ 的非偏振平行光，则光谱方向－半球反射率定义式如下：

$$\rho_\lambda^{\cap}(\theta_i, \varphi_i) = \frac{P_{\lambda,r}^{\cap}}{P_{\lambda,i}} \tag{3.3}$$

其中，$\rho_\lambda^{\cap}(\theta_i, \varphi_i)$ 表示入射天顶角为 θ_i、方位角为 φ_i 方向的光谱方向半球反射率；$P_{\lambda,i}$ 表示入射角为 θ_i 的单色平行光入射功率；$P_{\lambda,r}^{\cap}$ 表示半球空间的总体反射单色光功率，其可以通过上半球空间的辐射强度分布计算为

$$P_{\lambda,r}^{\cap} = \frac{1}{P_{\lambda,i}} \int_0^{2\pi} \int_0^{\pi/2} I_\lambda(\theta, \varphi) \cos\theta \sin\theta \, d\theta \, d\varphi \tag{3.4}$$

其中，I_λ 为辐射强度。

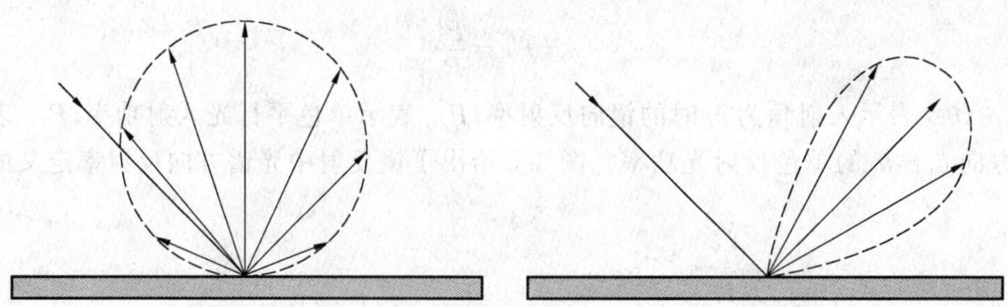

图 3.3　漫反射表面的反射类型

基于光谱方向－半球反射率可以在已知入射光功率的条件下分析得到半球反射光功率。同样,也可以基于基尔霍夫定律通过光谱镜向反射率得到光谱方向吸收率及发射率,即

$$\alpha_\lambda(\theta,\varphi)=\varepsilon_\lambda(\theta,\varphi)=1-\rho_\lambda^{\cap}(\theta,\varphi) \tag{3.5}$$

利用光谱方向－半球反射率只能用于分析出半球空间的整体反射光功率,但是有时需要了解反射光功率的角度空间分布,这时需要引入能够更细致描述表面反射特性的参数。

根据能量守恒,光谱镜反射率必须满足 $\rho_\lambda^{\cap}(\theta,\varphi)\leqslant 1$。

3.1.3　双向反射分布函数

与前面两个参数相比,双向反射分布函数是可以细致描述表面反射特性的参数,可以用于描述一般粗糙表面的反射的角度空间不均性。美国材料试验学会标准(ASTM Standard)《规则反射面或漫射面的光散射测量角度定义》(E 1392—1996) 中给出了双向反射分布函数的一个标准定义:当一束光均匀投射到足够大的均匀且各向同性的材料表面上,材料表面的反射辐射强度与入射光功率的比值定义为双向反射分布函数,单位为 sr^{-1},它是关于入射角、反射角和波长的函数。相关的细节请参看第 1 章。

3.2　光学光滑表面的反射特性

前面对表面反射特性的基本表征参数进行了介绍,下面介绍一些实际表面的反射特性的特征。任何应用中的实际表面都存在一定的粗糙度,然而当光在表面发生反射时,若所研究的入射光波长 λ 远大于粗糙度 σ 时,或相对波长的粗糙度 $\sigma/\lambda \ll 1$ 时,表面的粗糙度对光的反射特性的影响可以忽略,此时可认为该表面为在光学意义上的光滑表面,按照理想的镜面进行处理。

无限大光滑表面的反射特性可以通过菲涅耳定律(Fresnel's law) 计算。在介绍菲涅耳定律之前,先介绍一些基本概念。对于光滑表面,对一束光的反射来说,反射率和光的偏振特性密切相关。光波是横波,其光电场的振动方向与传播方向垂直,光的偏振特性是指其光电场矢量的方向与传播方向所成平面(偏振面) 的特性。本节这里所涉及的光的偏振特性主要是指水平偏振和垂直偏振,这两种偏振态都是相对于入射平面而言的。

考虑一个无限大光滑平板,其折射率为 n_2,平板上层为气体、液体或其他介质,其折

射率为 n_1，一束光从上层介质内发出照射到下层介质，示意图如图 3.4 所示。入射平面指入射方向与表面法向量所成的平面。若光电场矢量的方向与入射平面平行，这种偏振特性称为水平偏振；若光电场矢量的方向与入射方向垂直，这种偏振特性称为垂直偏振。

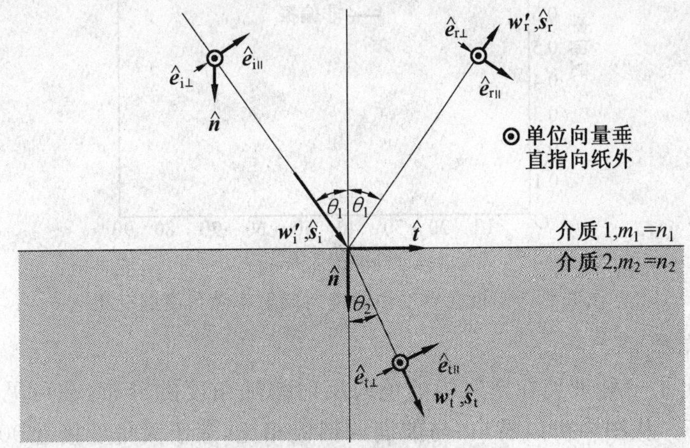

图 3.4　双向发射分布函数定义示图

对于光波来说，其所携带的光功率与光波振幅的平方成正比。所以镜向反射率可以通过振幅反射率表示为

$$\rho^{\parallel}(\theta_1)=|r^{\parallel}(\theta_1)|^2,\quad \rho^{\perp}(\theta_1)=|r^{\perp}(\theta_1)|^2 \tag{3.6}$$

其中，θ_1 为入射角；$\rho^{\parallel}(\theta_1)$ 和 $\rho^{\perp}(\theta_1)$ 分别表示入射光为水平偏振及垂直偏振时的镜向反射率；$r^{\parallel}$ 和 $r^{\perp}$ 分别表示入射光为水平偏振及垂直偏振时的振幅反射率，可根据菲涅耳定律计算为

$$r^{\parallel}=\frac{E_r^{\parallel}}{E_i^{\parallel}}=\frac{n_1\cos\theta_2-n_2\cos\theta_1}{n_1\cos\theta_2+n_2\cos\theta_1} \tag{3.7a}$$

$$r^{\perp}=\frac{E_r^{\perp}}{E_i^{\perp}}=\frac{n_1\cos\theta_1-n_2\cos\theta_2}{n_1\cos\theta_1+n_2\cos\theta_2} \tag{3.7b}$$

其中，θ_2 为折射角；$E_r^{\parallel}$ 和 $E_r^{\perp}$ 分别为水平偏振和垂直偏振反射光的振幅；$E_i^{\parallel}$ 和 $E_i^{\perp}$ 分别为水平偏振和垂直偏振入射光振幅。入射角和折射角的关系可以通过折射定律(Snell's law)来确定，即

$$n_1\sin\theta_1=n_2\sin\theta_2 \tag{3.8}$$

一般自然光或称非偏振光可以看作水平偏振和垂直偏振光各占一半的混合光束。对于非偏振光，其镜向反射率可以计算为

$$\rho(\theta)=\frac{1}{2}[\rho^{\parallel}(\theta)+\rho^{\perp}(\theta)] \tag{3.9}$$

可以看出，对于光学光滑材料，在已知介质(复)折射率的条件下，其表面的镜向反射率可以通过菲涅耳定律计算(式(3.6)～(3.9))。常见材料在常温下的复折射率可以在光学手册中查到。图 3.5 给出了金属铝板在空气中的镜向反射率随角度的分布，计算波长为 550 nm，铝的复折射率为 1.02＋6.63i。可以看出，铝板表现出较高的反射率。需要指出的是，在可见光波段，金属材料的复折射率虚部有较大数值，从而具有较高反射率，使

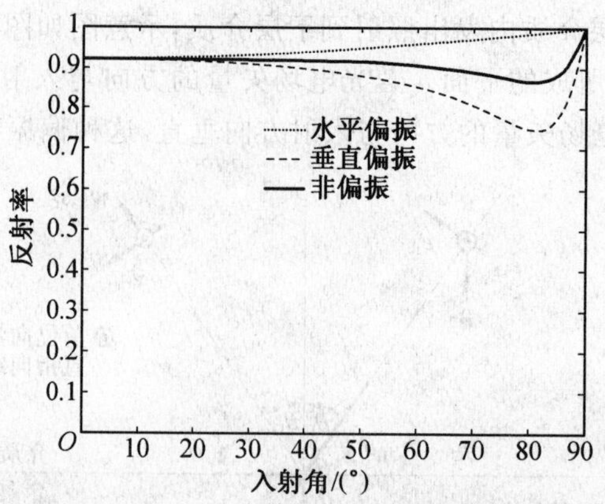

图 3.5 铝板在空气中的镜向反射率随角度的变化

得其产生金属光泽。

图 3.6 给出了一种玻璃在空气中的镜向反射率随角度的分布，在可见光波段该玻璃的折射率为 1.5。从图中可以看出，与前面的铝板相比，除了大角度接近 90° 方向外，该材料的镜向反射率均很低。对于绝缘材料(或电介质)，其折射率虚部一般为 0 或为很小的数值。

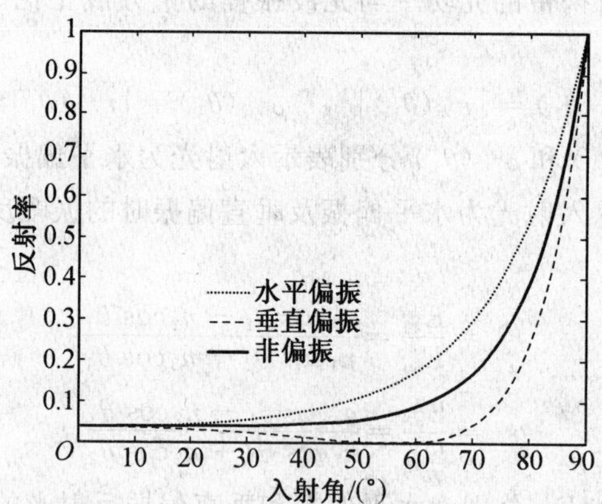

图 3.6 一种电介质在空气中的镜向反射率随角度的变化

对于多层光学光滑介质层构成的多层材料，其镜向反射率也可以基于菲涅耳定律分析得到。在多层介质内，入射光线在层间界面会发生多次反射，从而使分析变得复杂。对于该类型介质，其镜向反射率的计算根据各层薄膜的厚度与波长的相对大小又可以分为“光学薄”介质层和“光学厚”介质层。对于“光学薄”介质层，其多层反射光线的叠加需要考虑光波的相干性，而对于“光学厚”介质层，则不必考虑相干性。对于多层膜径向反射率的相关计算公式可参阅相关文献。

需要注意的是，由于材料的光学常数会随温度发生变化，所以表面的反射特性也会随温度发生变化。

3.3　光学粗糙表面的反射特性

自然及实际工程中使用的表面都存在一定的粗糙度(一些实际中的粗糙表面的图形如图 3.7 所示),并且对于可见光及热辐射波长范围($<10\ \mu m$)大都属于光学粗糙表面。因而前面的基于菲涅耳定律的分析并不适用于该类型表面反射特性的分析。粗糙表面会把入射光散乱地反射到整个半球空间,所以一般把这种反射也称为散射。由于粗糙表面具有很复杂的结构,不同的粗糙几何结构其反射(或散射)特性会有明显不同,目前还没有成熟的理论计算公式。粗糙表面的反射特性通过双向反射分布函数来表征,该参数一般通过实验测量获得。

(a) 混凝土表面　(b) 侵蚀后的某材料表面

(c) 机械加工表面　(d) 波浪起伏的海面

图 3.7　一些实际中的粗糙表面举例

图 3.8 给出了一个铝粗糙表面样品在不同入射角下的入射平面内的双向反射分布函数分布。从图中可以看出,该粗糙铝表面表现出一定的镜反射特性,即在镜反射角方向的反射出现极大值,离镜反射角越远,反射率越小。同时,比较不同入射角下的数据曲线可以看出,随着入射角的增大,双向反射率的峰值增大,反射分布变窄。

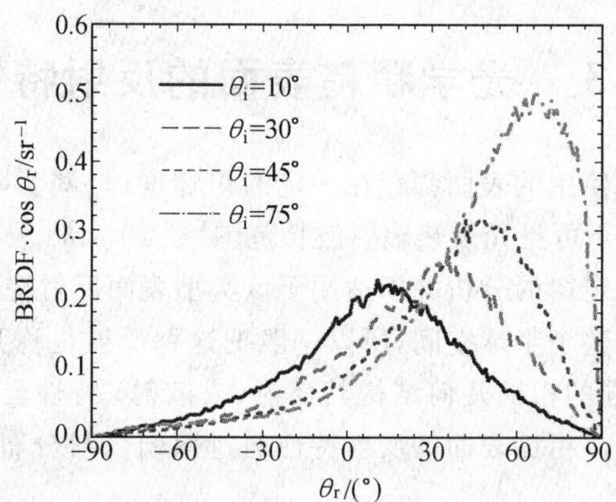

图 3.8 某铝粗糙表面样品在不同入射角下的入射平面内的双向反射分布函数分布

3.4 光谱法向反射率的测量

光谱法向反射率(或法向反射率谱)是材料的一个基本辐射特性,从光谱法向反射率可以了解材料的基本反射特性,另外还可通过一些经验公式通过法向反射率得到反射率的角向分布。一些应用中只需要知道法向反射率就可以,如远程辐射测温。本节介绍光谱法向反射特性的测量方法。

对于光谱反射特性参数的测量,需要用到的主要设备为光源和光谱仪。常用的光谱仪为傅里叶变换光谱仪(FTIR),其一般自带光源,如图 3.9 所示。傅里叶变换光谱仪的精度决定着测量的光谱分辨率。常规傅里叶变换光谱仪具备一个测试窗口(图 3.9(b))。对于法向反射率的测试,可按照图 3.10 在测试窗口安装附加光路。该光路将红外光源发射的光经过两次反射以后照射到待测样品表面,从样品表面反射回来的光再经过两次反射被光谱仪探测,最终获得反射率光谱。

(a) 整体视图

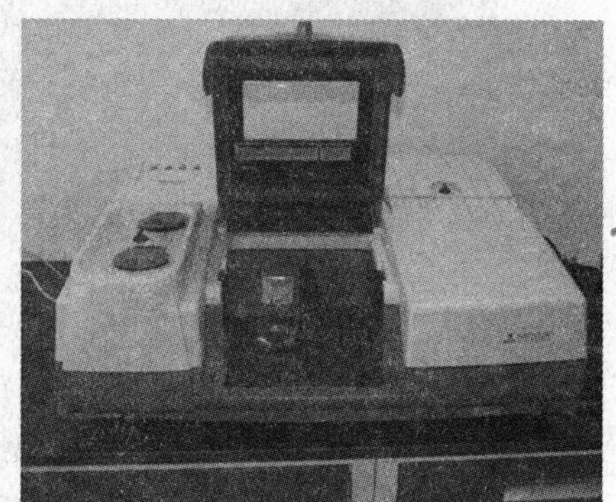

(b) 测试窗口打开视图

图 3.9 傅里叶变换光谱仪

需要说明的是,由于法向入射时光源方向和探测器方向重叠,所以很难准确测到 0° 时的反射率。实际测量时一般取小于 3° 的入射角近似作为法向反射率。常规光谱仪的光谱测量范围可以从紫外到远红外(～30 μm)。

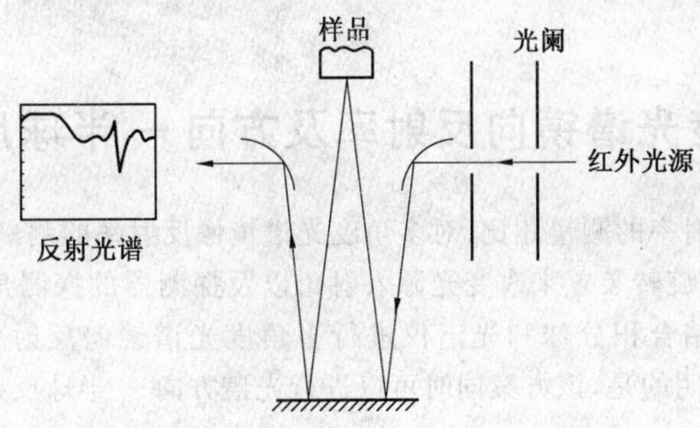

图 3.10　利用常规傅里叶变换光谱仪测试法向光谱反射率的光路

另一种实用的光谱法向反射率测量方法为使用光纤光谱仪结合一种耦合光纤探头进行测量。对于光纤光谱仪，光通过光纤来传递，所使用的耦合光纤探头为将两个光纤通路耦合为一路光纤，类似于单路变双路的分线器。使用时双通接口的两根光纤，一根接光谱仪，另一根接光源，单通接口的光纤既作为光源照射光的出口，又作为探测光信号的入口，具体的测量示意图如图 3.11 所示。测量时只需将耦合光纤探头垂直指向样品表面，以保证照射光源以及探测信号方向与表面垂直，就可以测得反射光谱信号。由于光纤对红外信号传输的限制，光纤光谱仪的测试波段一般小于 2.5 μm。

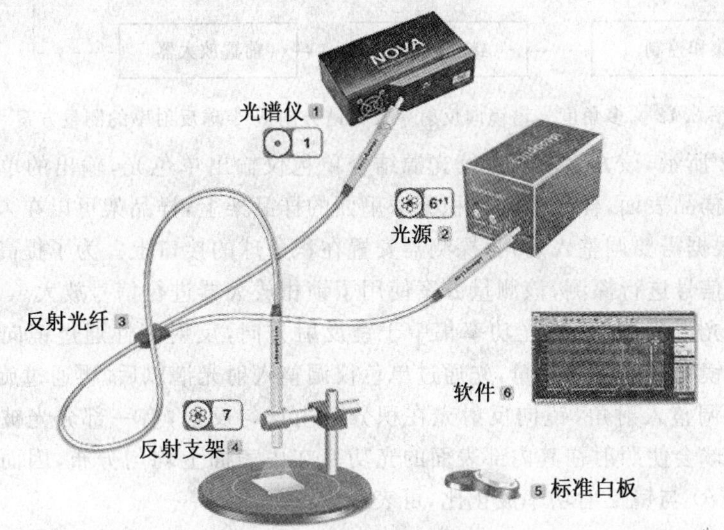

图 3.11　利用光纤光谱仪测试法向光谱反射率的光路

根据上述方案仪测量到反射光谱信号，还需知道入射光的功率，才可根据定义得到法向光谱反射率。一种简单的方法是使用标准镜射白板(反射率近似为 1)，放在样品位置，以测得的反射信号作为入射光源的照射功率，这样就可以得到样品的反射率。另一种方法是使用光谱法向反射率已知的标准板做参考，这样样品的光谱法向反射率可以得到

$$\rho_\lambda = \frac{P_{\lambda,\mathrm{r}}}{P_{\lambda,\mathrm{i}}} = \frac{P_{\lambda,\mathrm{r}}}{P_{\mathrm{ref},\lambda,\mathrm{r}}/\rho_{\mathrm{ref},\lambda}} = \frac{P_{\lambda,\mathrm{r}}}{P_{\mathrm{ref},\lambda,\mathrm{r}}}\rho_{\mathrm{ref},\lambda} \tag{3.10}$$

其中，$\rho_{\mathrm{ref},\lambda}$ 为已知参考平板的法向反射率；$P_{\mathrm{ref},\lambda,\mathrm{r}}$ 为将参考平板放置在样品位置测得的光

谱反射信号。

3.5　多角度光谱镜向反射率及方向－半球反射率的测量

与法向光谱反射率的测量相比，对多角度光谱镜像反射率的测量要复杂一些，由于需要多角度测量，需要旋转装置来改变光源入射角以及探测器的探测角。这里介绍一种仅利用一个旋转装置结合积分球和光谱仪进行多角度光谱镜向反射率的测量方案，如图3.12所示。需要说明的是，该方案同时可以进行光谱方向－半球反射率的测量。

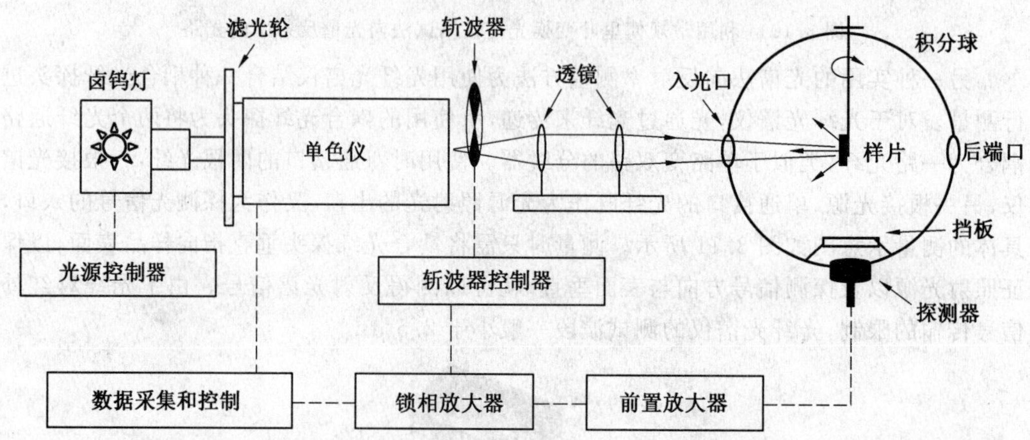

图 3.12　多角度光谱镜向反射率及光谱方向－半球反射率的测量方案

如图3.12所示，该方案使用连续光源结合单色仪输出单色光，输出的单色光经过准直光路照射到样品表面，样品安装在积分球里面的样品架上，样品架可以在入射平面内旋转，从而可以根据需要调整入射角，探测器安置在积分球的接口上。为了提高信噪比以能够对微弱反射信号进行探测，该测量方案使用了锁相放大器进行信号放大。

对于光学光滑表面，反射光功率集中于镜反射方向，反射特性通过镜向反射率来表征。对于光谱镜向反射率的测量，先通过单色仪调整入射光谱以后，再通过旋转台调整样品的角度从而调整入射角，镜向反射光在积分球内均匀反射，有一部分光被探测器探测到。由于积分球会使照射在其内部表面的光功率在内表面上均匀分布，因而探测器探测到的光功率 $S(\theta)$ 与镜反射功率成正比，可表示为

$$S_{\lambda,r}(\theta)=aP_{\lambda,r}(\theta) \tag{3.11}$$

若以已知光谱方向反射率为 $\rho_{\mathrm{ref},\lambda}(\theta)$ 的平板做参考，测得

$$S_{\mathrm{ref},\lambda,r}(\theta)=aP_{\mathrm{ref},\lambda,r}(\theta) \tag{3.12}$$

从而可以根据定义得到光谱镜向反射率的测量公式为

$$\rho_{\lambda}(\theta)=\frac{P_{\lambda,r}(\theta)}{P_{\lambda,i}(\theta)}=\frac{P_{\lambda,r}(\theta)}{P_{\mathrm{ref},\lambda,r}(\theta)/\rho_{\mathrm{ref},\lambda}(\theta)}=\frac{S_{\lambda,r}(\theta)}{S_{\mathrm{ref},\lambda,r}(\theta)}\rho_{\mathrm{ref},\lambda}(\theta) \tag{3.13}$$

对于光学粗糙表面，反射光功率分散在各角度方向，各个方向的反射光被积分球接收然后将接收的光功率均匀地分布于内表面，这样探测器所探测到的信号与反射的总功率成正比。与前述镜向反射率测量类似，根据方向－半球反射率的定义，可以按照式

(3.11)～(3.13)的公式进行测量。对于粗糙表面方向－半球反射率,可以选取漫反射标准白板作为参考表面。

3.6　双向反射分布函数的测量

双向反射分布函数是最细致描述表面反射特性的参数,准确表征了表面反射能量的角度空间分布特征,其在角度空间的测量需要改变入射角、方位角、天顶角以覆盖所要测量的角度空间,这时有三个角度自由度。因而与前面的反射特性相比,测量设备的实现要更复杂,测量的关键即是实现这三个角度自由度。这里主要介绍哈尔滨工业大学的双向反射分布函数实验台。图 3.13 给出了该实验台的测试原理图,图 3.14 为该实验台的实际测量照片。

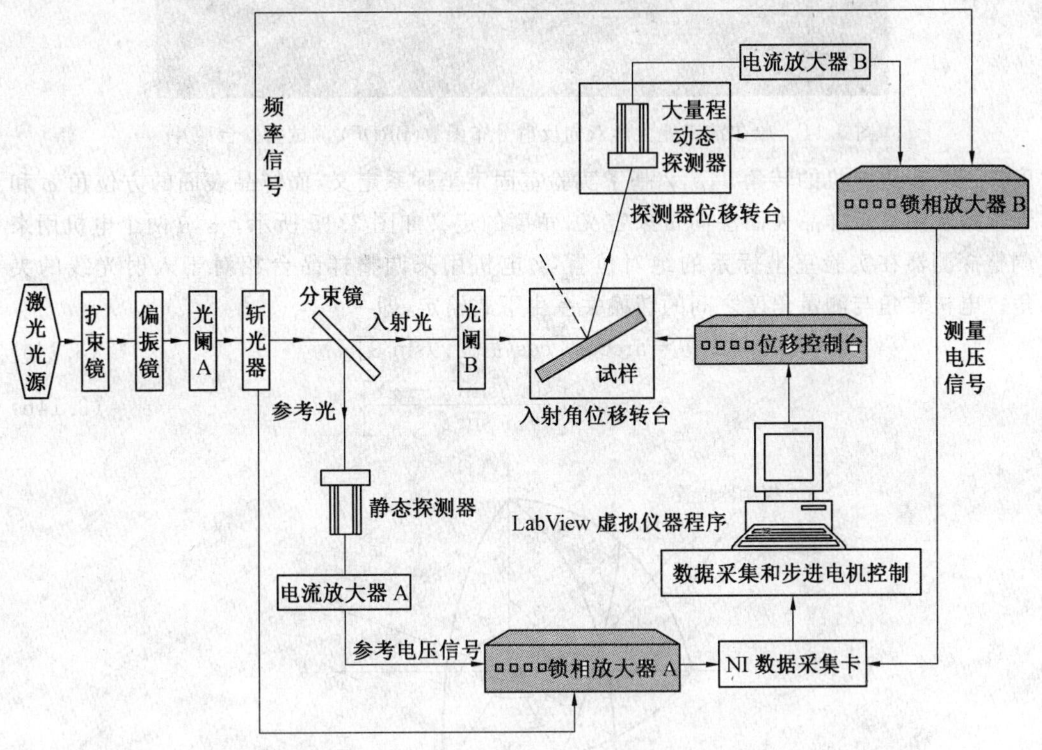

图 3.13　双向反射分布函数(BRDF)测量原理图

该实验台主要由激光光源系统、光路与转动探测系统及数据采集和控制系统三部分组成。测试过程为:由光源发出的光束经准直后通过起偏器调制为线偏振光,光束照射到被测样片表面后将在后向半球空间各个方向产生反射,高精密三轴位移转台带动探测器到达 1/2 上半球空间任意方向探测反射强度,同时对参考光路强度进行实时探测以获得入射辐射强度,通过数据采集板卡对探测器位置和入射强度、反射强度进行记录,对数据进行后处理,计算获得双向反射分布函数。

三轴位移转台的三个步进电机用来实现调整入射角、天顶角及方位角三个角度自由

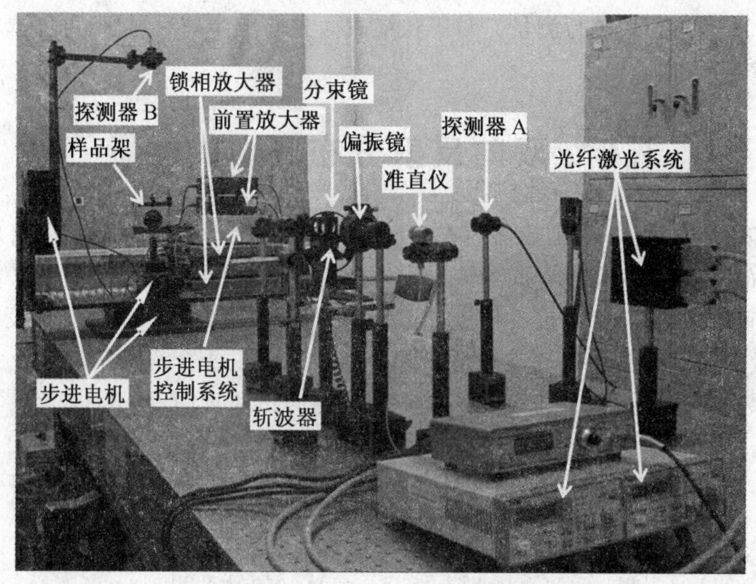

图 3.14 哈尔滨工业大学双向反射分布函数(BRDF)测试实验台照片

度。三个步进电机的转角 α,β,γ 基于实验室固定坐标系定义,而样品表面的方位角 φ 和天顶角 θ 则基于样品表面法向量来定义,角度的定义如图 3.15 所示。α,β 两个电机用来调整探测器在实验室坐标系的绝对位置,γ 电机用来调整样品台相对于入射光线的夹角。电机转角与测量角度之间的转换关系由下式给定,即

$$\theta=\arccos\left[\cos(\alpha-\gamma)\sin\beta\right] \tag{3.14a}$$

$$\varphi=\arccos\left[\frac{\sin\beta\sin(\gamma-\alpha)}{\sin\theta}\right] \tag{3.14b}$$

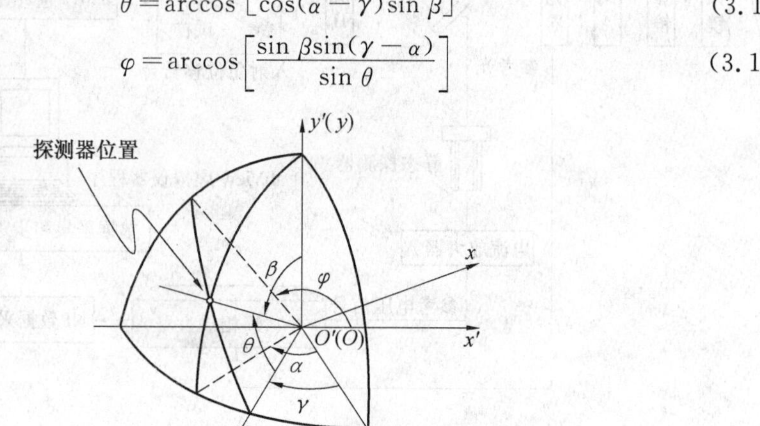

图 3.15 三轴转台的实验室坐标系与样品表面坐标系的角度定义

探测器实际测量电压信号应为样品表面光斑面积对应的表面在探测方向上的辐射力($W\cdot m^{-2}\cdot sr^{-1}$)。根据双向反射分布函数的定义,可以得到最终的测量方程为

$$f(\theta_i,\varphi_i;\theta_r,\varphi_r)=\frac{U_r/\Delta\Omega_r}{U_i\cos\theta_r}=\frac{U_r/\Delta\Omega_r}{aU_R\cos\theta_r} \tag{3.15}$$

其中,U_r 为探测到的反射光功率的信号电压;U_i 为分束器给出的入射光功率的信号电压;

测量关系，$U_i = aU_R$，a 为分束系数(当光路固定后，该系数应为常数)；$\Delta\Omega_r$ 为探测立体角；θ_r 为反射方向的天顶角。

通过改变探测器在半球空间的位置，可以测量到多个不同的探测电压，根据式(3.14)可以通过记录的电机转角得到对应的样品表面坐标系的天顶角和方位角，然后根据测量公式(3.15)即可以得到双向反射分布函数。

由于知道完整角度空间分布的标准样片很难获得，同时由于双向反射分布函数会受多种因素影响，所以双向反射分布函数实验台的标定比较困难。由于双向反射分布函数实验台同时可以进行镜向反射率的测量，因而可以考虑通过测量标准硅片的镜向反射率角度分布与理论解的比较来进行标定。图 3.16 给出了该实验台采用硅片进行标定的结果，可以看出实验台测量的结果与精确解吻合很好。

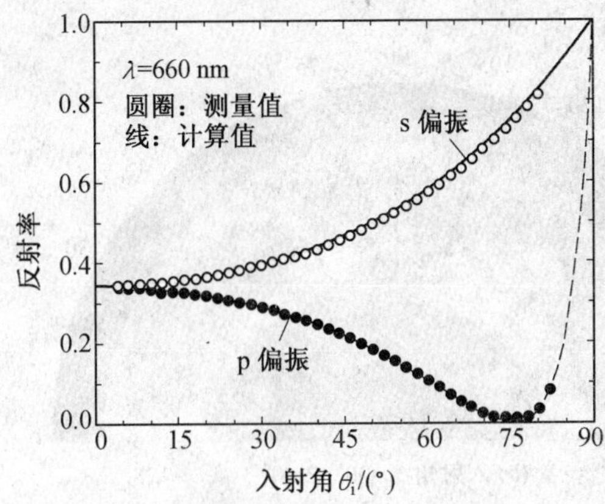

图 3.16　硅片的镜向反射率随角度的变化

图 3.17 给出了利用该实验台测量的一种泡沫铜平板在不同入射角度下的双向反射分布函数($f\cos\theta_r$)的角度空间分布云图，采用极坐标表示，径向坐标为天顶角，周向坐标表示方位角。测量时入射波长为 660 nm。从图中可以看出，该材料的双向反射分布函数随入射角变化显著，同时，随着入射角的增大，后向反射增大，即在入射方向上存在较大的反射，这与一般表面不同，对于一般粗糙表面，在镜反射方向存在较大反射能量(如图 3.8 所示)。说明利用双向反射分布函数，可以对不同类型的粗糙表面的反射特征进行细致的比较和分析。

同时利用双向反射分布函数数据可以得到其他反射特性参数，如通过角度空间积分，可以得到方向半球反射率。图 3.18 给出了基于对前述测量得到的双向反射分布函数数据在角度空间积分得到的不同入射角度时的方向－半球反射率。可以看出，对于该材料，半球反射率随着入射角度的增大而增大。

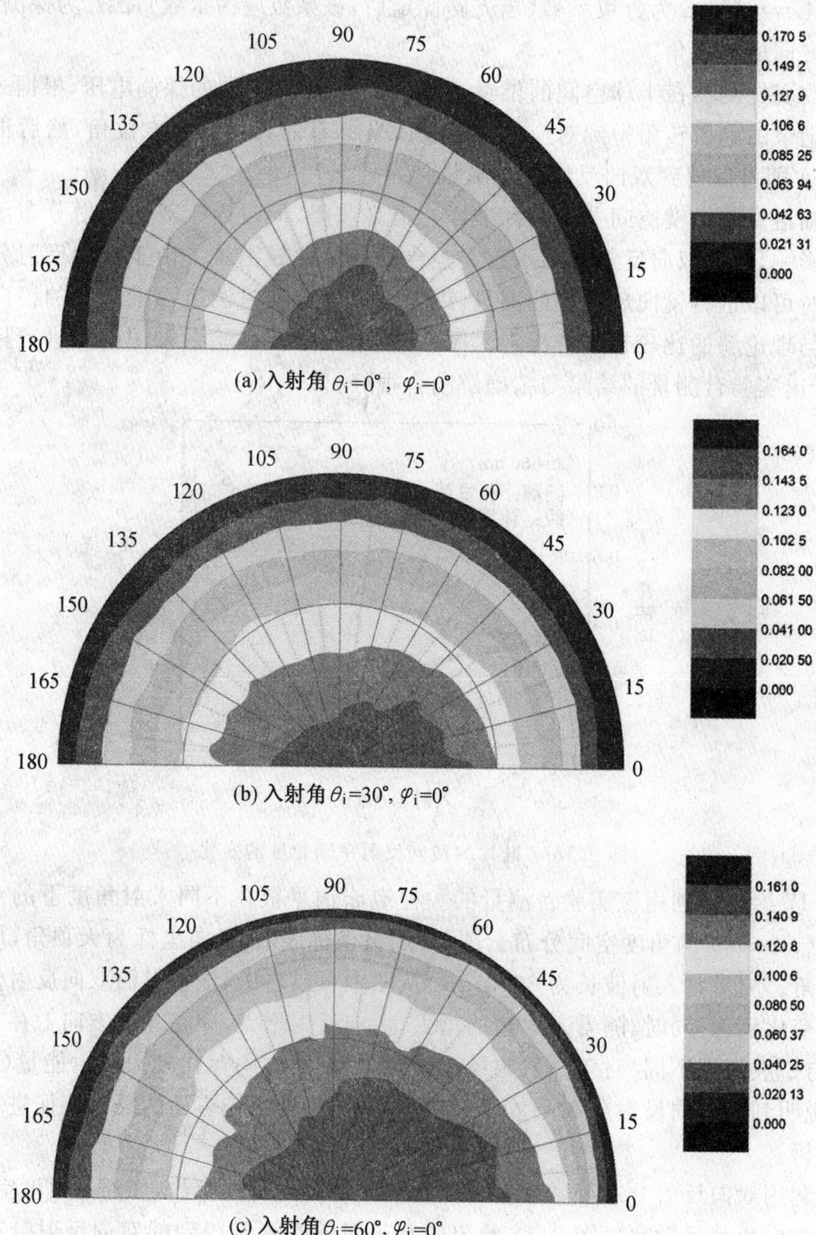

图 3.17　一种泡沫金属在不同入射角度时的双向反射分布函数（$f\cos\theta_r$）分布云图

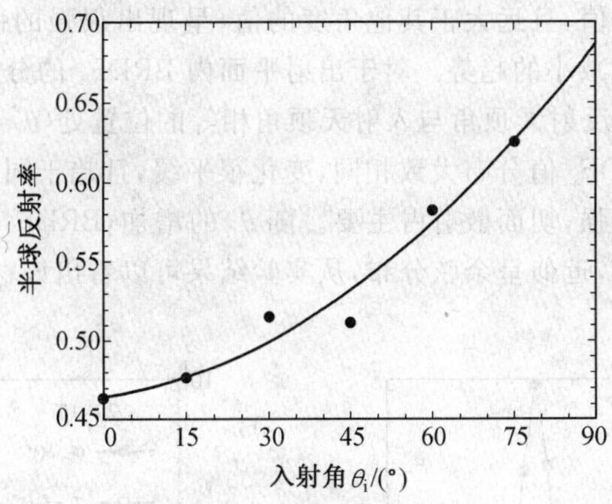

图 3.18　一种泡沫金属在不同入射角度时的方向－半球反射率

3.7　柔性金属镀膜表面 BRDF 测量与分析

地球轨道上的航天器受到太阳光的直接照射以及温度为 4 K 的冷空间的热辐射，如不进行专门的热设计，正对太阳光的航天器表面温度可高达＋200 ℃以上，而背对太阳光的航天器表面温度可低到－200 ℃以下，所以为了保证航天器及其仪器设备的正常工作，常用且有效的办法就是在航天器表面覆盖隔热性能优异的柔性金属镀膜材料(又称热控材料)。它是由多层镀铝聚酯薄膜构成，通常用真空沉积法将铝镀到聚酯膜的正面或正反两面，如图 3.19 所示。

图 3.19　卫星热控包覆材料

常温下以某卫星热控材料(图 3.19)为样本，分别选取 0.632 8 μm 和 1.34 μm 两个波段，在不同入射角、方位角下进行测量，考察该材料表面的空间反射辐射分布特征。这里选取了几个有代表性的角度：入射角 30°、45°、60° 入射平面内，入射角 30° 方位角 0°、30°、45°、60° 出射平面内，反射天顶角范围(－80° ～＋80°)，反射角测量间距为 5°，$BRDF_\lambda$ 分布如图 3.20、图 3.21 所示。

图 3.20 表示入射波长为可见光(λ＝0.632 8 μm)时，不同的入射角和出射角对卫星包覆材料表面的空间辐射反射特性。从图可以看出：对应着不同的入射角，相应的镜反射

方向出现强烈的反射峰值，且远大于其他角度的值，呈现出很强的镜反射效应，反射峰值随着入射角增大呈逐渐减小的趋势。对于出射平面内 $BRDF_\lambda$ 的分布，可以看出除了与入射同一平面内($\varphi_r=0°$)反射天顶角与入射天顶角相等的位置处($\theta_r=\theta_i$)对应的极值外，在其余方位角平面内 $BRDF_\lambda$ 值分布大致相同，变化很平缓，且趋于同一个值，说明该卫星热控材料的镜像反射非常强，切面散射占主要。随 θ_r 的增加，$BRDF_\lambda$ 的对数分布从中间向两边呈逐渐减小的趋势，近似呈余弦分布，从实验结果可以看出该材料表面相对来说很平滑。

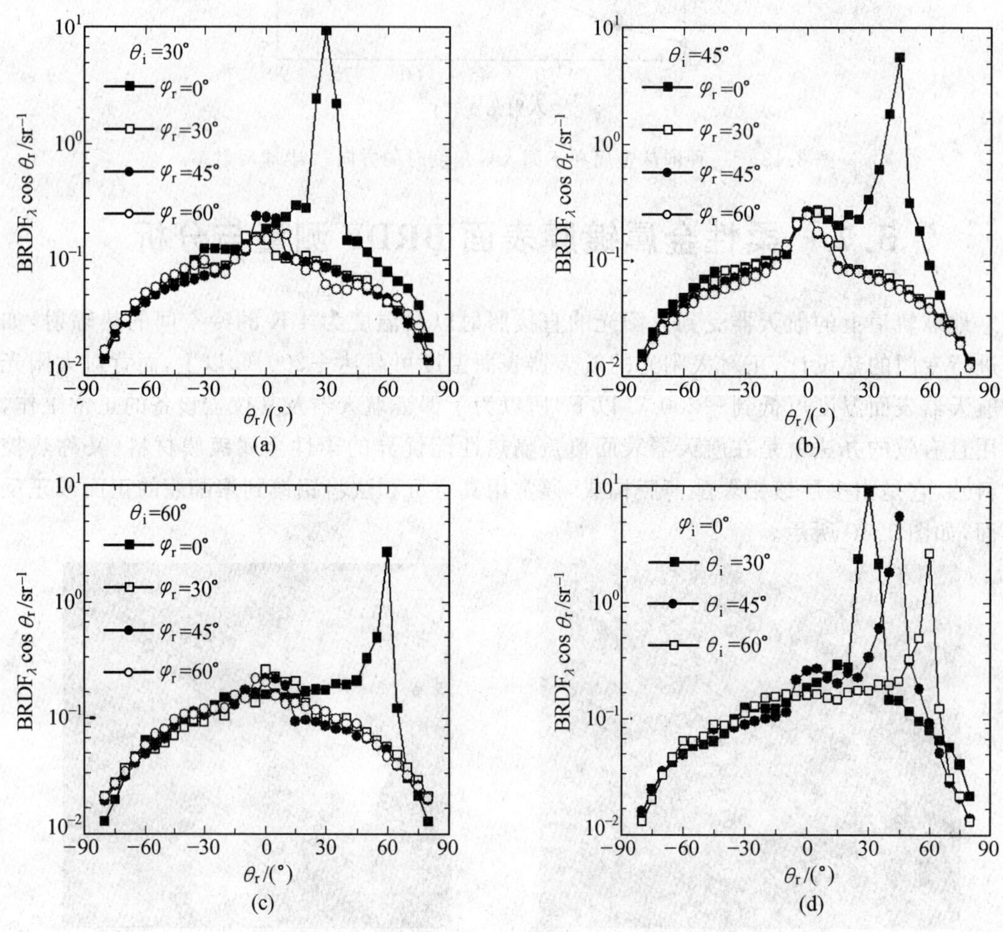

图 3.20　$\lambda=0.632\ 8\ \mu m$ 时入射角度对 BRDF 的影响

图 3.21 表示入射波长为近红外($\lambda=1.34\ \mu m$)时，不同的入射角和出射角对卫星热控包覆材料表面的空间辐射反射特性。可以看出，材料在近红外波段下的反射特征同可见光下类似，镜反射效应也较强，入射平面内不同入射角在相应的镜反射方向上均对应着很强的镜反射峰值，其他角度下 $BRDF_\lambda$ 值随 θ_r 变化平缓近似呈余弦分布；与可见光波段结果相比，近红外波段下散射峰值稍小，这可能与材料本身对不同波段吸收率有关。

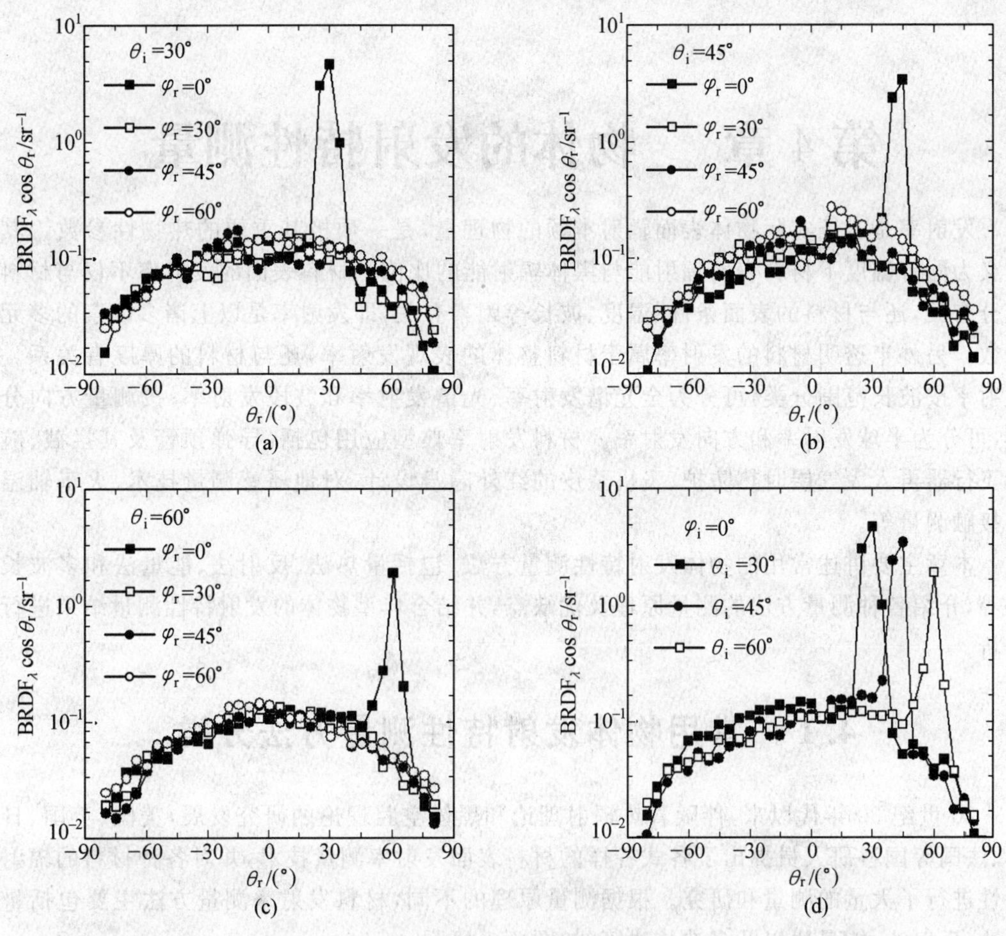

图 3.21　$\lambda = 1.34\ \mu m$ 时入射角度对 BRDF 的影响

3.8　小　结

固体表面的反射特性是进行表面相关辐射换热计算、辐射探测的基本参数，可作为辐射场分析和求解的边界条件。本章介绍了固体表面的反射特性的表征参数，不同类型固体表面反射特性的基本特征，以及固体表面多种反射特性参数，阐述了光学光滑表面和光学粗糙表面反射的区别，重点介绍了光谱法向反射率，光谱镜向反射率，光谱方向 − 半球反射率，双向反射分布函数的测试原理、方法和装置，并对泡沫金属、柔性金属镀膜表面材料的双向反射分布函数特性进行了实验测量和结果分析。

第 4 章　物体的发射特性测量

发射率是表征实际物体表面辐射本领的物理量，是一项极其重要的热物性参数。其定义为同等温度下材料表面辐射能与黑体辐射能的比值。材料表面的发射率不仅与材料组分有关，还与材料的表面条件、温度、波长等因素有关，即发射率是以上诸多因素的多元函数。另外半透明材料的发射率属于材料整体的表观发射率，还与材料的厚度有关系。发射率按波长范围分类，可分为全光谱发射率、光谱发射率和波段发射率；按测量方向分类，可分为半球发射率和方向发射率。材料发射率典型应用包括：导弹预警及其拦截、航天飞行器再入大气层时热防护、飞机蒙皮的红外隐身设计、对地遥感测量技术、火车轴温非接触测量等。

本章主要讲述常用的物体发射特性测量方法，包括量热法、反射法、能量法和多波长法等，介绍各种测量方法的测量原理及优缺点，并结合典型物体的发射特性测量结果进行分析。

4.1　常用物体发射特性测量方法分类

20 世纪 30 年代以来，伴随着热辐射理论和黑体空腔理论的研究发展，美国、英国、日本、法国等国科研人员提出了各式各样的材料表面发射率测量技术，并对各种材料的辐射特性进行了大量的测量和研究。根据测量原理的不同，材料发射率测量方法主要包括量热法、反射法、能量法以及多波长法等，如图 4.1 所示。

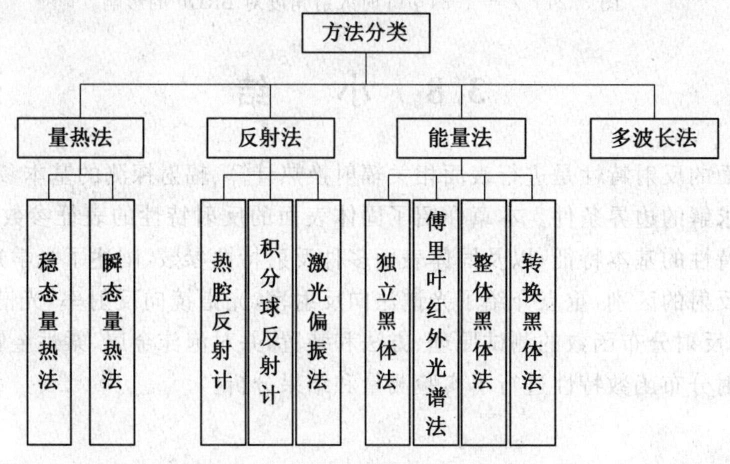

图 4.1　发射率测量方法分类

4.1.1　量热法

量热法按热流状态可分为稳态量热法和瞬态量热法。其基本原理是：被测样品与其周围相关物体共同组成一个热交换系统，根据传热理论导出系统有关材料发射率的传热方程，再测出样品有关点的温度值，就能确定系统的热交换状态，从而求出样品发射率。热交换系统可分为稳态系统和瞬态系统两大类。

稳态量热法是在温度稳定的情况下通过建立量热方程，测得样品的发射率。测量原理如图 4.2 所示，该方法具有装置简单、测试温度范围较宽、准确度高等优点，其总测量精度可达 2%，测试温度范围可达 −50～1 000 ℃。但该方法只能测试全波长半球发射率，不能测量光谱或定向发射率，并且存在样品制作麻烦、测试时间长等缺点。

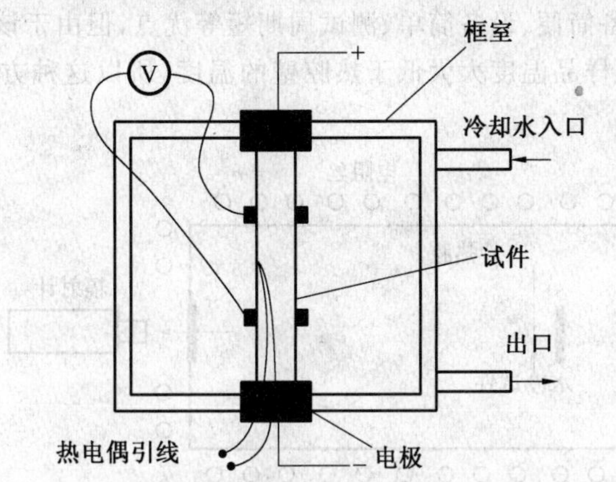

图 4.2　稳态量热法测量原理图

瞬态量热法是采用瞬态加热技术（如激光、电流等），使试样的温度急剧升高，通过测量试样的温度、加热功率等参数，再结合辅助设备测量物体的发射率。测量原理如图 4.3 所示，该方法的特点是：设备相对简单，测量速度快，测温上限高（4 000 ℃以上），可同时测量多项参数，测量精度较高。其缺点是被测对象只能是导体材料。

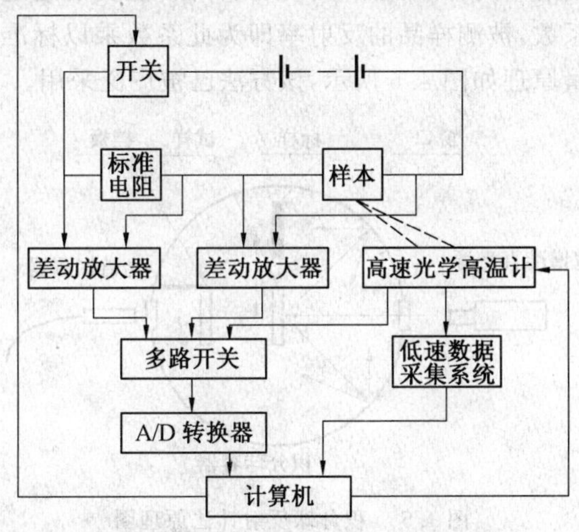

图 4.3　瞬态量热法测量原理图

4.1.2 反射法

反射法的基本原理是:根据能量守恒定律及基尔霍夫定律,只要将已知强度的辐射能投射到被测的不透明样品表面上,并用反射计测出表面反射能量,即可求得样品的反射率,进而计算出发射率。反射法需要把试样置于反射计腔内,常用的反射计有热腔反射计、积分球反射计、激光偏振器及测角反射计等。

基于热腔反射计的反射法的原理如图 4.4 所示,该方法能测出样品的光谱及方向发射率,并且具有样品制备简便、设备简单、测试周期短等优点,但由于该方法的精度在很大程度上取决于能否保证样品温度大大低于热腔壁的温度,所以这种方法不适用于高温测量。

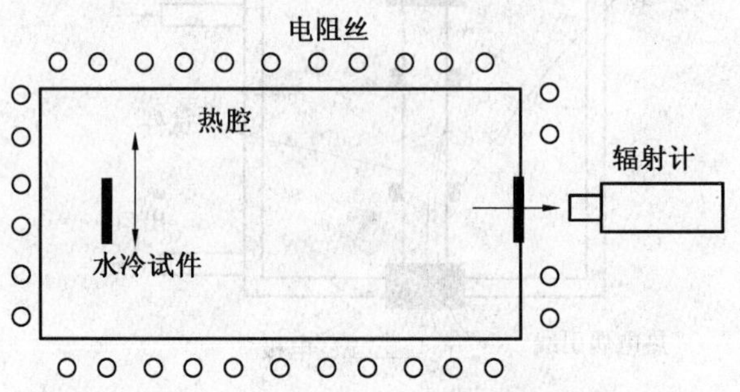

图 4.4　热腔反射计法原理图

积分球反射计的主要部分是一个具有高反射率的漫射内表面积分球。其工作原理是:被测样品置于球心处,入射光从积分球开口处投射到样品表面并反射到积分球内表面上,经过球面第一次反射即均布在球表面上,探测器从另一孔口接收球内表面上的辐射能。然后以某一已知反射率的标准样品取代被测样品,重复前述过程。两次测量辐射反射能之比即为反射率系数,被测样品的反射率即为此系数乘以标准样品的反射率。利用积分球的反射法的测量原理如图 4.5 所示,该方法已被广泛采用。

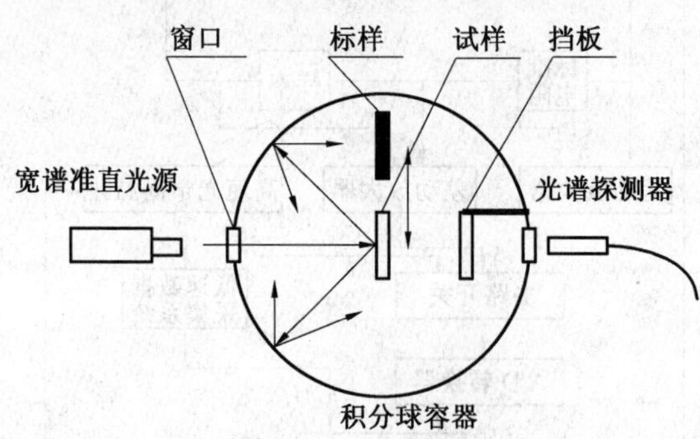

图 4.5　积分球反射计法原理图

激光偏振法是通过激光偏振器测量试样的半球向光谱反射率,进而根据 Kirchhoff 定律得出试样的光谱发射率。此种方法发射率的测量精度优于5%,测量时间为0.3 s,但缺点是只能测量光滑表面的材料发射率。

4.1.3　能量法

能量法的基本原理是直接测量样品的辐射功率，然后根据普朗克定律或斯忒藩－玻耳兹曼定律，再借助发射率的定义式计算出样品表面发射率值。由于目前辐射的绝对测量尚难达到较高精度，故一般均采用能量比较法，即在同一温度下用同一探测器分别测量绝对黑体及样品的辐射功率，两者之比就是材料的发射率值。这种方法需要参考黑体作为辅助设备，参考黑体是这种测量方法的关键，它较大程度地影响着测量精度。根据不同类型参考黑体的结构，测量方案可分为独立黑体方案、整体黑体方案和转换黑体方案。

独立黑体法是采用标准黑体炉作为参考辐射源，样品与黑体各自独立，辐射能量探测器分别对它们的辐射量进行测量。测量材料全波长发射率时，探测器需要选择使用无光谱选择性的温差电堆或热释电等器件；测量材料光谱发射率时，需要选择使用光子探测器并配备特定的单色滤光片。独立黑体法的优点在于能够精细地制作标准辐射源，并可精确地计算其辐射特性。其缺点在于等温条件难以得到保证，特别是对不良导热材料。在实际应用中，人们还常常采用整体黑体法和转换黑体法两种能量法测量材料的发射率，即在试样上钻孔或加反射罩，使被测材料变为黑体或逼近黑体性能，从而进行材料发射率的测量，如图 4.6、图 4.7 所示。

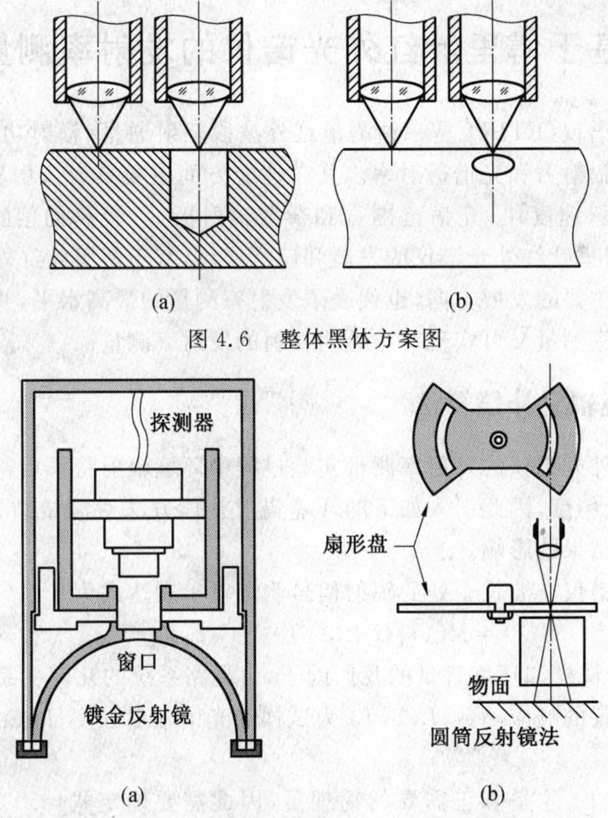

图 4.6　整体黑体方案图

图 4.7　转换黑体方案

20 世纪 90 年代以来，由于傅里叶红外光谱仪的发展和广泛应用，很多学者都建立了基于该装置的能量法测量光谱发射率系统和设备。傅里叶红外光谱仪主要由迈克尔逊干涉仪和计算机组成。它的工作原理是：光源发出的光经迈克尔逊干涉仪调制后变成干涉光，再把照射样品后的各种频率光信号经干涉作用调制为干涉图函数，由计算机进行傅里叶变换得到宽波长范围内的光谱信息。因此，它在测量红外发射方面是一个功能强大的仪器。基于傅里叶分析光谱仪的能量法是近年来主要的发展方向，也代表了发射率测量的最高水平。目前该方法可以达到的技术指标：测量的温度范围从 −20 ℃ 到 2 000 ℃，测量波段从可见光到 25 μm 以上，测量时间在 1 ～ 3 s，测量精度优于 3%。

4.1.4　多波长法

多波长法是 20 世纪 70 年代末 80 年代初兴起的一种同时测量温度和光谱发射率的新方法，其原理是利用测量目标多光谱下的辐射信息，通过假定的发射率和波长关系模型进行理论计算，得到温度和光谱发射率数据。该方法最大的优点是：不需要特制试样，测量速度快，可以在现场进行测量，测温上限几乎没有限制。但是由于其理论还不够完善，算法对材料的适用性也较差，因此测量精度还不是很高，这些都影响了这项技术的进一步推广使用。但是无论如何，由于前述优点，该方法会成为人们未来的主要研究方向。

4.2　基于傅里叶红外光谱仪的发射率测量方法

傅里叶红外光谱仪(FTIR) 是一种测量红外波段辐射通量(辐射功率) 的仪器，它能够测算材料的光谱辐射力和光谱透射率。其在性能方面主要具有入射辐射光通量大，敏感度高；扫描时间短，速度快；光谱范围宽和杂散辐射极低；较高的信噪比、分辨率等优点。近年来，随着傅里叶红外光谱仪的发展和广泛应用，基于傅里叶红外光谱仪的材料发射率测量方法成为主要的发展方向，也代表了发射率测量的最高水平，并且该方法既可实现不透明材料发射率测量又可实现对半透明材料的发射率测量。

4.2.1　环境辐射补偿算法

基于傅里叶红外光谱仪的发射率测量实验过程中环境辐射将不可避免地被光谱仪所吸收，进而影响测量精度，因此引入如下的环境辐射补偿方法对测量结果进行修正，以除去环境辐射对测量结果的影响。

傅里叶红外光谱仪在波长 λ 处的辐射信号测量输出表达式为

$$S(\lambda)=R(\lambda)\left[G_1 L(\lambda,T)+G_2 L_0(\lambda,T_0)\right] \tag{4.1}$$

式中，G_1，G_2 分别为试样和环境背景的几何因子，由光路系统的几何关系决定；$R(\lambda)$ 为傅里叶红外光谱分析仪的响应函数；$L(\lambda,T)$ 为试样的光谱辐射强度；$L_0(\lambda,T_0)$ 为环境背景的辐射强度。

其中只有 $L(\lambda,T)$ 才是真正需要的物理量，因此需要确定式(4.1) 中的 $G_1R(\lambda)$ 和 $G_2R(\lambda)\cdot L_0(\lambda,T_0)$ 的值。采用对两个不同温度黑体进行测量的方式来确定 $G_1R(\lambda)$ 和 $G_2R(\lambda)\cdot L_0(\lambda,T_0)$ 的值。具体方法为，将参考黑体炉分别设定为两个不同的温度 T_1 和

T_2，则傅里叶红外光谱分析仪的相应输出为 $S_{b1}(\lambda)$ 和 $S_{b2}(\lambda)$，根据式(4.1)，可得以下两个等式：

$$S_{b1}(\lambda)=R(\lambda)[G_1L_b(\lambda,T_1)+G_2L_0(\lambda,T_0)] \tag{4.2}$$

$$S_{b2}(\lambda)=R(\lambda)[G_1L_b(\lambda,T_2)+G_2L_0(\lambda,T_0)] \tag{4.3}$$

式中，$R(\lambda)G_1L_b(\lambda,T_1)$ 和 $R(\lambda)G_1L_b(\lambda,T_2)$ 是温度分别为 T_1 和 T_2 时黑体炉的真实辐射能量。$L_b(\lambda,T)$ 表示参考黑体炉在温度 T 时的光谱辐射强度，由普朗克定律计算得

$$L_b(\lambda,T)=\frac{c_1\lambda^{-5}}{\exp[c_2/(\lambda T)]-1} \tag{4.4}$$

其中，$c_1=3.741\,8\times10^8$，$c_2=1.438\,8\times10^4$ 分别为普朗克定律第一和第二辐射常数，单位分别为 $\mathrm{W\cdot\mu m^4/m^2}$ 和 $\mathrm{\mu m\cdot K}$。

$R(\lambda)G_2L_0(\lambda,T_0)$ 反映了傅里叶红外光谱仪测量所得的输出信号与输入信号之间的函数关系，由设备光学系统、电子线路和探测器的响应率等因素决定。从而确定傅里叶红外光谱仪的输入信号与输出信号间的响应函数。将方程(4.2)和(4.3)联立，得到 $G_1R(\lambda)$ 和 $R(\lambda)G_2L_0(\lambda,T_0)$ 的数学表达式：

$$G_1R(\lambda)=\frac{S_{b2}(\lambda)-S_{b1}(\lambda)}{L_b(\lambda,T_2)-L_b(\lambda,T_1)} \tag{4.5}$$

$$R(\lambda)G_2L_0(\lambda,T_0)=S_{b1}(\lambda)-\frac{[S_{b2}(\lambda)-S_{b1}(\lambda)]L_b(\lambda,T_1)}{L_b(\lambda,T_2)-L_b(\lambda,T_1)} \tag{4.6}$$

最终得到考虑环境辐射补偿算法的傅里叶红外光谱仪信号测量输出表达式为

$$S(\lambda)=\frac{S_{b2}(\lambda)-S_{b1}(\lambda)}{L_b(\lambda,T_2)-L_b(\lambda,T_1)}L(\lambda,T)+S_{b1}(\lambda)-\frac{[S_{b2}(\lambda)-S_{b1}(\lambda)]L_b(\lambda,T_1)}{L_b(\lambda,T_2)-L_b(\lambda,T_1)} \tag{4.7}$$

4.2.2　基于傅里叶红外光谱仪的不透明材料光谱发射率测量原理

基于傅里叶红外光谱仪的不透明材料光谱发射率测量系统如图 4.8 所示，该测量系统主要由傅里叶红外光谱分析仪、参考黑体炉、可旋转反光镜、加热炉、温度控制单元以及数据处理系统组成。

由发射率的定义可知，材料的光谱发射率等于材料表面光谱辐射能与同等温度下黑体光谱辐射能的比值，即

$$\varepsilon(\lambda,T)=\frac{L_s(\lambda,T)}{L_b(\lambda,T)} \tag{4.8}$$

式中，$\varepsilon(\lambda,T)$ 为材料的光谱发射率；$L_s(\lambda,T)$ 为材料表面光谱辐射能，$\mathrm{W/m^2}$；$L_b(\lambda,T)$ 为同等温度下黑体光谱辐射能，$\mathrm{W/m^2}$。

对于不透明材料，实验中只需分别对实验温度 T 下的材料表面光谱辐射能 $L_s(\lambda,T)$ 以及同等温度下黑体光谱辐射能 $L_b(\lambda,T)$ 进行测量，即可得出材料的光谱发射率。

考虑到测量过程中环境辐射对测量结果的影响，采用环境辐射补偿算法，可得出傅里叶光谱仪分别对温度为 T 的材料表面和黑体测量信号，即

$$S_s(\lambda,T)=R(\lambda)[G_1\cdot L_s(\lambda,T)+G_2\cdot L_0(\lambda)] \tag{4.9}$$

$$S_b(\lambda,T)=R(\lambda)[G_1\cdot L_b(\lambda,T)+G_2\cdot L_0(\lambda)] \tag{4.10}$$

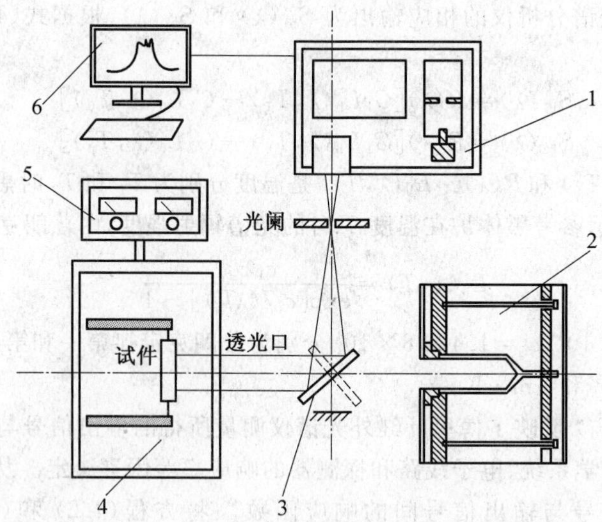

图 4.8 基于傅里叶红外光谱仪的不透明材料光谱发射率测量系统示意图

1— 傅里叶红外光谱分析仪；2— 参考黑体炉；3— 可旋转反光镜；

4— 加热炉；5— 温度控制单元；6— 数据处理系统

式中，$S_s(\lambda,T)$ 为温度 T 下对材料表面的探测信号大小，W/m^2；$S_b(\lambda,T)$ 为温度 T 下对黑体的探测信号大小，W/m^2；$R(\lambda)$ 为光谱响应特性，是光学系统透过率和光谱响应率的乘积；$L_0(\lambda)$ 为背景环境的辐射亮度，W/m^2；G_1 为目标的几何因子；G_2 为背景环境的几何因子。

由式(4.9) 和(4.10) 可得材料表面的真实辐射能量和同温度黑体的真实辐射能量，表示为

$$L_s(\lambda,T)=\frac{S_s(\lambda,T)-G_2\cdot R(\lambda)\cdot L_0(\lambda)}{G_1R(\lambda)} \tag{4.11}$$

$$L_b(\lambda,T)=\frac{S_b(\lambda,T)-G_2\cdot R(\lambda)\cdot L_0(\lambda)}{G_1R(\lambda)} \tag{4.12}$$

将式(4.11) 和(4.12) 代入式(4.8) 中可得材料的光谱发射率表达式为

$$\varepsilon(\lambda,T)=\frac{S_s(\lambda,T)-G_2\cdot R(\lambda)\cdot L_0(\lambda)}{S_b(\lambda,T)-G_2\cdot R(\lambda)\cdot L_0(\lambda)} \tag{4.13}$$

将利用 4.2.1 节所述环境辐射补偿算法计算得到的 $G_2\cdot R(\lambda)\cdot L_0(\lambda)$ 代入式(4.13) 中，即可得到该不透明材料在温度 T 下的光谱发射率。

4.2.3 基于傅里叶红外光谱仪的半透明材料光谱发射率测量原理

在对半透明材料的发射率进行测量时，探测器探测到的材料表面辐射能量中不仅包含材料表面的真实辐射能量，而且还包括背景辐射经过材料内部透射出来的辐射能量，因此对于半透明材料的发射率测量要比不透明材料的发射率测量复杂得多。对于半透明材料的发射率测量原理如图 4.9 所示，该测量系统主要由傅里叶红外光谱分析仪、参考黑体炉、红外光源、可旋转反光镜、加热炉、温度控制单元以及数据处理系统组成。

半透明材料发射率测量的核心问题就是如何去除探测信号中的透射辐射能量。该系

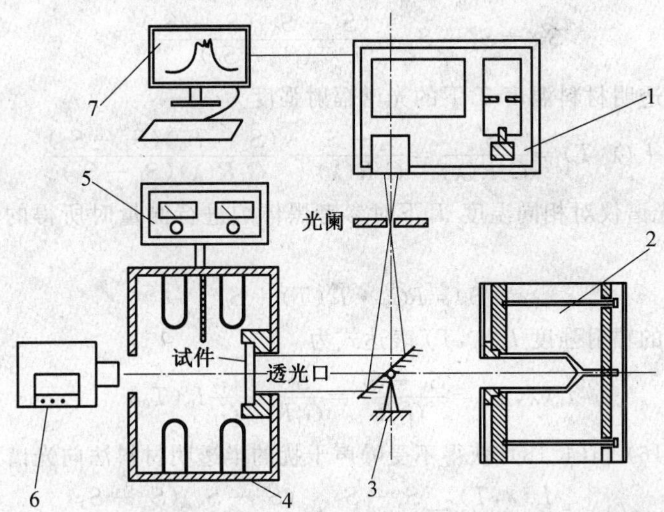

图 4.9　基于傅里叶红外光谱仪的半透明材料光谱发射率测量系统示意图

1— 傅里叶红外光谱分析仪；2— 参考黑体炉；3— 可旋转反光镜；4— 加热炉；5— 温度控制单元；6— 红外光源；7— 数据处理系统

统采用双开门通透炉膛加热炉，并增加红外光源以去除探测信号中的透射辐射。该系统的具体测量方法如下（以下为了书写方便略去自变量 λ）：

(1) 打开红外光源，使用光谱仪采集辐射信号，记为 S_1。S_1 包含红外光源的实际辐射信号 S'_1 和环境背景光谱辐射信号 S_0，则有：$S_1 = S'_1 + S_0$。

(2) 关闭红外光源，加热炉加热到预定测试温度 T，保持温度稳定，使用光谱仪采集数据记为 S_2。S_2 包含温度 T 下炉腔内的光谱辐射信号 S'_2 和环境背景光谱辐射信号 S_0，则有：$S_2 = S'_2 + S_0$。

(3) 关闭红外光源，将半透明试件置于加热炉中，试样加热到温度 T，保持温度稳定，使用光谱仪采集数据，记为 S_3。得到的数据 S_3 包含 S'_2 透过试件之后剩余的信号 $\gamma S'_2$（γ 为材料透射率）、试件自身光谱辐射信号 S'_s 和环境背景光谱辐射信号 S_0。则有：$S_3 = \gamma S'_2 + S'_s + S_0$。

(4) 打开红外光源，半透明试件仍在加热炉中，保持温度 T 稳定，使用光谱仪采集数据记为 S_4，其中包含 S'_1、S'_2 透过试件后剩余的信号 $\gamma S'_1$ 和 $\gamma S'_2$、半透明试件自身光谱辐射信号 S'_s 和环境背景光谱辐射信号 S_0。则有：$S_4 = \gamma(S'_1 + S'_2) + S'_s + S_0$。

(5) 将黑体炉设定到温度 T 加热稳定后，逆时针旋转平台 90°，使用光谱仪采集温度 T 下黑体炉的光谱辐射信号数据 S_b。

步骤(1) 至(4) 中光谱仪在温度 T 下采集获得输出光谱能量分别为

$$\begin{cases} S_1 = S'_1 + S_0 \\ S_2 = S'_2 + S_0 \\ S_3 = S'_2\gamma + S'_s + S_0 \\ S_4 = (S'_1 + S'_2)\gamma + S'_s + S_0 \end{cases} \tag{4.14}$$

根据式(4.14) 可以求得半透明材料温度 T 下的本身实际光谱辐射信号为

$$S'_s = S_3 - S_0 - \frac{(S_2 - S_0)(S_4 - S_3)}{(S_1 - S_0)} \tag{4.15}$$

那么，可以得出半透明材料温度 T 下的光谱辐射强度为

$$I_s(\lambda, T) = \frac{S'_s}{G_1 R(\lambda)} = \frac{S_3 - S_0}{G_1 R(\lambda)} - \frac{(S_2 - S_0)(S_4 - S_3)}{G_1 R(\lambda)(S_1 - S_0)} \tag{4.16}$$

傅里叶红外光谱仪对相同温度 T 下对参考黑体炉进行测量时所得的输出光谱能量 $S_b(\lambda, T)$ 为

$$S_b = RG_1 \cdot I_b(T) + S_0 \tag{4.17}$$

同时，获得黑体炉的辐射强度 $I_b(\lambda, T)$ 表达式为

$$I_b(\lambda, T) = \frac{S_b - S_0}{G_1 R} = \frac{S_b}{G_1 R} - \frac{G_2}{G_1} I_0(T_0) \tag{4.18}$$

根据公式(4.16) 和(4.18)，获得不受噪声干扰的半透明材料法向光谱发射率为

$$\varepsilon(\lambda) = \frac{I_s(\lambda, T)}{I_b(\lambda, T)} = \frac{S_3 - S_0}{S_b - S_0} - \frac{(S_2 - S_0)(S_4 - S_3)}{(S_b - S_0)(S_1 - S_0)} \tag{4.19}$$

其中，S_1，S_2，S_3，S_4 和 S_b 为傅里叶光谱分析仪探测出的辐射信号值；S_0 为环境辐射，$S_0 = R(\lambda) G_1 L_b(\lambda, T_2)$ 可由公式(4.6) 求得。

4.2.4　基于傅里叶红外光谱仪的发射率测量实验结果及其不确定性分析

利用上述系统分别对一系列不透明材料和半透明材料的发射率进行测量，实验中材料试样尺寸为 5 cm × 5 cm，光谱测量范围为 2.5 ～ 25 μm。

1. 不透明材料发射率测量结果

实际测量得到黄铜片在 448 K 下的法向光谱发射率如图 4.10 所示；不锈钢片在 453 K 下的法向光谱发射率如图 4.11 所示；铬合金材料在 573 K 下的法向光谱发射率如图4.12 所示；某航天热防护材料在 573 K 下的法向光谱发射率如图 4.13 所示。

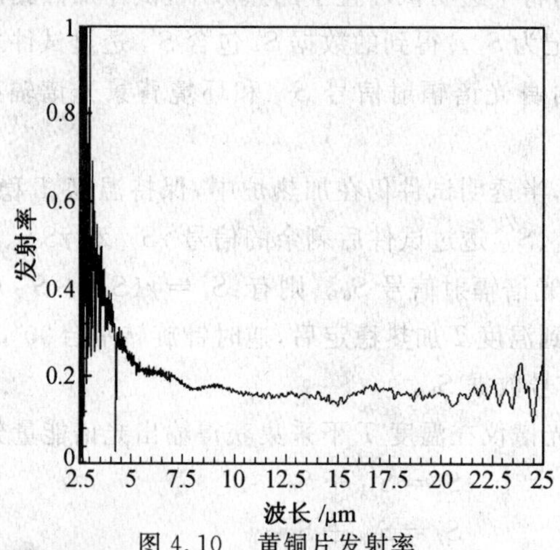

图 4.10　黄铜片发射率

2. 半透明材料发射率测量结果

红外等级的蓝宝石(主要成分：Al_2O_3) 在 975 K 时的光谱发射率测量结果与 1998 年 Sova 的实验结果的比较如图 4.14 所示；某种刚玉材料在 573 K、673 K 和 773 K 三个温度

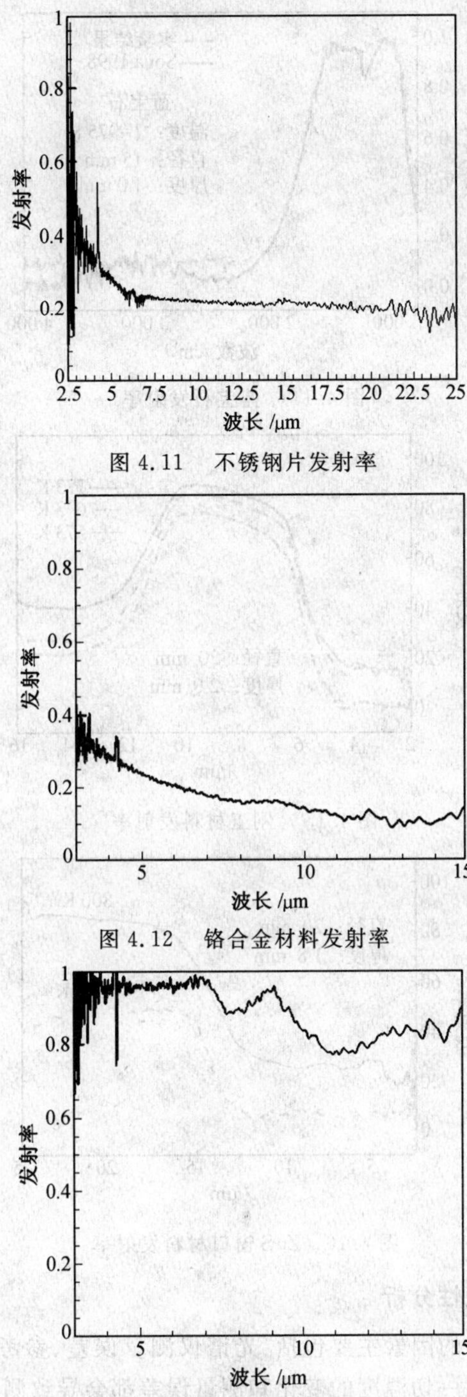

图 4.11　不锈钢片发射率

图 4.12　铬合金材料发射率

图 4.13　某航天热防护材料发射率

下的光谱发射率如图 4.15 所示；主要成分是 ZnS 的某种窗口材料在 500 K 和 800 K 两个温度下的光谱发射率如图 4.16 所示。

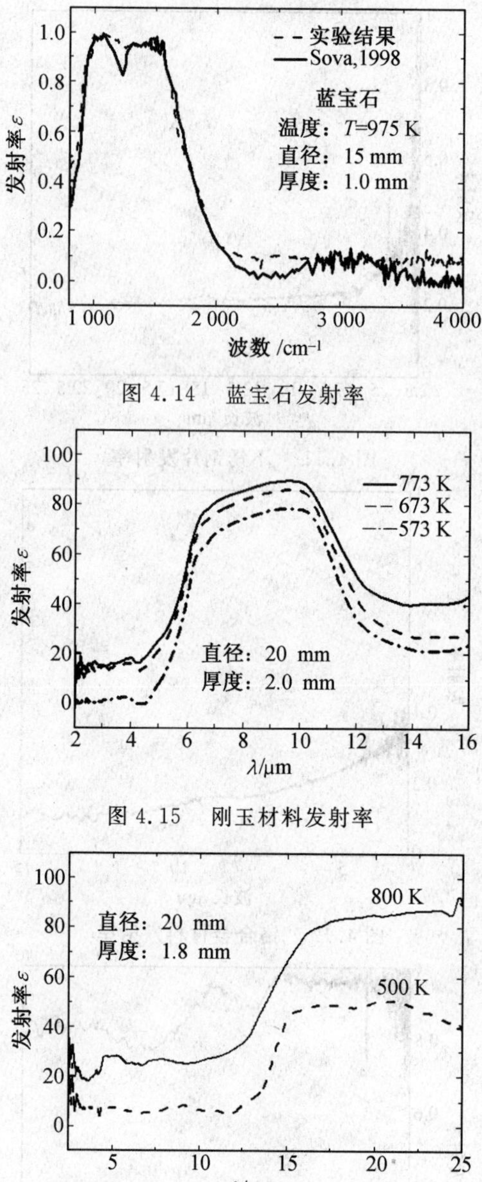

图 4.14　蓝宝石发射率

图 4.15　刚玉材料发射率

图 4.16　ZnS 窗口材料发射率

3. 实验结果的不确定性分析

该系统影响测量精度的因素主要包括：光谱仪测量误差、参考黑体炉的误差，加热炉中测温热电偶测量误差。一切温度的变化和测量误差都会导致测量结果的不确定性。各个因素的不确定性分析如下：

(1) 傅里叶红外光谱仪的不确定度

光谱仪的辐射信号测量不确定性主要来源于光谱响应的非线性和测量过程中产生的噪声。根据分析傅里叶红外光谱仪不确定度的方法，该系统中光谱仪的非线性响应不确定度为 0.32%，曲线的噪声估计为 0.35%。

(2) 黑体辐射引入的不确定度

参考黑体炉引入的不确定度，是由于测量过程中黑体炉的发射率和黑体炉的温度引起的不确定度。该系统中黑体炉有效发射率达 0.995 ± 0.001，其相对不确定度为 0.1%。该黑体炉的温度的误差范围为 ±0.1 ℃，室温 25 ℃ 下的不确定度仅为 0.4%，随着温度的升高不确定度越来越小。

(3) 试样加热炉的不确定度

试样在炉膛内加热到一定温度并稳定时，温度恒定是一个动态平衡过程。炉体与试样在加热器长时间加热情况下，可以看成是等温体。所选用的温度计完全是按照 ITS－90 标准在工作温度范围内进行精度传递的。热电偶的输出显示温度在 1 单位以内波动。根据真实温度和发射率的关系方程，可以得到由温度 T 的不稳定性引入的发射率 ε 的测量误差，误差传递公式表述为

$$\frac{\Delta\varepsilon}{\varepsilon}=\frac{C_2/(\lambda T)}{\exp[-C_2/(\lambda T)]-1}\frac{\Delta T}{T} \tag{4.20}$$

上述各项不确定度都服从正态分布，并且各项之间相互独立，互不影响。根据扩展不确定度的合成法则，其合成不确定度小于 3.0%。

4.3　基于红外测温仪的波段发射率测量方法

红外测温仪具有非接触测量、测温范围广、灵敏度高、测温速度快、使用安全及使用寿命长等优点。基于红外测温仪的波段法向发射率测量系统可实现对不透明材料的高温波段法向发射率的测量，该测量方法具有使用简便、测量速度快、测量成本低、适用范围广、可用于现场在线测量等优点。

4.3.1　基于红外测温仪的波段发射率测量原理

基于红外测温仪的材料法向波段发射率测量系统原理如图 4.17 所示，该系统主要由试件加热炉、红外测温仪以及热电偶测温仪组成。

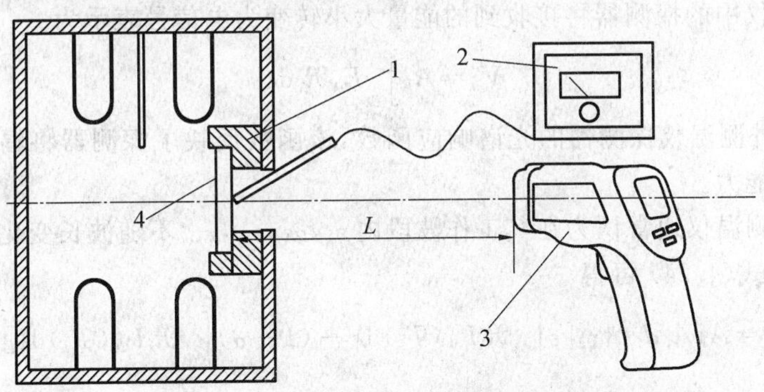

图 4.17　发射率测量实验平台原理图

1— 试件加热炉；2— 热电偶测温仪；3— 红外测温仪；4— 试件

红外测温仪的基本原理是根据接收到被测物体表面发出的红外辐射能量确定被测物体的表面温度，测量过程中接收到的有效辐射主要由试件自身辐射、试件反射环境辐射以及大气辐射这三部分组成，如图 4.18 所示。

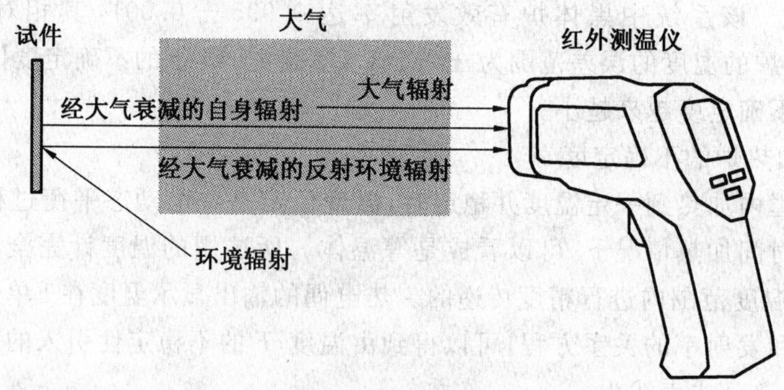

图 4.18　红外测温仪接收辐射能量示意图

被测试件表面的出射辐射强度可以表示为

$$I_\lambda = \varepsilon_\lambda I_{b\lambda}(T_s) + \rho_\lambda I_{b\lambda}(T_u) = \varepsilon_\lambda I_{b\lambda}(T_s) + (1-\alpha_\lambda) I_{b\lambda}(T_u) \tag{4.21}$$

式中，T_s 为试件表面温度，℃；T_u 为环境温度，℃；ε_λ 为试件光谱发射率；α_λ 为试件光谱吸收比；ρ_λ 为试件光谱反射率。

红外测温仪接收到的红外光谱辐射能量可以表示为

$$E_\lambda = A_0 d^{-2}[\tau_{a\lambda}\varepsilon_\lambda I_{b\lambda}(T_s) + \tau_{a\lambda}(1-\alpha_\lambda) I_{b\lambda}(T_u) + \varepsilon_{a\lambda} I_{b\lambda}(T_a)] \tag{4.22}$$

式中，T_a 为大气温度，℃；$\varepsilon_{a\lambda}$ 为大气光谱发射率；$\tau_{a\lambda}$ 为大气光谱透射率；A_0 为测温仪最小空间张角所对应的目标可视面积，m^2；d 为试件与红外测温仪之间的距离，m。

上式中括号内第一项表示经大气衰减的试件自身辐射能量，第二项表示经大气衰减的反射环境辐射能量，第三项表示试件与红外测温仪之间被红外测温仪接收的大气自身辐射能量。

探测器接收到的某波长的辐射能量可表示为

$$P_\lambda = E_\lambda \cdot A_R \tag{4.23}$$

式中，A_R 为红外测温仪透镜面积，m^2。

红外测温仪中的探测器将接收到的能量大小转变为电信号表示为

$$V_s = A_R \int_{\Delta\lambda} E_\lambda \mathfrak{R}_\lambda \, d\lambda \tag{4.24}$$

式中，$\mathfrak{R}_\lambda$ 为红外测温仪探测器的光谱响应函数，该函数反映了探测器将辐射能量大小转变成电信号的能力。

对于红外测温仪通常认为在其工作波段内 ε_λ，α_λ，$\varepsilon_{a\lambda}$，$\tau_{a\lambda}$ 不随波长变化，为定值，则将式(4.22) 代入式(4.24) 可得

$$V_s = A_R A_0 d^{-2}\{\tau_a[\varepsilon\int_{\Delta\lambda}\mathfrak{R}_\lambda I_{b\lambda}(T_s)d\lambda + (1-\alpha)\int_{\Delta\lambda}\mathfrak{R}_\lambda I_{b\lambda}(T_u)d\lambda] + \varepsilon_a\int_{\Delta\lambda}\mathfrak{R}_\lambda I_{b\lambda}(T_a)d\lambda\} \tag{4.25}$$

令 $K = A_R A_0 d^{-2}$，$\int_{\Delta\lambda}\mathfrak{R}_\lambda I_{b\lambda}(T)d\lambda = f(T)$，则式(4.25) 可表示为

$$V_s = K\{\tau_a[\varepsilon f(T_s) + (1-\alpha) f(T_u)] + \varepsilon_a f(T_a)\} \tag{4.26}$$

若所测试件在红外测温仪工作波段可近似为漫射灰体，即 $\varepsilon = \alpha$，并且对大气认为 $\varepsilon_a = 1 - \tau_a$ 则式(4.26) 可简化为

$$V_s = K\{\tau_a[\varepsilon f(T_s) + (1-\varepsilon) f(T_u)] + (1-\tau_a) f(T_a)\} \tag{4.27}$$

令 $f(T_r, T_u) = V_s/K$，并且通常对于近距测量认为大气透射率 $\tau_a = 1$，则式(4.27) 变为

$$f(T_r, T_u) = \varepsilon f(T_s) + (1-\varepsilon) f(T_u) \tag{4.28}$$

式中，T_r 为红外测温仪测量的试件温度，℃。

由普朗克定律可知

$$f(T) = \int_{\Delta\lambda} \Re_\lambda I_{b\lambda}(T) \mathrm{d}\lambda = \int_{\Delta\lambda} \Re_\lambda \frac{c_1}{\pi} \lambda^{-5} \left[\exp\left(\frac{c_2}{\lambda T}\right) - 1\right]^{-1} \mathrm{d}\lambda \tag{4.29}$$

式中，c_1 为第一辐射常数，其值为 $3.741\,832 \times 10^8\ \mathrm{W \cdot \mu m^4/m^2}$；$c_2$ 为第二辐射常数，其值为 $1.438\,8 \times 10^4\ \mu\mathrm{m \cdot K}$。

根据 $\Re_\lambda$ 随波长的变化规律，对式(4.29) 进行数值积分并拟合曲线可得

$$f(T) \approx CT^n \tag{4.30}$$

对于不同工作波段的测温仪，上式中 C 和 n 的取值是不同的，对于工作波段 $2 \sim 5\ \mu\mathrm{m}$ 的红外测温仪 $n = 8.68$，对于 $8 \sim 14\ \mu\mathrm{m}$ 的红外测温仪 $n = 4.09 \approx 4$。

将式(4.30) 代入式(4.28) 可得

$$f(T_r, T_u) = C \cdot [\varepsilon T_s^n + (1-\varepsilon) T_u^n] \tag{4.31}$$

若红外测温仪设定发射率为 ε'，则式(4.31) 中左端项可表示为

$$f(T_r, T_u) = C \cdot [\varepsilon' T_r^n + (1-\varepsilon') T_u^n] \tag{4.32}$$

将式(4.32) 代入式(4.31) 可得

$$\varepsilon' T_r^n + (1-\varepsilon') T_u^n = \varepsilon T_s^n + (1-\varepsilon) T_u^n \tag{4.33}$$

对式(4.33) 进行变换可得到利用红外测温仪测量目标波段法向发射率的测量公式为

$$\varepsilon = \frac{\varepsilon'(T_r^n - T_u^n)}{T_s^n - T_u^n} \tag{4.34}$$

当被测试件的温度很高时，即 $T_s \gg T_u$，式(4.34) 可简化为

$$\varepsilon = \varepsilon' \frac{T_r^n}{T_s^n} \tag{4.35}$$

4.3.2　基于红外测温仪的波段发射率测量实验结果分析

利用基于红外测温仪的材料法向波段发射率测量系统分别对黄铜片和不锈钢片的高温波段法向发射率进行测量。

测量中所使用的红外测温仪工作波段为 $8 \sim 14\ \mu\mathrm{m}$，可设定三档发射率，分别为 0.3、0.7、0.95。实验测量结果见表 4.1。

表 4.1　实验测量结果

	试件(a)			试件(b)		
环境温度 T_u/℃	17			17		
试件表面真实温度值 T_s/℃	175			180		
红外测温仪设定发射率 ε'	0.3	0.7	0.95	0.3	0.7	0.95
红外测温仪测得温度 T_r/℃	124	77	62	147	92	77
波段发射率 ε	0.161	0.167	0.158	0.206	0.213	0.215
平均值 $\bar{\varepsilon}$	0.162			0.211		

将上述结果与采用 4.2 节介绍的基于傅里叶红外光谱仪(FTIR) 的发射率测量系统对同样两试件在相同实验温度下测得的 8 ～ 14 μm 波段光谱发射率进行对比，如图 4.19(a)、4.19(b) 所示。

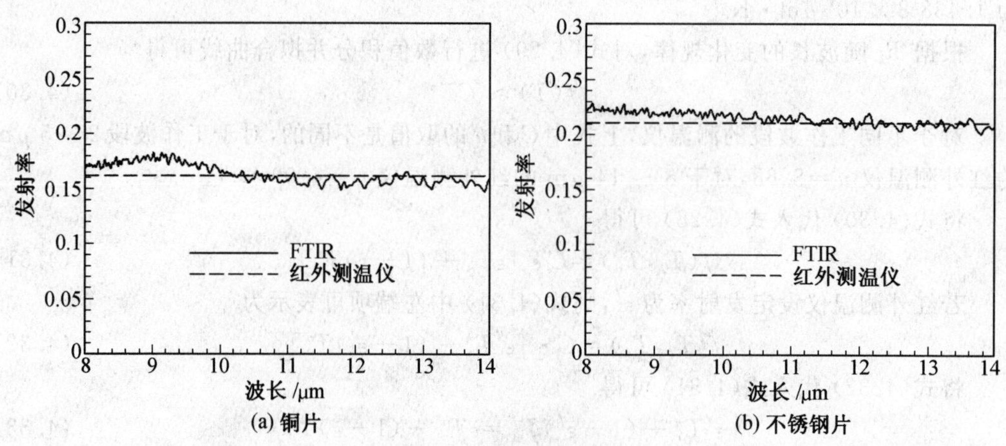

图 4.19　两种方法实验结果对比

可以看出无论铜片还是不锈钢片，利用傅里叶红外光谱仪(FTIR) 测量得到的 8 ～ 14 μm 光谱发射率都与利用红外测温仪测量得到的结果符合得很好。将傅里叶光谱仪(FTIR) 测量的结果在 8 ～ 14 μm 波段内对波长积分得到该波段的积分平均发射率与用红外测温仪测得的结果进行对比，见表 4.2。

表 4.2　两种方法测得波段发射率对比

	试件(a)	试件(b)
基于红外测温仪方法测得波段(8 ～ 14 μm) 发射率	0.162	0.211
基于 FTIR 方法测得 8 ～ 14 μm 波段发射率积分值	0.163	0.215
相对误差	0.61%	1.86%

可以看出两种方法测量得到的发射率测量值非常接近，将利用傅里叶光谱分析仪测量得到的结果作为准确值，计算得到基于红外测温仪的测量方法的相对误差在 1% 左右，由此可以看出这种基于红外测温仪的不透明材料高温波段法向发射率测量方法可以得到很好的测量结果。

4.3.3　基于红外测温仪的波段发射率测量误差分析

为了分析基于红外测温仪的波段发射率测量误差的影响因素，对式(4.34)微分可得

$$\frac{d\varepsilon}{\varepsilon}=\frac{\varepsilon'}{\varepsilon}\left[\frac{nT_r^n}{T_s^n-T_u^n}\frac{dT_r}{T_r}-\frac{nT_s^n(T_r^n-T_u^n)}{(T_s^n-T_u^n)^2}\frac{dT_s}{T_s}+\frac{nT_u^n(T_r^n-T_s^n)}{(T_s^n-T_u^n)^2}\frac{dT_u}{T_u}\right] \tag{4.36}$$

由式(4.36)可以看出发射率的测量误差主要由试件表面真实温度值测量误差、红外测温仪测量误差以及环境温度测量误差引起。若已知试件表面真实温度值测量误差、红外测温仪测量误差和环境温度测量误差，则可根据式(4.36)计算出发射率的测量误差。

对式(4.34)进行变换得到红外测温仪测量温度的表达式为

$$T_r^n=\frac{\varepsilon T_s^n+(\varepsilon'-\varepsilon)T_u^n}{\varepsilon'} \tag{4.37}$$

将式(4.37)代入式(4.36)中可得

$$\left|\frac{d\varepsilon}{\varepsilon}\right|=\left|\frac{n}{(T_s^n-T_u^n)}\left\{\frac{(\varepsilon-\varepsilon')}{\varepsilon}\cdot\left[T_u^n\left(\frac{dT_r}{T_r}+\frac{dT_u}{T_u}\right)\right]+T_s^n\left(\frac{dT_r}{T_r}-\frac{dT_s}{T_s}\right)\right\}\right| \tag{4.38}$$

从式(4.38)中可以看出，若测量过程中试件表面真实温度值测量误差、红外测温仪测量误差以及环境温度测量误差都是一定的，则整体上使发射率误差的绝对值最小的红外测温仪发射率设定值为

$$\varepsilon'_m=\varepsilon\left[\frac{T_s^n\left(\frac{dT_r}{T_r}-\frac{dT_s}{T_s}\right)}{T_u^n\left(\frac{dT_r}{T_r}+\frac{dT_u}{T_u}\right)}+1\right] \tag{4.39}$$

可见若红外测温仪发射率设定值 ε' 偏离式(4.39)中的值 ε'_m，则会对发射率的误差产生放大作用，使材料发射率的测量误差变大。实验中若能已知试件表面真实温度值测量误差、红外测温仪测量误差以及环境温度测量误差，则可以由式(4.39)计算出最佳的红外测温仪发射率设定值使测量误差最小。并且发射率测量误差的绝对值 $\left|\frac{d\varepsilon}{\varepsilon}\right|$ 与红外测温仪的设定值 ε' 之间满足如下关系：

(1) 当 $\left[\frac{T_s^n\left(\frac{dT_r}{T_r}-\frac{dT_s}{T_s}\right)}{T_u^n\left(\frac{dT_r}{T_r}+\frac{dT_u}{T_u}\right)}+1\right]\leqslant 0$ 时，发射率测量误差的绝对值 $\left|\frac{d\varepsilon}{\varepsilon}\right|$ 随红外测温仪的设定值 ε' 的减小而单调减小；

(2) 当 $\left[\frac{T_s^n\left(\frac{dT_r}{T_r}-\frac{dT_s}{T_s}\right)}{T_u^n\left(\frac{dT_r}{T_r}+\frac{dT_u}{T_u}\right)}+1\right]>0$ 时，若 $0<\varepsilon'\leqslant\varepsilon\left[\frac{T_s^n\left(\frac{dT_r}{T_r}-\frac{dT_s}{T_s}\right)}{T_u^n\left(\frac{dT_r}{T_r}+\frac{dT_u}{T_u}\right)}+1\right]$，则发射率测量误差的绝对值 $\left|\frac{d\varepsilon}{\varepsilon}\right|$ 随红外测温仪的设定值 ε' 的增大而减小，若 $\varepsilon\left[\frac{T_s^n\left(\frac{dT_r}{T_r}-\frac{dT_s}{T_s}\right)}{T_u^n\left(\frac{dT_r}{T_r}+\frac{dT_u}{T_u}\right)}+1\right]<\varepsilon'<1$，则发射率测量误差的绝对值 $\left|\frac{d\varepsilon}{\varepsilon}\right|$ 随红外测温仪的设定

值 ε' 的减小而减小。

当被测试件的温度很高时，即 $T_s \gg T_u$，则式(4.38) 可简化为

$$\left|\frac{d\varepsilon}{\varepsilon}\right| = \left|n \cdot \left(\frac{dT_r}{T_r} - \frac{dT_s}{T_s}\right)\right| \tag{4.40}$$

可以看出，在试件温度远大于环境温度的情况下，材料波段发射率的测量误差仅由试件表面真实温度值测量误差和红外测温仪测量误差引起，并且不受红外测温仪发射率设定值的影响。

4.4 基于积分球的半透明材料发射率测量方法

积分球又称光度球，是一个球形空腔，一般由两个内壁涂以高漫反射层的半球壳组装而成。利用积分球及激光光源分别对半透明材料的反射率和透射率进行测量即可根据基尔霍夫定律计算出该半透明材料的光谱发射率。该方法与 4.2 节中介绍的基于傅里叶光谱仪的半透明材料光谱发射率测量方法相比具有测量系统简单、测量成本低、测量速度快等优点，但该方法所能测量的发射率光谱范围取决于激光光源的光谱范围，需采用可调谐激光器才能实现对一定光谱范围内光谱发射率的连续测量。

4.4.1 基于积分球的半透明材料发射率测量原理

基于积分球的半透明材料发射率测量系统如图 4.20 所示，该系统主要由光源系统、探测系统、积分球系统及温度控制系统组成，该系统在测量时分别按图 4.20(a)、4.20(b) 所示两种方式布置，分别实现对材料的反射率和透射率的测量，进而由基尔霍夫定律得出材料的光谱发射率。

(1) 材料光谱反射率的测量

积分球测反射率原理如图 4.21 所示。假设球壁各点的漫反射性能是均匀的，球面上有三个开口，激光通过开口 1 进入积分球内，在开口 2 处放置的样品表面发生反射，开口 3 放置探测器。

积分球上任意一点 D 上产生的辐照度是由以下许多部分叠加而成的，即：漫射样品表面(B) 直接照射 D 点产生一次辐照度，从 B 反射到球壁其他部分再漫反射到 D 点而产生二次辐照度，从球壁一次漫反射再经球壁二次漫反射到 D 点而产的三次辐照度等。

若漫射样品表面(B) 在球内任一点 C 产生一次辐照度，可以认为 C 点是个次级光源，由于球内壁面是理想漫射层，因此 C 点附近的辐照度为

$$I = \frac{M}{\pi} = \frac{\rho_w}{\pi} E_C \tag{4.41}$$

式中，M 为 C 点附近的辐照度；ρ_w 为球内壁的漫反射率；E_C 为 C 点的一次辐照度。

在 C 点周围的极小面积 dA 上发出的一次漫反射光在 D 点产生二次辐照度，即

$$dE_2 = \frac{d^2\varphi}{dS} \tag{4.42}$$

式中，dS 为 D 点周围的元面积。

由辐射亮度定义可得

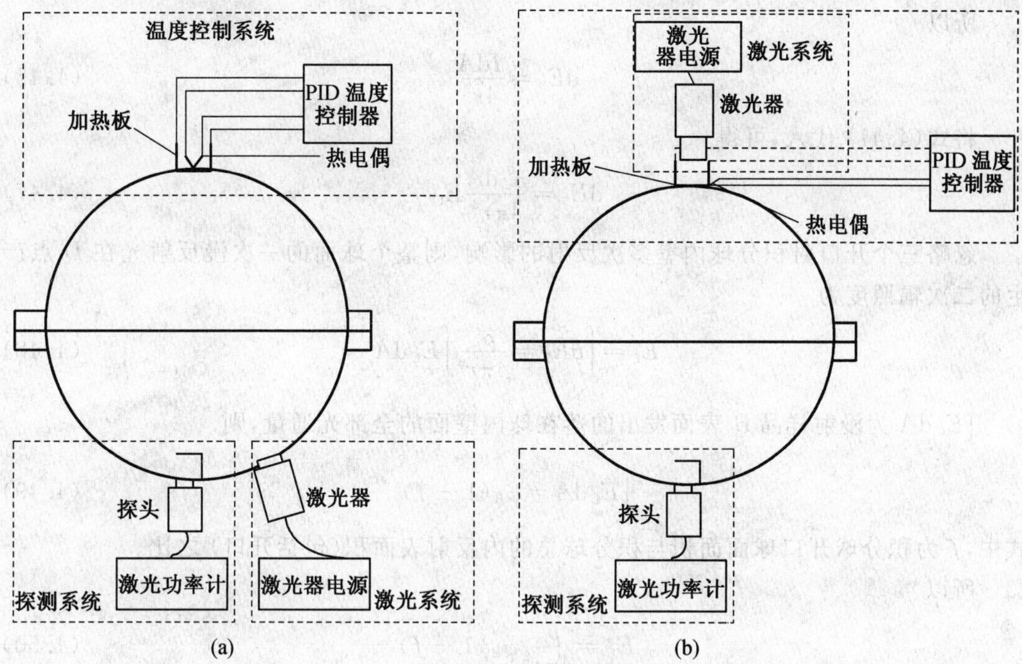

图 4.20　基于积分球的半透明材料光谱发射率测量系统示意图

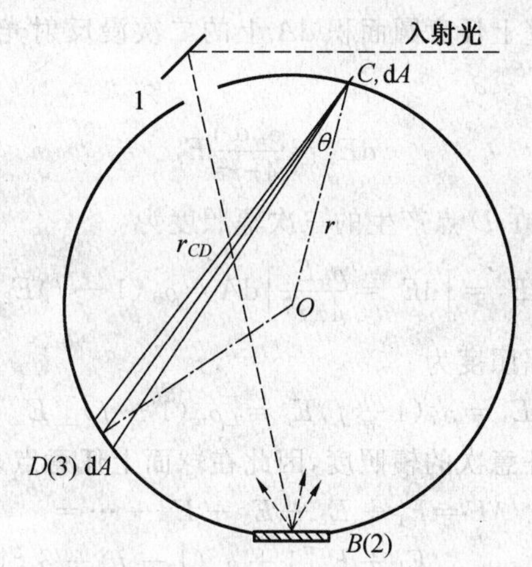

图 4.21　积分球测反射率原理图

$$d^2\varphi = I\mathrm{d}A\cos\theta\mathrm{d}\Omega = \frac{I\mathrm{d}A\cos\theta\mathrm{d}S\cos\theta}{r_{CD}^2} \tag{4.43}$$

故

$$\mathrm{d}E_2 = \frac{\mathrm{d}^2\varphi}{\mathrm{d}S} = \frac{I\mathrm{d}A\cos^2\theta}{r_{CD}^2} \tag{4.44}$$

其中，r_{CD} 为 C，D 两点的距离。

由图 4.21 可见，

$$r_{CD} = 2r\cos\theta \tag{4.45}$$

其中，r 为积分球半径。

所以

$$dE_2=\frac{IdA}{4r^2} \tag{4.46}$$

将式(4.41)代入,可得

$$dE_2=\frac{\rho_w dA}{4\pi r^2}E_C \tag{4.47}$$

忽略三个开口对积分球内壁多次反射的影响,则整个球面的一次漫反射光在 D 点产生的二次辐照度为

$$E_2=\int dE_2=\frac{\rho_w}{4\pi r^2}\int E_C dA \tag{4.48}$$

$\int E_C dA$ 为漫射样品 B 表面发出的落在球内壁面的全部光通量,则

$$\int E_C dA=\varphi_B(1-f) \tag{4.49}$$

式中,f 为积分球开口球面面积与积分球总的内反射表面积(包括开口)之比。

所以

$$E_2=\frac{\rho_w}{4\pi r^2}\varphi_B(1-f) \tag{4.50}$$

式中,φ_B 为样品表面反射回积分球的全部光通量,$\varphi_B=\rho_B\varphi_0$;$\varphi_0$ 为入射光光通量。

同理,可以求出在球壁上任意圆面积 dA 上的二次漫反射光在 D 点产生的三次辐照度为

$$dE_3=\frac{\rho_w dA}{4\pi r^2}E_2 \tag{4.51}$$

则整个球壁的二次漫反射在 D 点产生的三次辐照度为

$$dE_3=\int dE_3=\frac{\rho_w E_2}{4\pi r^2}\int dA=\rho_w(1-f)E_2 \tag{4.52}$$

以此类推,可得四次辐照度为

$$E_4=\rho_w(1-f)E_3=[\rho_w(1-f)]^2 E_2 \tag{4.53}$$

同理,可以求得以后任意次的辐照度,因此在球面上任意点 D 的辐照度为

$$\begin{aligned}E&=E_1+E_2+E_3+E_4+\cdots=\\&E_1+E_2[1+\rho_w(1-f)+\rho_w{}^2({}^1-f)2+\cdots]=\\&E_1+\frac{E_2}{1-\rho_w(1-f)}\end{aligned} \tag{4.54}$$

式中,E_1 为漫射样品表面 B 直接照射在 D 点产生的辐照度。

E_1 的大小与 D 点的位置有关。现在 B,D 之间放一挡板,挡去直接照向 D 点的光,则 $E_1=0$,因而在 D 点的辐照度变为

$$E=\frac{E_2}{1-\rho_w(1-f)} \tag{4.55}$$

将式(4.50)代入上式得

$$E=\frac{\rho_w\rho_B\varphi_0(1-f)}{4\pi r^2[1-\rho_w(1-f)]} \tag{4.56}$$

然后用已知反射率为 ρ_0 的标准反射体代替样品测得相同 D 点的辐照度为

$$E_0=\frac{\rho_w\rho_0\varphi_0(1-f)}{4\pi r^2[1-\rho_w(1-f)]} \tag{4.57}$$

则样品的反射率为

$$\rho_B=\frac{E}{E_0}\rho_0 \tag{4.58}$$

实际上，样品、标准反射体及球内壁都会有一定辐射，这样会在探测器上产生一个信号。假定分别放置样品及标准反射体并不提供入射光线时，探测器输出信号分别为 E'，E'_0，则样品的反射率为

$$\rho_B=\frac{E-E'}{E_0-E'_0}\rho_0 \tag{4.59}$$

(2) 材料光谱透射率的测量

用积分球测量透射率，测量装置原理如图 4.22 所示。积分球内安置一挡板，以免由样品入射的光直射到探测器上；同时为避免入射到样品上的光由样品散射到积分球入射孔以外的部分，入射光的口径比积分球的入射口径小。

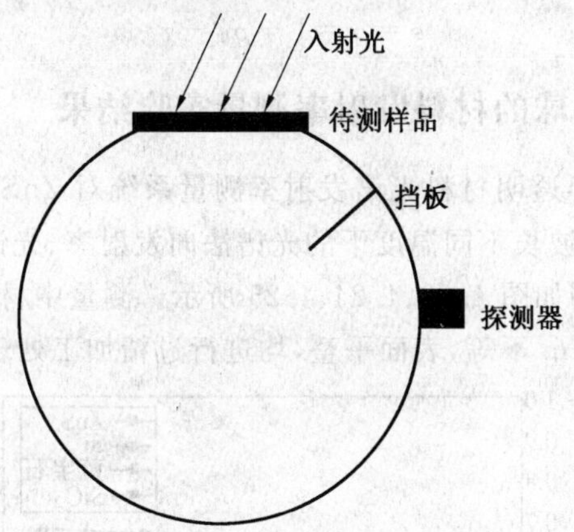

图 4.22　积分球测透射率原理图

类似于积分球测量反射率原理，透过样品进入积分球内的光在球内经过多次漫反射后，均匀照射在球内壁上，则球内壁任意一点处辐照度为

$$E=\frac{\rho_w\tau\varphi_0}{4\pi r^2[1-\rho_w(1-f)]} \tag{4.60}$$

式中，τ 为样品透射率。

测量时，将样品移入、移出光路，得到探测器两次读数的比值，但读数比并不能精确地代表样品的透射率。因为将待测样品移入光路时，一般与积分球入射孔有接触，以便将由样品入射的半球空间内的辐射通量都收集到球内，同时会有一部分本来应该从入射孔出射的光被试样反射回积分球。这种变化取决于入射孔的面积和球内表面面积之比以及样品表面的反射率，这部分光在球内壁面产生的辐照度为

$$E_B=\frac{\rho_w}{4\pi r^2[1-\rho_w(1-f)]}S_B\rho E \tag{4.61}$$

式中，S_B 为积分球上入射孔面积；ρ 为待测半透明材料反射率。

考虑待测样品的反射，探测器实际接收的辐照度为

$$E' = E + E_B \tag{4.62}$$

移去待测样品后，探测器接收到的辐照度为

$$E_0 = \frac{\rho_w \varphi_0}{4\pi r^2 [1 - \rho_w (1 - f)]} \tag{4.63}$$

样品的透射率为

$$\tau = \frac{E'}{E_0} \cdot \left[1 + \frac{\rho_w \rho S_B}{4\pi r^2 [1 - \rho_w (1 - f)]}\right]^{-1} \tag{4.64}$$

(3) 材料光谱发射率的获取

利用上述测量方法测量得到了材料的反射率和透射率，则该材料的光谱吸收率的表达式为

$$\alpha = 1 - \rho_B - \tau = 1 - \frac{E - E'}{E_o - E'_o} \rho_o - \frac{E'}{E_0} \cdot \left[1 + \frac{\rho_w \rho S_B}{4\pi r^2 [1 - \rho_w (1 - f)]}\right]^{-1} \tag{4.65}$$

根据基尔霍夫定律可最终得到材料光谱发射率表达式为

$$\varepsilon = \alpha = 1 - \rho_B - \tau \tag{4.66}$$

4.4.2　基于积分球的材料发射率测量实验结果

利用基于积分球的半透明材料光谱发射率测量系统对 ZnS，Si、蓝宝石及 SiO_2 四种半透明材料在 1 064 nm 波长不同温度下的光谱法向发射率、光谱透射率、光谱法向－半球反射率的测量结果分别如图 4.23、4.24、4.25 所示。测量中材料试样呈圆形片状，直径为 50 mm，厚度 1～3 mm 不等，表面平整，均进行过精加工处理，如图 4.26 所示。

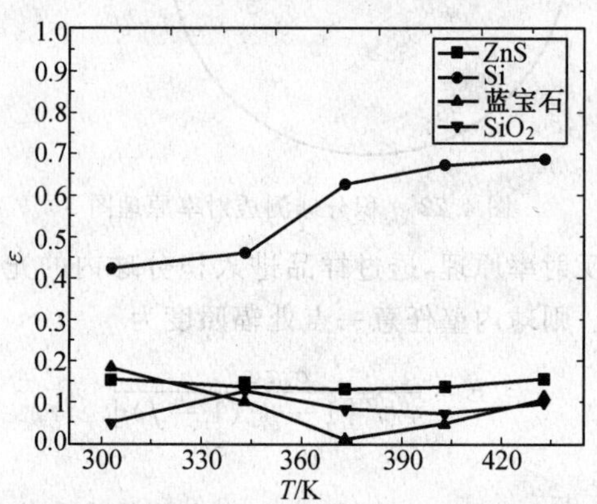

图 4.23　四种半透明材料在 1 064 nm 波长下的光谱发射率的测量结果

由图 4.23 可看出，在 300～450 K 的温度范围内，ZnS 法向光谱发射率基本保持在 0.15 左右；蓝宝石法向光谱发射率在 0～0.2 之间出现较大波动；SiO_2 法向光谱发射率变化基本平稳，在 0.1 附近小幅波动；而对于纯 Si 则出现明显的增长趋势，法向光谱发射率基本在 0.5 以上。

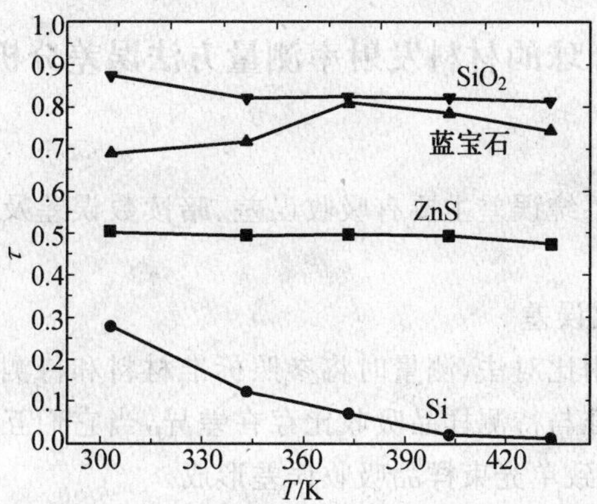

图 4.24　四种半透明材料在 1 064 nm 波长下的光谱透射率的测量结果

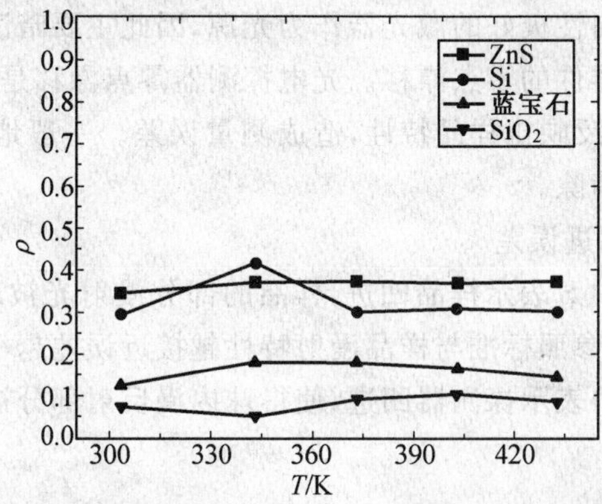

图 4.25　四种半透明材料在 1 064 nm 波长下的光谱法向－半球反射率的测量结果

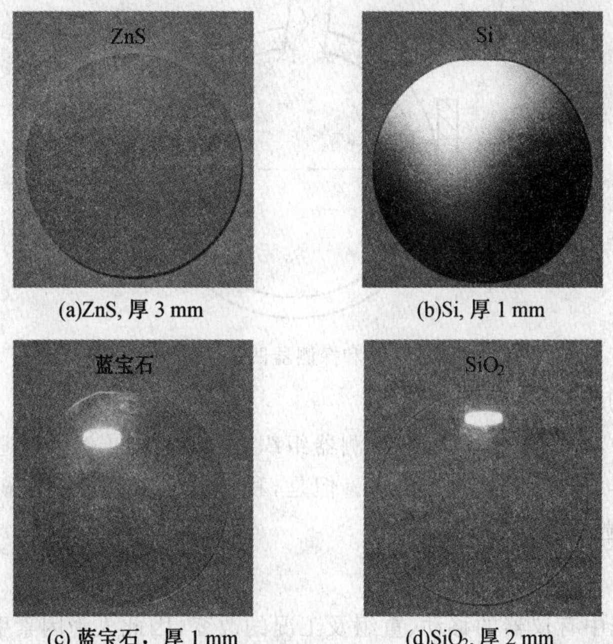

(a)ZnS, 厚 3 mm　(b)Si, 厚 1 mm

(c) 蓝宝石，厚 1 mm　(d)SiO_2, 厚 2 mm

图 4.26　四种半透明材料试样实物图

4.4.3　基于积分球的材料发射率测量方法误差分析

1. 系统误差

该测量系统存在的系统误差主要有吸收误差、暗读数误差及积分球结构误差等几方面。

(1) 单光束样品吸收误差

由于该测量系统采用比对法，测量时将参照标准材料和待测样品依次放在积分球的样品接口。由于参照标准与待测样品吸收比存在差异，当它们互换时积分球壁的平均反射率将发生变化，从而导致单光束样品吸收误差形成。

(2) 暗读数误差

该测量系统使用方向性极好的激光器作为光源，因此主要暗读数来源于环境辐射、样品本身辐射及光电探测器件的零点漂移。光电探测器零点漂移是指探测器无光照时却有信号输出，这种信号不能反映出样品特性，造成测量误差。一般地，暗读数误差可通过遮挡入射光束时仪器调零消除。

(3) 样品和探测器凹进误差

如图 4.27 所示，图中 S 表示样品凹进，样品的部分漫射光被球壁阻挡而不能发射回积分球，造成数值减小。参照标准与样品漫射特性越接近误差越小，实验中样品应该尽可能贴近球的内壁。图中 D 表示探测器凹进，使得球内漫反射部分被凹进壁面吸收，造成误差。

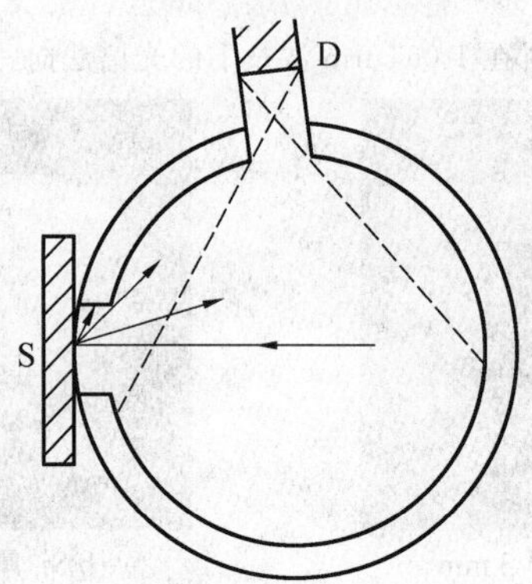

图 4.27　样品和探测器凹进误差示意图

(4) 积分球内屏引起误差

该测量系统中，把积分球同光源、探测器组织在一起，加屏就不可避免。屏的作用是阻止样品和探测器之间的光束直接传递。但是，积分球内安装屏会使积分球偏离积分球理想条件，这不可避免会产生误差。

2. 随机误差

由于测量过程中有仪器的移动、重组及工况的改变，因此人为因素引起的随机误差必然存在，该系统随机误差主要来源于以下两个方面。

(1) 激光瞄准误差

该测量系统所使用的样品直径为 50 mm，激光器瞄准角度即便变化微小也会造成激光照射点较大的偏离。激光照射点与角度的关系如图 4.28 所示。

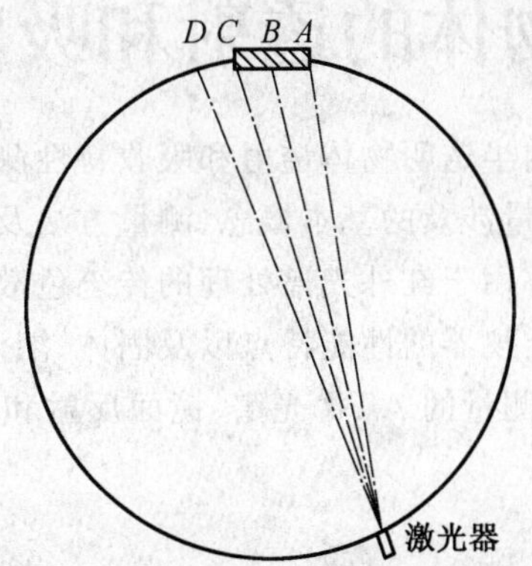

图 4.28　激光照射点与角度的关系示意图

从图中可以看出，随激光器角度微小变化，激光照射点可能出现在 A,B,C,D 四个位置。在 A,C 点，会因为样品与积分球壁之间存在的微小缝隙使得部分或大部分激光通过缝隙漏出积分球，而使得读数偏小；B 点是理想位置，激光应当能够精准地照射在该点；D 点为积分球内壁上的点，与样品几乎无关，应当避免照射在该处。

(2) 探测器零点漂移误差

虽然在进行测量之前，已通过探测器清零消除背景辐射及样品本身辐射的影响。但是，探测器零点漂移现象依然存在。为了有效控制零点漂移误差，测量时应适当增大激光功率，使得探测器输出值增大。这样可降低探测器零点漂移对测量结果的影响。

4.5　小　结

发射率是表征实际物体表面辐射本领的物理量，不仅与材料组分有关，还与材料的表面条件、温度、波长等因素有关，是一项极其重要的热物性参数。本章介绍了材料发射率测量方法和原理，包括量热法、反射法、能量法和多波长法，给出了各种测量方法的优缺点。重点介绍了基于傅里叶红外光谱仪、基于红外测温仪、基于积分球的三种不同发射率测量方法和原理，阐述了半透明材料和不透明材料测量的区别，并对一系列材料进行了实验测量和误差分析。

第 5 章　物体的透射和吸收特性测量

本章在对红外辐射波段内半透明物体透射和吸收特性测量方法发展历程介绍的基础上，针对其透射和吸收特性测量涉及的基本概念、测量方法及测量仪器分别进行了介绍。

通过本章的内容可以了解用于红外光谱处理的传统色散光谱仪以及目前广泛使用的傅里叶变换红外光谱仪等各类仪器的性能特点以及固体、溶液、液体和气体样本的制样方法，掌握用于透射和吸收特性测量的 ATR 光谱、镜面反射和漫反射等反射测量和透射测量方法。

5.1　透射和吸收红外特性测量方法发展历程

长期以来国际上的学者与研究机构对流体热辐射物性测量方法进行了大量的研究。到目前为止，对流体热辐射物性测量的认识深度、方法完善程度大致经历了从常温到高温，从稳定的小分子化合物到高分子化合物热辐射物性测量的发展历程。

早期的研究中，这一领域最著名的研究是 Tien 及其合作者对碳水化合物燃料和甲基丙烯酸甲酯热辐射物性参数测量的研究，以及 Fuss 等对烷烃类碳氢化合物和酸性气体热辐射物性参数测量的研究。1965 年 Tien 利用单色仪，对不同波段分别采用 BaF_2，NaCl，KBr 材料作为红外窗口，设计用于二氧化碳、水蒸气(H_2O) 等气体高温热辐射吸收系数的测量方法。1980 年，Tien 和 Brosmer 在此方法基础上，针对低分子碳氢燃料，发展了 600 K 温度下燃料的热辐射吸收系数的测量方法，通过该方法测量的甲烷(CH_4)、丙烯(C_3H_6)、乙炔、甲基丙烯酸甲酯($C_5H_8O_2$) 高光谱分辨率吸收系数，对宽谱带和窄谱带模型都适用。目前，在燃烧和计算辐射传输方程以及火焰模拟中仍然应用他们的实验数据及理论外推数据。

20 世纪 70 年代，Ludwig 对燃气热辐射吸收系数实验方法与测量结果进行汇总，对二氧化碳(CO_2)、一氧化碳(CO)、水蒸气等燃烧产物归纳出实验关联的吸收系数计算公式，常用于燃烧室内热辐射换热的理论计算。1993 年，Grosshandler 等根据 Ludwig 及 Tien 的实验测量数据建立了窄谱带吸收系数数据库 RADCAL。Rothman 等编辑了用于大气光谱传输的 HITRAN 和 HITEMP 数据库的数据来计算吸收系数，并不定期加以数据补充与修订。虽然 HITRAN，HITEMP 最新数据库(2004 版) 包含 39 种物质的逐线计算的信息，但碳氢燃料及其燃烧中间产物的常温及高温热辐射物性参数由于测量方法的限制而缺乏。

20 世纪 90 年代以来，由于 FTIR(傅里叶红外光谱仪) 被广泛应用，基于该装置的光谱发射率测量系统和设备逐渐淘汰了传统的棱镜式、光栅式和渐变滤光片式等色散型光谱分析仪。半透明材料热辐射测量方法进一步得以提升，研究者逐渐采用吸收腔的测量形式，通过氮气等缓冲气体来测量吸收性气体的光谱特性。

1996 年 Fuss 等利用 FTIR,BaF_2 红外窗口,设计了一套同时测量气体吸收截面和温度(296～900 K)的装置,测量的分辨率为 4 cm^{-1},如图 5.1 所示,1999 年利用该装置测量了 3.4 μm 谱带下甲烷、乙烷、丙烷和丁烷的吸收光谱。基于其测量数据针对丙烷,Fuss 提出了一种将常温辐射物性参数外推至高温的方法。

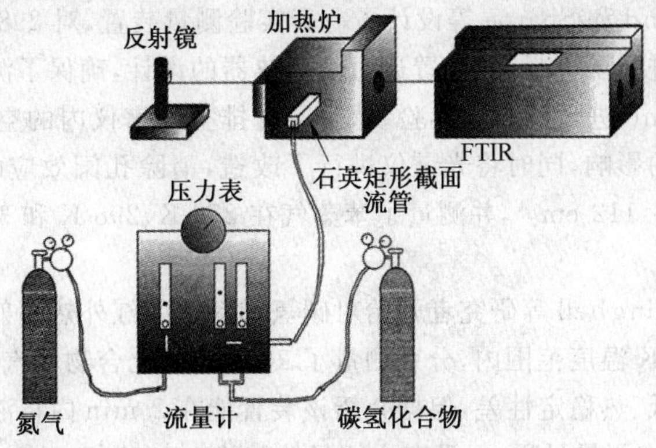

图 5.1　Fuss 实验装置

2002 年,Modest 设计了一套同时测量气体热辐射物性和温度(300～1 550 K)的装置,分辨率为 4 cm^{-1},如图 5.2 所示,并利用该装置测量了 4.3 μm、2.7 μm 时二氧化碳和水的穿透率。该装置通过巧妙布置红外窗口使其只在测量高温区停留短暂的时间,而不必承受很高的温度。2006 年,Modest 基于数值分析,进一步改进测量方法,减弱 KCl 窗口反射的影响以及加热炉自身发射的影响,并增加了 15 μm 谱带。虽然该装置既可作为发射装置,也可以用作穿透装置,但是存在信号强度很弱、落管直径太小,而且需要考虑高温电炉自身辐射信号的影响等缺点。

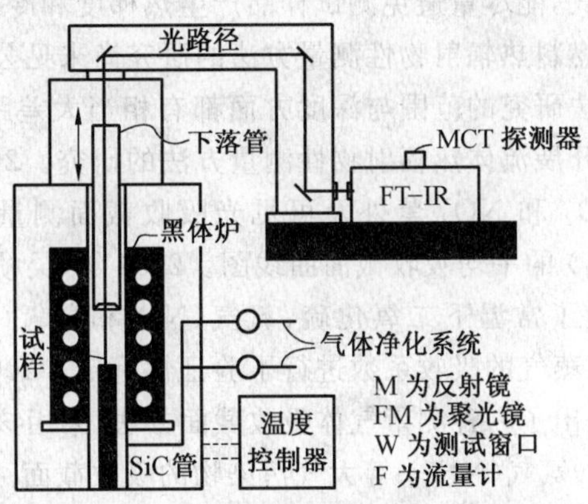

图 5.2　Modest 实验装置

2003 年,James 设计了一套常温(295 K)下测量气体吸收截面的装置,测量了几种碳氢化合物蒸气在 3.39 μm 处的吸收系数。2005 年,Mohammadreza 基于二极管激光传感器设计了一套测量吸收光谱的实验装置。

2005 年,Wakatsuki 基于一台光路改进的 FTIR,设计了一套用于测量流体热辐射吸收截面和温度(300～1 000 K)的装置,利用该装置可测量气体和液体燃料的红外光谱参数,并开展了丙烷、庚烷、甲醇、甲苯、丙烯和聚甲基丙烯酸甲酯的吸收系数的实验测量,依据试验结果归纳了其与温度的关系式。但由于该装置通过引入氮气对硒化锌窗口进行冷却来保持窗口材料的光谱透过性,使被测流体内存在较大的温度梯度,而在实验测量分析中没有考虑该因素的影响。

2005 年,Rinsland 和 Sharpe 等设计了一套实验测量装置,对 298 K、323 K 温度下氰化甲烷的吸收光谱进行了测量,该装置通过对加热器的设计,确保了测量流体温度的可靠性。2008 年,Rinsland 进一步改进实验装置,通过排空光谱仪内的空气降低水蒸气和二氧化碳对测量精度的影响,同时将光谱仪进行了改造,消除孔阑效应的影响,使设备中红外光谱分辨率达到 0.112 cm^{-1},并测量了苯蒸气在 278 K、298 K 和 323 K 下的辐射吸收性。

2007 年以来,Klingbeil 等研究者开始对碳氢燃料中的红外热辐射物性测量方法进行研究,在 298 ~ 773 K 温度范围内,分别测量了 26 种碳氢化合物和汽油的吸收截面,虽然碳氢燃料导热性能低、热稳定性差,但据介绍该装置能在 2 min 内将液态燃料从常温加热至 773 K 高温,并完成测量过程,但没有介绍具体措施。2009 年,针对高温热环境,考虑到碳氢燃料的热稳定性,Klingbeil 等采用激波管同时作为加热与测量腔,在毫秒时间范围内将气体混合物加热到统一的高温,以便在样品分解之前进行测量。该装置最高温度达到 1 300 K,但由于红外窗口材料限制只能选用耐高温的蓝宝石窗口,而蓝宝石在 1 700 cm^{-1} 波段以下不具有透过性使其测量波段有限。

2010 年,Grosch 等设计了一套实验测量装置来分析温度、压力对碳氢燃料中红外吸收截面的影响。然而受密封垫圈温度限制,实验的最高温度为 473 K,采用该装置对压力 1.8 MPa 以下、温度范围 298 ~ 473 K 环境下的碳氢化合物的中红外吸收截面进行测量。该装置通过多层加热方式,能尽量避免测试样品产生热梯度和冷凝。

国内对大分子碳氢燃料热辐射物性测量方法的研究尚未见公开报道,与国外相比,在流体热辐射物性测量方法研究的范围与深度方面都有相当大差距。近年来,一些学者从大气污染物检测的角度开展流体热辐射物性测量方法的研究。2001 年,魏合理利用单色仪设计了一种常温下 SO_2 和 NO_2 紫外及可见光吸收截面测量方法,得到了二氧化硫(SO_2)和二氧化氮(NO_2)的平均吸收截面曲线图。2004 年,吴桢等利用差分吸收光谱技术,利用光栅光谱仪测量了常温下二氧化硫、氮气(N_2)和臭氧(O_3)的吸收截面。2005 年,李君等对某波段下水蒸气的吸收系数进行了验证性标定。2006 至 2009 年,周洁等基于光栅单色仪、氙灯等提出了一种测量气体吸收截面方法,采用该方法分别测量了 298 ~ 415 K 温度下,二氧化硫、氨气(NH_3)等大气污染物的吸收截面。2008 年,崔厚欣等基于差分吸收光谱法,研究了 373 K 温度下二氧化硫和二氧化氮吸收截面的特性。而在碳氢燃料的热辐射物性测量方法研究方面国内几乎空白,导致在燃烧室等高温传热数值模拟中涉及的相关参数仍采用国外 20 世纪 70 年代常温下的实验关联公式。

5.2 透射和吸收红外特性基本概念

在生活应用中使用大量的半透明介质,它们在红外波段往往有一个半透明带,其光谱性质参数通常包括吸收系数、反射率和发射率等，而这些参数可由介质的光学常数(也称复折射率)计算获得。由于目前物理光学、光谱学和辐射传热等学科对半透明介质的光谱性质参数和光学常数表征不统一，下面介绍涉及的光谱性质参数及光学常数等概念。

光学常数包括吸收指数和折射指数(也称折射率)，而吸收指数、折射率共同构成了复折射率的实部和虚部，复折射率的表达式为

$$m(\lambda)=n(\lambda)-\mathrm{i}k(\lambda) \tag{5.1}$$

式中，$m(\lambda)$ 为波长 λ 下介质的复折射率；$k(\lambda)$(以下简写为 k)，$n(\lambda)$(以下简写为 n) 分别为波长 λ 下介质的光谱折射率和光谱吸收指数。

当光谱吸收指数已知时，则介质的光谱吸收系数满足

$$\alpha(\lambda)=\frac{4\pi k}{\lambda} \tag{5.2}$$

式中，$\alpha(\lambda)$(以下简写为 α) 为波长 λ 下介质的光谱吸收系数，1/m。

由 Fresnel 定律可知，介质的光谱反射率 $\rho(\lambda)$(简写为 ρ) 由下式确定

$$\rho(\lambda)=\frac{(n-1)^2+k^2}{(n+1)^2+k^2} \tag{5.3}$$

由 Beer 定律可知，介质的光谱吸收率为

$$a(\lambda)=1-\exp(-\alpha L) \tag{5.4}$$

式中，$a(\lambda)$ 为波长 λ 下介质的光谱吸收率；L 为介质的厚度，m。

介质的光谱透射率为

$$\tau(\lambda)=\exp(-\alpha L) \tag{5.5}$$

式中，$\tau(\lambda)$ 为波长 λ 下介质的光谱透射率。

根据基尔霍夫定律，介质的光谱发射率与吸收率满足以下关系式

$$\varepsilon(\lambda)=a(\lambda) \tag{5.6}$$

式中，$\varepsilon(\lambda)$(以下简写为 ε) 为波长 λ 下介质的光谱发射率。

液态半透明介质试验研究中透射比、反射比及吸收比通常为基本的测量光谱参数，以此为依据反演液态半透明介质的其他光谱性质参数。其中透射比为半透明介质的透射特性指标，定义为透射能量与入射能量的比值；反射比为半透明介质的反射特性指标，定义为反射能量与入射能量的比值；吸收比为半透明介质的吸收特性指标，定义为吸收能量与入射能量的比值。

5.3　透射和吸收红外特性测量仪器

红外光谱法是一种多用途的实验技术，不论试样是溶液或液体、固体、气体，红外光谱都是相对容易获得的数据。本节主要介绍红外光谱测试仪器的组成、原理及基本特点。

由于红外光谱的广泛应用以及仪器制造工艺的进步和电子技术及计算机技术的大量应用，红外光谱仪已成为实验室的常规仪器。目前，红外光谱仪可分为色散型红外光谱仪(红外分光光度计)及傅里叶变换红外光谱仪两大类型。早期，红外光谱通常依据色散型的红外光谱仪获得，20 世纪 90 年代以来，色散型仪器逐渐被傅里叶变换红外光谱仪所取

代，由于其能显著地提高红外光谱的采集效率而成为现阶段的主流方法。在本节中，我们将详细介绍这两类典型的红外光谱测量仪器。

5.3.1 红外分光光度计

红外分光光度计发展于20世纪初，随着电子技术的高速发展以及相应的检测器、辐射源、透光材料问题的解决，1947年研制成功双光束自动记录红外分光光度计，即第一代红外分光光度计，但由于采用氯化钠(NaCl)等材料所制成的人工晶体棱镜作为色散元件，仪器的分辨率和测定波长范围均受限制。20世纪60年代后，由于光栅制造技术以及消除多级次光谱的重叠干扰滤光片技术的发展，以光栅代替棱镜作为色散元件的红外分光光度计即第二代红外分光光度计投入了使用。相对于第一代红外分光光度计，其具有较高的分辨率，测定波长范围可延伸至近红外和远红外区，对工作环境的要求也有所降低，因而光栅型仪器逐渐替代棱镜型仪器。

红外分光光度计的色散系统是光路系统和色散元件组成的单色器，其作用是将连续光源的光线色散为单色光，是仪器的核心组成部分。图5.3为采用光栅单色仪的光路图。当入射到入射狭缝处的光能准确地照射到色散元件上时，就会发生色散，然后分散的辐射被反射回位于探测器之外的出射狭缝处，然后通过旋转单色仪内一个恰当的组件就能扫描到在出射狭缝处的色散光谱。出射狭缝和入射狭缝处的宽度有多种可能，这一设计是为了弥补光源处波数的任意变化。若没有放入样品，那么在扫描光谱时，检测器将会接收到恒定能量的辐射。

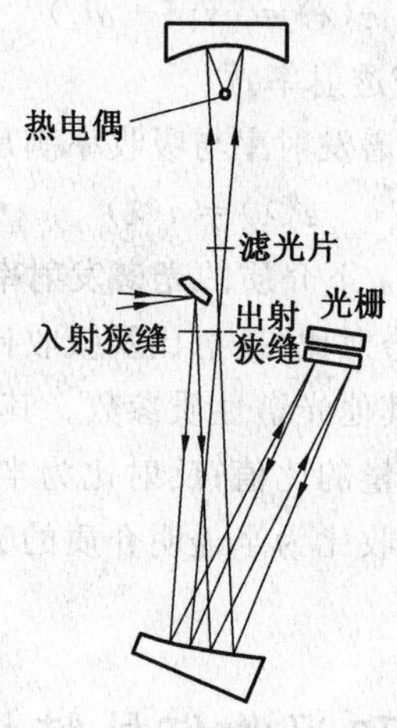

图5.3 双光路单色器光路示意图

在红外仪器设计时，必须考虑到大气中二氧化碳和水蒸气对仪器光束的吸收的影响。图5.4显示的是大气的吸收光谱。这一影响可以考虑通过设计双光束来消除，即将光束从光源处分成两条光束，这两条光束将分别通过样品室中的样品和参考路径，然后将由它们提取出来的信息分配和处理以获得所需样品的光谱。

图5.5为色散型红外光谱仪的光路图。图中，光源光被分成两束，分别作为参比和样品光束通过样品池。各光束交替通过扇形旋转镜M7，利用参比光路的衰减器对经参比

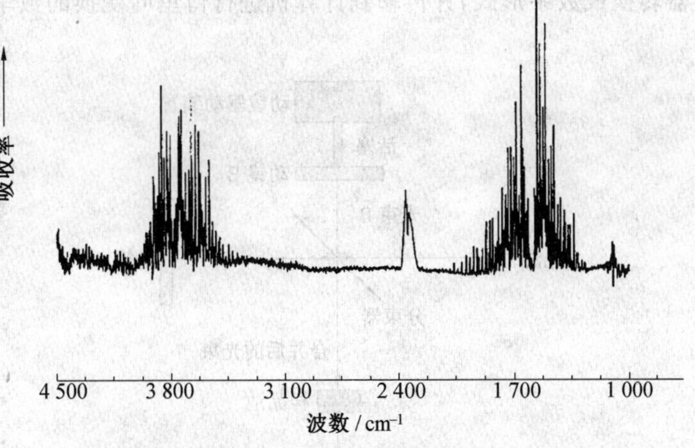

图 5.4　大气(CO_2 和 H_2O 等)吸收红外光谱

光路和样品光路的光的吸收强度进行对照。因此通过参比和样品后溶剂的影响被消除，得到的谱图只是样品本身的吸收。

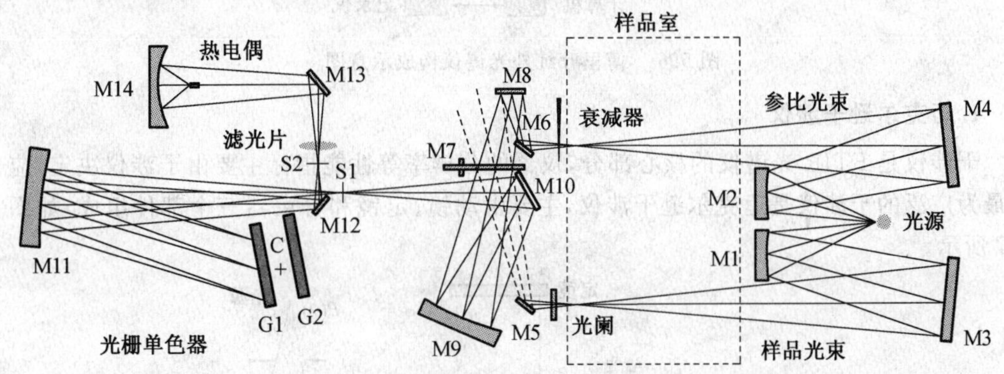

图 5.5　红外分光光路计光路图

分光光度计配备的检测仪必须具备足够的灵敏度，使得它能够分辨出在整个所需光谱区域内从样品和单色仪发出的辐射。除此之外，光源功率强度必须足够大，使得它能满足波数范围和透射率范围的要求。

色散光谱仪的根本问题在于它的单色器，其内部设有入射口和出射口处的窄狭缝，这些狭缝将到达检测器的辐射的波数范围限制在可分辨宽度内。我们需要一种能快速测量的样品，比如，层析柱中的洗脱剂，不能用低灵敏度的仪器研究，因为这些仪器无法在高速下扫描。然而，通过使用傅里叶红外光谱仪有克服这些限制的可能。

5.3.2　傅里叶红外光谱仪

傅里叶红外光谱仪(FTIR)是利用干涉图与光谱图之间的对应关系，通过测量干涉图并对干涉图进行傅里叶积分变换的方法来测定和研究近红外光谱。图 5.6 中示意性地表示出了 FTIR 光谱仪的基本组成部分。从光源发出的辐射在到达检测仪之前要先通过样品的干涉效应，信号一旦放大，其中的高频度影响将由一个过滤器消除，得到的数据由模拟数字转换器转换成数字形式，并传输到计算机进行傅里叶变换的数学处理，把干涉图还原成光谱图。

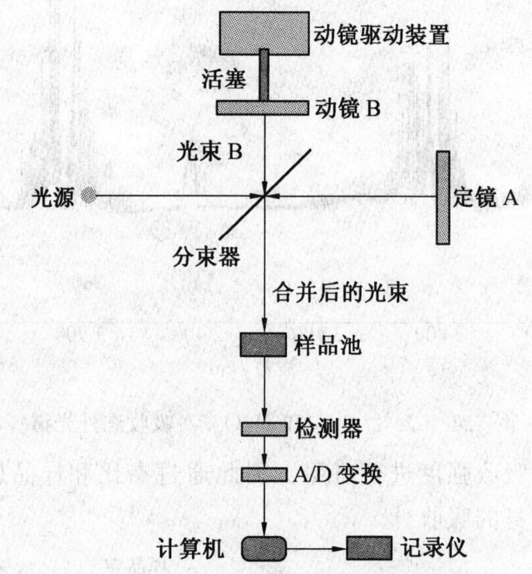

图 5.6　傅里叶红外光谱仪构成示意图

1. 迈克尔逊干涉仪

干涉仪是 FTIR 光谱仪的核心部分，仪器的分辨率等性能指标主要由干涉仪决定，应用最为广泛的干涉仪是迈克尔逊干涉仪，主要由动镜、定镜和分束器三个部件组成，如图 5.7 所示。

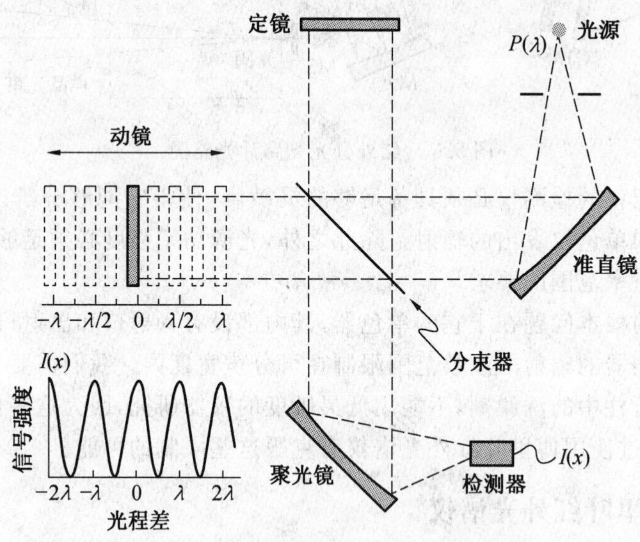

图 5.7　迈克尔逊干涉仪示意图

传统的迈克尔逊干涉仪系统包括两个互成 90° 角的平面镜、光学分束器、光源和检测器。平面镜中一个固定不动的为定镜，另一个沿图示方向平行移动的为动镜。动镜在运动过程中应时刻与定镜保持 90° 角。为了减小摩擦，防止振动，通常把动镜固定在空气轴承上移动。光学分束器具有半透明性质，放于动镜和定镜之间并和它们成 45° 角，使入射的单色光 50% 透过，50% 反射，使得从光源射出的一束光在分束器被分成两束：反射光 A 和透射光 B。A 光束垂直射到定镜上；在那里被反射，沿原光路返回分束器，其中一半透过分束器射向检测器，而另一半则被反射回光源。B 光束以相同的方式穿过分束器射到动镜上；在那里同样被反射，沿原光路返回分束器；再被分束器反射，与 A 光束一样射向检测器，而另一半则透过分束器返回原光路。A，B 两束光在此会合，形成具有干涉光特性的相干光；当动镜移动到不同位置时，即能得到不同光程差的干涉光强。

传统的迈克尔逊干涉仪工作过程中，当动镜移动时，难免会存在一定程度的摆动，使得两个平面镜互不垂直，导致入射光不能直射入动镜或反射光线偏离原入射光的方向，从而得不到与入射光平行的反射光，影响干涉光的质量。外界的振动也会产生相同的影响。因此经典的干涉仪除需经十分精确的调整外，还要在使用过程中避免振动，以保持动镜精确地垂直定镜，获得良好的光谱图。

为提高仪器的抗振能力，目前使用的干涉仪分为空气轴承干涉仪、机械轴承干涉仪、双动镜机械转动式干涉仪、皮带移动式干涉仪、悬挂扭摆式干涉仪、角镜型楔状分束器干涉仪、角镜型迈克尔逊干涉仪等。各大厂商均有各自的专利技术，例如 Bruker 公司开发出的三维立体平面角镜干涉仪，其实质是用立体平面角镜代替了传统干涉仪两干臂上的平面反光镜。由立体角镜的光学原理可知，当其反射面之间有微小的垂直度误差及立体角镜沿轴方向发生较小的摆动时，反射光的方向不会发生改变，仍能够严格地按与入射光线平行的方向射出。由此可以看出，采用三维立体角镜后，可以有效地消除动镜在运动过程中因摆动、外部振动或倾斜等因素引起的附加光程差，从而提高了整体的抗振能力。

分束器是干涉仪中的重要部件，光束不管是以 45° 或其他角度入射分束器表面，理想的分束器都应该有 50% 的光通过分束器，50% 光在分束器表面反射，达到将一束光均分为两束光的目的。目前，FTIR 光谱仪中使用的分束器主要有基质镀膜分束器和自支撑分束器两类。

基质镀膜分束器是在透红外光的基片上蒸镀上一层薄膜。中红外使用的分束器是在 KBr 或 CsI 基片上蒸镀 1 μm 厚的 Ge 薄膜；近红外分束器是在 CaF_2 或石英基片上蒸镀小于 1 μm 厚的薄膜。自支撑分束器多用于远红外波段，由于目前没有一种基质在整个远红外波段（400 ～ 10 cm^{-1}）是透光的，因此远红外分束器不能采用基质镀膜分束器。很多 FTIR 光谱仪测定远红外光谱使用的分束器为聚酯薄膜分束器，当使用的聚酯薄膜厚度大于 6 μm 时，可将薄膜固定在金属框架上，即为自支撑分束器。

2. 傅里叶变换

红外光谱仪中所使用的红外光源发出的红外光是连续的，从远红外、中红外到近红外区间，是由无数个无限窄的单色光组成的。当红外光源发出的红外光通过干涉仪时，每一种单色光都发生干涉，产生干涉光。红外光源的干涉图就是由无数个无限窄的单色干涉光组成的。

为了更好地理解干涉仪中多色光的干涉情况，首先考虑单色光的干涉情况。如果一束理想的单色光波长为 λ（单位：cm），波数为 ν（单位：cm^{-1}，即波长的倒数），二者的关系为

$$\nu = \frac{1}{\lambda} \tag{5.7}$$

假定分束器无衰减,反射率和透射率各为50%,即50%的光反射到定镜,又从定镜反射回分束器;另外50%光透过分束器到达动镜后再反射回分束器。两束光传输距离的差值即为光程差。

若定镜和动镜到分束器的距离相等,即光程差为零,从定镜和动镜反射回分束器的两束光相位完全相同,相加后不会发生干涉;当动镜移动 $\lambda/4$ 时,光程差为 $\lambda/2$,即相位相差半个波长,两束光发生干涉;当动镜移动 $\lambda/2$ 时,光程差为 λ,即相位相差一个波长,相位完全相同,与零光程差时一致;若动镜以匀速移动,检测器检测到的信号强度呈正弦变化,即单色光的干涉图是一个正弦波。当光程差等于单色波长的整数倍时,到达检测器的信号最强。

由于动镜以匀速移动,检测器检测到的干涉光的强度是光程差的函数,以符号 $I'(\delta)$ 表示,则检测器检测到的干涉光的强度可表示为

$$I'(\delta) = 0.5I(\nu)[1 + \cos(2\pi\nu\delta)] \tag{5.8}$$

式中,$I(\nu)$ 为波数为 ν 的单色光光源的强度。

光的强度 $I'(\delta)$ 由两部分组成,常数项 $0.5I(\nu)$,余弦调制项 $0.5I(\nu)\cos(2\pi\nu\delta)$。在光谱测量中主要依靠余弦调制项,干涉图就是由余弦调制项产生。单色光通过理想干涉仪得到的干涉图 $I(\delta)$ 可表示为

$$I(\delta) = 0.5I(\nu)\cos(2\pi\nu\delta) \tag{5.9a}$$

由于检测器检测到的干涉图强度不仅正比于光源强度,而且受分束器效率、检测器的响应和放大器的特性影响。通常后三个因素对于某特定仪器的影响不变,为常量。因此,干涉光强应加上一个与波数相关的因子 $H(\nu)$,则式(5.9a)变为

$$I(\delta) = 0.5H(\nu)I(\nu)\cos(2\pi\nu\delta) \tag{5.9b}$$

将 $0.5H(\nu)I(\nu)$ 视为仪器特性修正后的波数为 ν 的单色光光源强度,用 $B(\nu)$ 表示,则式(5.9b)可简化为

$$I(\delta) = B(\nu)\cos(2\pi\nu\delta) \tag{5.9c}$$

上式即为波数为 ν 的单色光的干涉图方程。数学上,$I(\delta)$ 被称为 $B(\nu)$ 的余弦傅里叶变换。

当光源是一个连续的光源时,干涉图用积分形式表示,即对单色光的干涉图方程式(5.9c)进行积分,即

$$I(\delta) = \int_{-\infty}^{+\infty} B(\nu)\cos(2\pi\nu\delta)\mathrm{d}\nu \tag{5.10}$$

式中,$I(\delta)$ 表示光程差为 δ 时,检测器检测到的信号强度。这个信号是全波长范围内对所有波数进行积分得到的,即所有不同波长的光强叠加。

式(5.10)得到的只是干涉图,为了得到红外光谱图,要对式(5.10)进行傅里叶逆变换,即

$$B(\nu) = \int_{-\infty}^{+\infty} I(\delta)\cos(2\pi\nu\delta)\mathrm{d}\delta \tag{5.11}$$

上述两个方程是余弦傅里叶变换对,也是傅里叶变换光谱学的基本方程。因此,通过

测量理论上可以获得全光谱高分辨率的光谱，但此时干涉仪的动镜必须扫描无限长的距离，同时若进行傅里叶变换，必须在无限小的光程差间隔中采集数据，才能满足上述条件。实际上，红外光谱干涉仪中的动镜扫描距离是有限的，而且数据采集间隔也是有限的。

3. 优点

傅里叶红外光谱法的灵敏度、分辨率、能量利用率和精度等各项指标全面优于色散分光法，这些优点使得傅里叶方法具有极大的灵活性，有效提高了光谱的质量。

色散型仪器的光源经过前后两个狭缝，使得色散分光的绝大部分被狭缝所阻挡，因此能量损失很大，最终到达检测器的能量仅是光源总能量的极小部分；傅里叶红外光谱法的光源功率绝大部分得了利用，有效提升了信噪比。即傅里叶红外光谱仪具有多通道发射功能，测定的是与时间域有关的信号，充分利用了连续光源的能量，而色散型仪器的狭缝制约了多通道发射功能。傅里叶红外光谱仪动镜一次运动完成一次扫描所需时间仅为一至数秒，可同时测定所有的波数区间，而色散型仪器在任一瞬间只观测一个很窄的频率范围，一次完整的扫描需数分钟。这些因素有效提升了傅里叶红外光谱法的分析速度和信噪比。

5.4　红外特性测量的透射法

透射法是一种最古老、最直接的红外测量方法，可直接获得材料的透射光谱或者透射比，以其为基础可反演获得其他光谱性质参数。它的测量原理是基于红外辐射能量会随着传输距离而衰减，因此可以用于液体、固体或者气体形态的样品红外光谱特性分析。

随着傅里叶红外光谱技术的发展，开发了大量红外光谱附件。例如，利用显微红外光谱技术可以测试微量样品；对于薄膜和片材表面样品的红外光谱，可采用水平多次衰减全反射技术(ATR)。对于不同的样品要采用不同的红外制样技术，对于同一样品，也可采用不同的制样技术，采用不同的制样技术测试同一样品时，可能会得到不同的光谱，因此要根据测试目的和测试要求采用合适的制样方法，才能获得准确可靠的测试数据。

本节主要针对不同形态的试样结合透射法的特点进行测试原理与方法介绍。

5.4.1　液体及透射法测量方案

液体样品必须装在红外液池中才能开展透射法测量。根据测量样品的差异，可以选择不同类型的透射测量单元。固定光路密封单元通常用于挥发性液体测量，但是不能拆开清理。半永久性单元不仅可以拆卸，而且方便窗口的清洗，图 5.8 是半永久性单元结构示意图，其间隔片装置通常采用聚四氟乙烯(PTFE，特氟龙）制造，厚度上可以变化，因此可以在一个单元实现不同光程的测量。变路径单元包含一个可以连续调节厚度的机械结构。所有这些单元类型通过注射器填充样品，注射器端口使用 PTFE 塞密封。

可拆卸单元是目前最容易维护的，因为它可以轻松地拆卸和清洗。窗口可以打磨，并且可采用一新垫片和单元进行重组；而一体式单元很难清洗且容易被水损坏。如果要进行大量的工作，路径长就需要定期校准。变化路径长单元也会遭受类似的损害而且它们

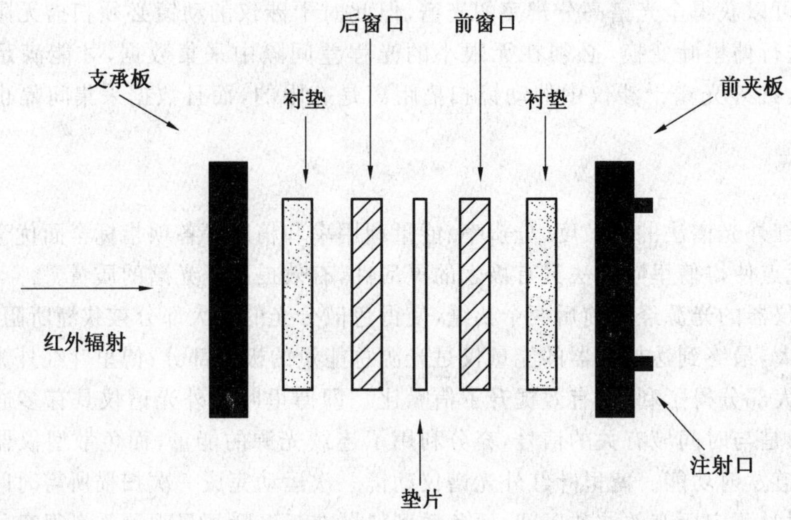

图 5.8　典型半永久式液体单元原理图

很难分开。因此其上的刻度会变得不准确，而且这些单元必须定期校准。

在选择透射测量单元时，需要重点考虑采用窗口材料的种类，窗口材料必须可以透过入射的红外辐射。这类材料中最常用的是碱性卤化物，其中最便宜的材料是氯化钠(NaCl)，除此之外的常用材料见表 5.1。

表 5.1　透射光谱中常用光学材料汇总

窗口材料	适用波长范围 /cm^{-1}	折射率	特性
NaCl	40 000 ～ 600	1.5	可溶于水；微溶于乙醇；成本低；同等抵抗机械冲击和热冲击；易于抛光
KBr	43 500 ～ 400	1.5	可溶于水和乙醇；微溶于乙醚；吸湿性；能很好地抵抗机械冲击和热冲击
CaF_2	77 000 ～ 900	1.4	不溶于水；能耐受大多数酸和碱；不起雾；适用于高压作业
BaF_2	66 666 ～ 800	1.5	不溶于水；可溶于酸和 NH_4Cl；不起雾；对机械冲击和热冲击敏感
KCl	33 000 ～ 400	1.5	与 NaCl 具有相似性质，只是溶解度降低；吸湿性
CsBr	42 000 ～ 250	1.7	可溶于水和酸；吸湿性
CsI	42 000 ～ 200	1.7	可溶于水和乙醇；吸湿性

红外光谱中，若使用水作为溶剂时会带来一些难题。液体水在中红外区有非常强的吸收谱带，这些谱带会干扰和掩盖溶质的吸收峰。由于水的吸收峰非常强，而且溶液中水的光谱与纯水的光谱也有差别，因此，即使使用光谱差减技术，也无法将水的吸收峰完全消除。为了避免水溶液中水吸收峰对溶质吸收峰的干扰，最好的办法是将溶质溶解在重水中，测试重水溶液的光谱。由于水和重水的红外光谱是互补的，因此可以根据需要选择重水或水作为溶剂，如果同时选用水和重水作为溶剂，就可以得到溶质在中红外区全波段

的光谱。表 5.2 列出了观察得到的重水和水的红外特征带。当使用水作为溶剂时，由于 NaCl 会在水中溶解，所以不能作为红外窗口材料。

表 5.2　水和重水的主要红外波段

波数 / cm^{-1}	能级跃迁类型
3 920	O－H 伸缩
3 490	O－H 伸缩
3 280	O－H 伸缩
1 645	H－O－H 弯曲
2 900	O－D 伸缩
2 540	O－D 伸缩
2 450	O－D 伸缩
1 215	D－O－D 弯曲

采用液体薄膜可以很快地测试液体样本，但是对于挥发性的液体(沸点小于100 ℃)，液膜法是不适用的。因为测量时蒸发也在进行，挥发性样本的红外谱带也会被记录，造成无法获得高质量光谱。因此，沸点低于 100 ℃ 的液体应该在变化过程中多次记录或者采用一个短路径封闭单元。如果需要对样本进行大量的分析，有必要使用一个已知路径的单元。不同溶液浓度下路径选择说明见表 5.3。

表 5.3　透射测试单元光路长度设定参考

浓度 /%	路径长度 /mm
＞10	0.05
1～10	0.1
0.1～1	0.2
＜0.1	＞0.5

5.4.2　固体

固体样品以各种不同的形态存在，有粉末、粒状、块状样品，也有薄膜、板材样品，方法的选择和测量的样品物理力学等性能密切相关，因此应根据固体样品的形态和测试目的选择制样方法。目前，透射红外光谱测量有三种通用的固体制样方法，即卤化物压片法、糊状法和薄膜法。

1. 卤化物压片法

卤化物压片法是一种传统的红外光谱制样方法，具有简单易行的特点，通常只需要溴化钾或氯化钾等卤化物稀释剂、玛瑙研体、压片模具和压片机，不需要其他的红外附件。

固体粉末样品通常不能直接用来压片，需用干燥的卤化物粉末稀释，研磨后才能压片。因为粉末样品颗粒度大，难以压出透明的薄片，而且红外光散射严重，即使能压出透明的薄片，由于样品密度大，会出现红外光全吸收的现象，不能获得正常的红外光谱图。

因此，混合物中卤化物样品的比例很重要，通常 2～3 mg样品配比约200 mg卤化物样品便足够。潮湿的样品及卤化物均不能直接用于压片，如果样品潮湿，在光谱中会出现水的吸收峰，以致不能压出红外区间透明的薄片，所以卤化物及样品在使用之前必须保持干燥并加热以减少水的影响。

样品和卤化物粉末混合物通常在玛瑙研钵中研磨，使样品和卤化物粉末充分混合均匀。通常研磨后的样品和卤化物混合物颗粒尺寸小于 2.5 μm，颗粒尺寸如果处于 2.5～25 μm 之间，就会引起中红外光的散射。由于研磨后的颗粒粒度不可能完全一致，而光散射的程度与粒度分布有关，如果样品颗粒的尺寸不够细，则在中红外光谱的高频端容易出现光散射现象，造成吸收峰的强度降低的同时使光谱的高频端基线抬高。

2. 糊状法

在卤化物压片法所测得的光谱中，由于难以彻底消除卤化物粉末吸附空气中水分的影响，造成 3 400 cm^{-1} 和 1 640 cm^{-1} 附近光谱数据中出现水的吸收谱带，采用糊状法制样可以克服这些缺点。糊状法是在玛瑙研钵中将待测样品和糊剂一起研磨，将样品微细颗粒均匀地分散在糊剂中测定光谱，最常用的糊剂是石蜡油，它的透射光谱如图 5.9 所示。

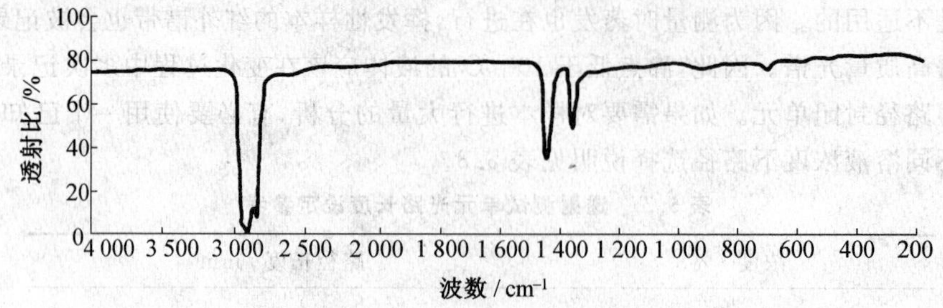

图 5.9 石蜡油的红外辐射光谱

制备样品时，通常每 50 mg 样品滴加 1～2 滴石蜡油，石蜡油用量越少越好。研磨后，容易将样品粉末颗粒尺寸控制在 2.5 μm 以下，因此，测量光谱时一般不会发生光散射现象。虽然糊状法制样快速简便，对光谱影响较小，但仍然有很多的试验因素需要考虑。例如，样品和研糊剂的比例必须准确。太少的样品会使光谱中没有样品频率；太多的样品会使糊状物很厚从而不能进行辐射传递。

3. 薄膜法

固体样品采用卤化物压片法或糊状法制样时，稀释剂或糊剂对测得的光谱会产生干扰。薄膜法制样得到的样品是纯样品，红外光谱中只出现样品的信息。薄膜法主要应用于高分子材料的红外光谱测定。随着红外光谱附件的种类越来越多，薄膜法制备红外样品的技术应用在逐渐减少。

薄膜法主要分为溶液制膜和热压制膜两种方法。溶液制模法是将样品溶解于适当的溶剂中，将溶液滴在溴化钾或氟化钡等红外晶片、载玻片或平整的铝箔上，待溶剂完全挥发后即可得到样品的薄膜。薄膜的厚度取决于溶剂和样品的性质、溶液的浓度、溶液的表面张力等。溶剂的选择不仅要根据样品而定，还要能够产生厚度一致的薄膜，通常溶液制膜法所选用的溶剂应是容易挥发的溶剂。热压制膜法可以将较厚的聚合物薄膜热压成更薄的薄膜，也可以从粒状、块状或板材聚合物上取下少许样品热压成薄膜。

5.4.3　气体

气体红外光谱的测试需要有气体池，将需要测试的气体充进气体池中才能测试。气体密度比液体密度小几个数量级，因此它的光程必须更大，依据光程的长短可分为短光程气体池和长光程气体池。短光程气体池是指气体池的长度为 10 ~ 20 cm 的气体池，长光程气体池是指红外光路在气体池中经过的路程达到米级以上的气体池。

典型的气体池如图 5.10 所示，池壁通常由玻璃或铜管加工而成，管壁两端为红外窗口，气体通过管壁上的进出口填充和抽出。有时为了分析复杂混合物，需要更长的光程，而气体池的气腔尺寸受限，因此通过多次反射实现光路的增长，在这样的单元中，红外波被反射镜多次反射，直到光程足够长时从单元中出去。目前，这种单元允许最大路径可达 40 m。

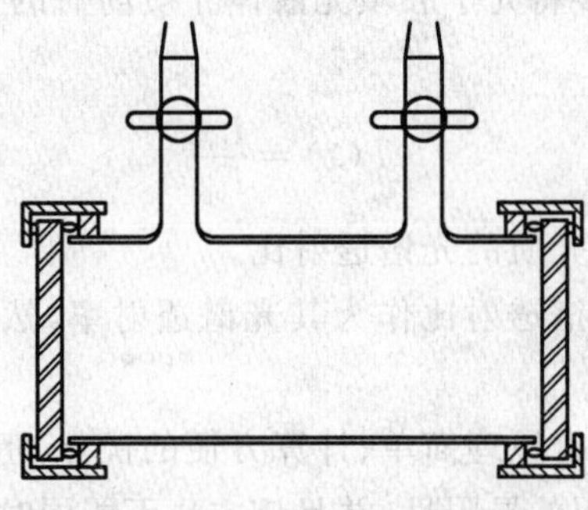

图 5.10　典型红外气体单元原理图

5.4.4　透射法反演方法简介

气体、溶液、液体等材料由于需要进行封装，相对复杂，所以下面以液体的透射和吸收特性测量为例，进行说明，装置示意图如图 5.11 所示。

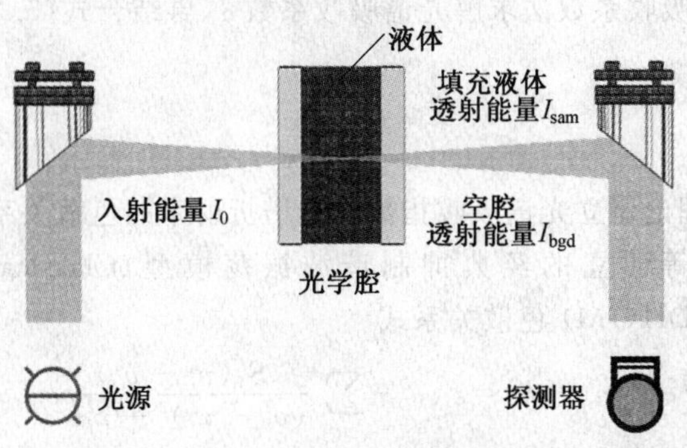

图 5.11　透射法测量原理

目前，依据测量对象的厚度特性，基于透射法获取液态半透明介质光谱性质的方法可分为单厚度法和双厚度法两类方法。单厚度法主要由基于单一厚度液态半透明介质的透射比反演其光谱性质的方法；双厚度法是基于两种不同厚度液态半透明介质的两个透射比反演其光谱性质的方法。

1. 液体测量的单厚度法

单厚度法是目前应用比较广泛的一种方法，利用其透射比理论反演模型的不同，可分为直接求解吸收系数法、透射比与色散关系式结合法、透射比与Kramers－Kronig(KK)关系式结合法等方法。

(1) 直接求解吸收系数法

直接求解吸收系数法是利用透射比和吸收系数的关系进行求解，在20世纪70年代应用广泛。

直接求解吸收系数法包括透射比的测量和光谱性质参数反演两部分。透射比测量原理如图5.3所示，基于透射法测量光学腔填充液态半透明介质前后的透射能量，获取液态半透明介质的透射比。但是，由于液体介质需封装在光学腔中，无法直接测量液体介质的透射比，早期的研究人员直接将光学腔填充液体介质前后的透射能量之比作为液体介质的透射比，其关系式为

$$T(\lambda)=\frac{I_{\mathrm{sam}}}{I_{\mathrm{bgd}}} \tag{5.12}$$

式中，$T(\lambda)$ 为波长 λ 下液体介质的光谱透射比。

将液态半透明介质的光谱透射比作为其光谱透射率，然后依据式(5.5)求解光谱吸收系数。

直接求解吸收系数法具有原理简单、计算方便的优点，但由于忽略液、固界面表面反射率变化的影响，造成其应用的局限性，并且该方法不能同时求解液体介质的折射率。

(2) 透射比与色散关系式结合法

透射比与色散关系式结合法发展于20世纪80年代，是利用透射比数据结合光学色散理论进行求解的方法，同样包括透射比的测量和光谱性质参数反演两部分。

透射比的测量过程与直接求解吸收系数法相似，测量获得液态半透明介质的透射比数据，通过直接求解吸收系数法求解光谱吸收系数 α，再结合式(5.2)，求解光谱吸收指数 k，其计算表达式为

$$k=\frac{\lambda\alpha}{4\pi} \tag{5.13}$$

通过光学色散理论建立光谱吸收指数和光谱折射率的色散关系式 $k=f(n)$ 求解光谱折射率，如Bertie等建立的经典抑制谐波振荡模型(Classical Damped Harmonic Oscillator Model，CDHOM)色散关系式

$$n^2-k^2=\varepsilon'_\infty+\sum_j\frac{S_j(v_j^2-v^2)}{(v_j^2-v^2)^2+r_j^2v^2} \tag{5.14}$$

$$2nk=\sum_j\frac{S_jr_jv}{(v_j^2-v^2)^2+r_j^2v^2} \tag{5.15}$$

式中，S_j/v_j^2 为振荡器(Oscillator)j 在波数 v_j 和阻尼系数 r_j 下的强度；ε'_∞ 为高波数下介电常数的实部。介电常数实部的表达式为

$$\varepsilon'=n^2-k^2 \tag{5.16}$$

透射比与色散关系式结合法可以同时求解折射率和吸收指数，但是获取色散关系式时，需要已知束缚电子加自由电子的振子模型，导致其适用范围受限。

(3) 透射比与 KK 关系式结合法

20 世纪 70 年代末期，加拿大科学研究院(National Research Council of Canada) 的 Jones 提出了透射比与 KK 关系式结合法，至今仍然是一种用来求解液体介质的光谱性质参数的主要方法。

该方法利用透射比数据并结合 KK 关系式进行求解，其测量和反演过程需首先获得介质近似透射比及总透射比，即测量光学腔填充液态半透明介质前、后透射能量，获取介质的近似透射比，然后测量光学腔填充介质后透射能量和其入射能量之比，获取填充介质光学腔的总透射比实验值。利用介质的近似透射比，通过式(5.8) 求解光谱吸收指数 k。

由经典色散理论可知，复折射率方程的实部和虚部存在一定的关系，可由 KK 关系式联系起来

$$n=1+\frac{2\lambda^2}{\pi}P\int_0^\infty\frac{k(\lambda_0)}{\lambda_0(\lambda^2-\lambda_0^2)}\mathrm{d}\lambda_0 \tag{5.17a}$$

$$k=\frac{2\lambda}{\pi}P\int_0^\infty\frac{n(\lambda_0)-1}{\lambda^2-\lambda_0^2}\mathrm{d}\lambda_0 \tag{5.17b}$$

式中，P 为 Cauchy 主值积分。

由式(5.17a) 求解光谱折射率 n，其中需要知道高波数时介质的折射率。

利用 Fresnel 定律获得填充介质光学腔的总透射比计算值，并与实验值进行比较。若精度满足要求，则停止计算，否则修正介质的近似透射比，返回求解 k 步骤，重新计算。

透射比与 KK 关系式结合法可以同时求解折射率和吸收指数，但求解过程比较复杂，必须已知高波数时介质的折射率，而且构建 KK 关系式需要引入假定条件。

2. 液体测量的双厚度法及其他方法

20 世纪 90 年代，Tuntomo 和 Tien 等提出一种求解液态半透明介质光谱性质参数的新方法，即双厚度法。该方法没有引入 KK 关系式，通过构造与吸收指数和折射率未知量有关的两个方程，实现其求解。但是，Tuntomo 和 Tien 等未考虑填充液体介质前后光学腔内壁反射率的影响，导致其计算误差较大。

对强吸收性液态半透明介质，透射法测量中液体介质厚度需要非常薄(达到微米级)，填充和封装液体难度较大，为此有学者提出采用反射法测量液体介质的反射特性，再结合相应的反演理论模型计算其光谱性质。其中，1985 年 Bertie 和 Eysel 等提出的循环衰减总反射(Circle Attenuated Total Reflection, CATR) 法最为经典，在 20 世纪 90 年代得到广泛的应用。

基于介质辐射特性测量光谱性质的方法还包括椭偏法、反射干涉法、反射和透射结合法、光声法等。

5.5　红外特性测量的反射法

反射法可用于通过常规的透射法难以分析的样品，可以分为内部反射和表面反射两

大类，其中内部反射主要为衰减全反射，表面反射包括镜面反射和漫反射。

5.5.1　衰减全反射光谱

衰减全反射(Attenuated Total Reflectance,ATR) 光谱技术是红外光谱测试技术中一种应用十分广泛的技术，它已经成为傅里叶变换红外光谱分析测试工作者经常使用的一种红外样品测试手段。这种技术在测试过程中不需要对样品进行任何处理，对样品不会造成任何损坏。

目前，近红外附件制造商提供的ATR附件分为水平ATR、可变角ATR、圆形池ATR和单次反射ATR四类，前三类都属于多次内反射ATR，最后一类属于一次内反射ATR，四类ATR附件的工作原理都相同。

1. ATR 工作原理

当一束单色光以入射角 α 从一种光学介质射入另一种光学介质时，光线在两种光学介质的界面将发生反射和折射现象，如图 5.12 所示。反射角 β 和折射角 γ 的大小分别由反射定律和折射定律确定。

由反射定律可知，反射角 β 等于入射角 α。根据折射定律：

$$\sin\alpha/\sin\gamma = n_2/n_1 \tag{5.18}$$

式中，n_1 为介质 1 的折射率；n_2 为介质 2 的折射率。

由式(5.18) 可知，若 $n_2 > n_1$，则 $\alpha > \gamma$。即若光从光疏介质进入光密介质时，折射角小于入射角。当一束单色光以入射角 α 从空气中射向一块透光材料的晶体表面时，其中一部分光会发生反射(反射角 β 等于入射角 α)，另一部分光会发生折射，如图 5.12(a) 所示。因为空气与晶体材料相比，空气是光疏介质，晶体是光密介质，所以，入射角 α 大于折射角 γ。

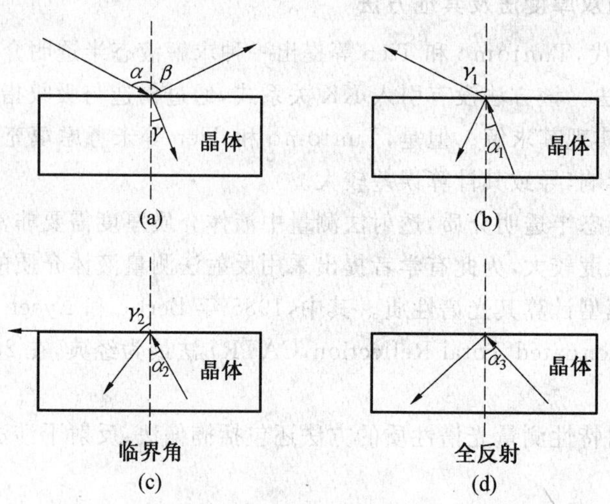

图 5.12　单色光反射、折射和全反射示意

相反，如果有一束光以入射角 α_1 从晶体里面射向晶体内表面时，其中一部分光会在晶体内发生反射，而另一部分光向空气中折射，如图 5.12(b) 所示。因为晶体的折射率大

于空气的折射率，所以入射角 α_1 小于折射角 γ_1。随着入射角 α_1 加大，折射角 γ_1 也随着加大。当入射角 α_1 增加到某一角度 α_2 时，折射角 γ_2 将等于 90°，即这时折射光将沿着晶体界面传播，如图 5.12(c) 所示。当折射角等于 90° 时的入射角称为临界角。根据式(5.18)，临界角 α_2 的大小由下式确定：

$$\sin\alpha_2 = n_2/n_1 \tag{5.19}$$

式中，n_1 为晶体的折射率；n_2 为空气的折射率。

衰减全反射附件的晶体材料通常采用 ZnSe 晶体，也可以采用 Ge，Si 晶体或金刚石等作为晶体材料。根据式(5.19) 计算全反射临界角可以看出，晶体的折射率越小，全反射临界角越大。当采用 ZnSe 或金刚石作为衰减全反射的晶体材料时，入射角必须大于 38°。

实际上，不仅反射角和折射角与入射角有关，而且反射光和折射光的强度也与入射角有关。随着入射角的逐渐增大，反射光越来越强，折射光越来越弱。当折射角等于 90 ℃ 时，折射光的光强已经等于零。入射光全部被反射，称此种现象为全反射。

当入射角 α_3 大于 α_2 时，如图 5.12(d) 所示，即入射角大于临界角时，入射光全部被反射。ATR 附件就是利用这种光的全反射原理工作的。

图 5.13 所示是水平 ATR 附件光路示意。待测样品置于晶体材料上方，红外光束在晶体内发生多次衰减全反射后到达检测器。

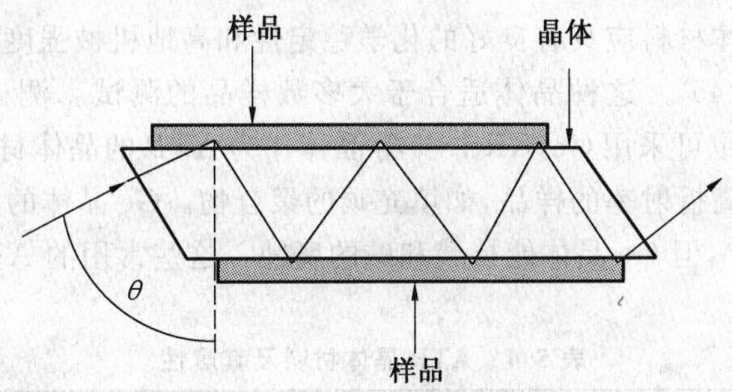

图 5.13　水平 ATR 附件光路示意

当入射角大于临界角时，红外光束在晶体内发生全反射。实验观测和理论计算均证实，此时反射光强等于入射光强，即光强全反射确实成立。所以，全反射时，红外光束并未穿越晶体表面进入待测样品。既然红外光束没有穿过晶体表面，那么红外光是怎样与待测样品发生作用的呢？红外光在晶体内表面发生全反射时，一方面反射光强等于入射光强，另一方面在晶体外表面附近产生驻波，称为隐失波(Evanescent Wave)。当样品与晶体外表面接触时，在每个反射点隐失波都穿入样品。从隐失波衰减的能量可以得到吸收信息。隐失波振幅随空间急剧衰减而消失，这种衰减随离开晶体界面距离的增大按指数规律衰减。当隐失波振幅衰减到原来振幅的 1/e 时的距离称为穿透深度。

穿透深度取决于入射光的波长、晶体的折射率、样品的折射率和光纤在晶体界面的入射角。穿透深度 D 由下式计算：

$$D = \frac{\lambda}{2\pi n_1\left[\sin^2\alpha - (n_s/n_1)^2\right]^{1/2}} \tag{5.20}$$

式中，λ 为入射光的波长；n_1 为晶体的折射率；n_s 为样品的折射率；α 为入射角。

由式(5.20)计算样品的穿透深度时,样品与晶体的接触是一种理想的接触。空气与晶体的接触都属于理想的接触。当固体样品与晶体表面接触不好时,红外光穿透样品的深度比计算值要小得多。

有机物折射率一般在1.0～1.5之间。如果有机物折射率取1.25,采用ZnSe作为晶体材料,入射角为45°,那么,穿透深度D约为0.1λ。在4 000～650 cm^{-1}区间,穿透深度为0.3～2.0 μm。由此可见,采用ATR附件测得的中红外光谱,在高频端和低频端的穿透深度相差近一个数量级。因此,低频端吸收峰的峰强远远高于高频端的峰强。为了与普通投射红外光谱进行比较,需要对ATR附件测得的光谱进行校正。这种校正可以在红外窗口中进行,利用菜单ATR校正命令来完成。光谱校正可以在测试后再对光谱进行ATR校正,也可以在测试光谱之前,在设置光谱采集参数时选择ATR校正选项。对于带自动附件识别功能的红外仪器,在样品中安装ATR附件时,仪器能自动调用光谱采集参数,在调用的参数中已包含了ATR校正参数。

2. 水平ATR附件

水平ATR是指ATR附件的晶体材料是水平放置的。ATR晶体侧面呈倒梯形,横断面为长方形。不同的水平ATR附件,晶体材料的长度和厚度可能是不相同的,因此红外光在ATR晶体内的反射次数是不相同的。通常,只要不是微型ATR,反射次数不会少于10次,可达25次或更多。

水平ATR的晶体材料应具有良好的化学稳定性和高地机械强度,标准配置通常采用ZnSe晶体,入射角为45°。这种晶体适合于大多数样品的测试。测试水溶液时,溶液的pH值为中性左右。也可采用Ge,KRS－5等晶体作为ATR的晶体材料。Ge晶体的折射率很高,适合于测定高折射率的样品,如填充碳的聚合物。Ge晶体的测量区间较窄,低频端只能测到800 cm^{-1},但Ge晶体能抗酸和碱的腐蚀。这些常用的ATR晶体材料的主要属性总结于表5.4。

表5.4 ATR晶体材料及其属性

窗口材料	适用范围/cm^{-1}	折射率	特性
KRS—5(碘化铊)	17 000～250	2.4	可溶于碱;微溶于水;不溶于酸;质地软;剧毒(戴手套操作)
ZnSe	20 000～500	2.4	不溶于水,有机溶剂,稀释的酸和碱
Ge	5 000～550	4.0	不溶于水;极易碎

水平ATR附件中ATR晶体样品架分为槽形和平板形两种。槽形样品架中的ATR晶体固定在凹槽内,适用于液体、粉末或胶状样品的测定。槽形样品架通常配备一个盒子,在测定挥发性液体时,盖上盖子以防止溶剂挥发。在测定液体样品时,液体最好充满整个凹槽,将ATR表面全部盖住。这样才能起到多次衰减全反射的作用,使光谱的吸光度增强。在进行定量分析时,尤其应该将ATR晶体表面全部盖满。但是在样品量少时,滴一两滴液体在ATR晶体表面,也可以得到很好的光谱。这时,红外光在液体和晶体界面的反射可能只有一两次。

平板形样品架适用于测定薄膜样品。平板形样品架上通常配备有压力装置,以保证压力的重复性，而且保证样品和晶体之间均匀接触。用平板形样品架测定聚合物薄膜时，没有必要将薄膜铺满整个 ATR 晶体表面。因为薄膜面积越大，压力装置施加在薄膜上的压强越小，薄膜与 ATR 晶体接触越不紧密，光谱的信噪比就越差。硬质聚合物薄膜，载玻片或硅片表面上的薄膜很难与 ATR 晶体表面接触好，所以用 ATR 附件测试这种薄膜样品，光谱的信噪比会非常差。

3. 可变角 ATR 附件

可变角 ATR 附件分为连续可变角 ATR 和固定可变角 ATR 两种。通常连续可变角 ATR 的入射角可以在 30°～60°之间连续可变，晶体材料可选 ZnSe，Ge，KRS－5 等。固定可变角 ATR 的入射角可选 30°、40°、45°、50°、55°、60° 和 70°，晶体材料可选 ZnSe，Ge，ZnS，AMTIR(硫族化合物玻璃) 等。固定可变角 ATR 的晶体设计允许操作者改变晶体角度和晶体材料而不需要进行光路调整。

从式(5.20)可知，入射角不同，样品的穿透深度是不相同的。入射角越小，样品的穿透深度越深。因此，改变入射角可以测定不同的样品深度，提供不同层面的样品信息，是分析多层样品的理想工具。

4. 圆形池 ATR 附件

对于傅里叶变换红外光谱仪来说，ATR 晶体的形状最好是采用两端为圆锥体的圆柱体，因为这种形状的 ATR 晶体与进入样品室的圆的红外光斑能很好地相匹配。图 5.14 所示是 Spectra－Tech 公司生产的圆形池 ATR 附件示意。圆形池 ATR 的光通量很高，使用 ZnSe 晶体材料时，光通量大于 50%。

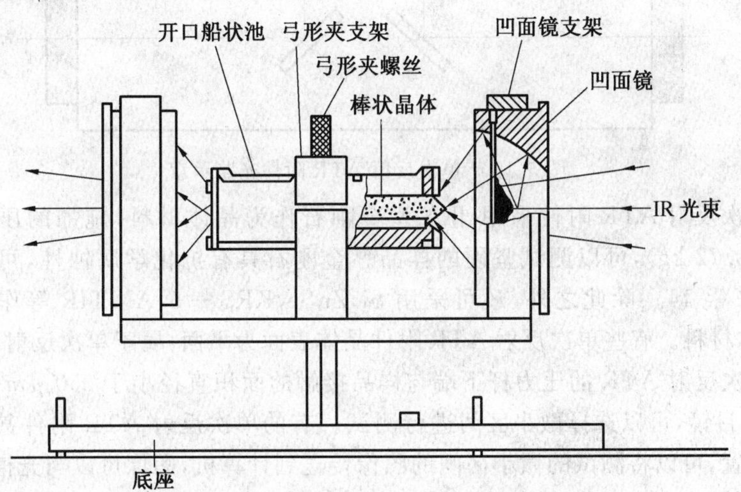

5.14　圆形池 ATR 附件示意

圆形池 ATR 附件只能用于测试液体的光谱。它非常适合于液体流动体系的研究，因为它的光滑的圆形 ATR 晶体表面用 O 形密封圈很容易密封，而矩形 ATR 晶体却不容易密封。圆形池 ATR 在许多方面已经得到应用，包括在线检测，它可以监控高效液相色谱流出物峰的特性。

圆形池 ATR 的体积有 25 μL、400 μL、660 μL 和 2.2 mL、5.0 mL 可供选择。

5. 单次反射 ATR 附件

前面提到的多次内反射ATR附件用来测试柔软的样品容易得到高质量的光谱，如测试液体样品、浆状样品、胶状样品、柔软的聚合物等。但是对于固体样品、纤维、硬的聚合物片、漆片、玻璃或金属表面的薄膜、微量液体等样品，用多次内反射ATR附件测试，很难得到满意的光谱。这是因为多次内反射 ATR 附件无法将这类样品与 ATR 晶体紧密接触。

单次内反射 ATR 附件中，样品与 ATR 晶体的接触面积很小，通过施加压力，可以使样品与晶体紧密接触。虽然红外光在ATR晶体内只有一次有效反射，但仍然能得到高质量的光谱。

单次反射ATR附件的种类很多，典型光路图如图 5.15 所示。红外光在ATR晶体内在样品与晶体接触的界面只反射一次。采样器采用 Ge 作为 ATR 晶体材料，晶体上表面为球面。Ge 晶体硬度大，表面易于清洗，不容易出现划纹。晶体上方安装了压力杆，测试固体样品时，样品与晶体之间形成"点对点"接触，这种"点对点"接触对于测试刚性的、坚硬的、不易弯曲的、难于测试的样品是很理想的。压力杆下端与样品接触的面积直径为 2 mm。压力杆上有力矩旋钮，不管样品的大小和形状如何，都能保证每次施加的压力相同，因此可用于定量分析。由于使用的是力矩旋钮，不至于将 Ge 晶体压坏。该采样器的光谱低频端可达 675 cm^{-1}，基本覆盖中红外波段。

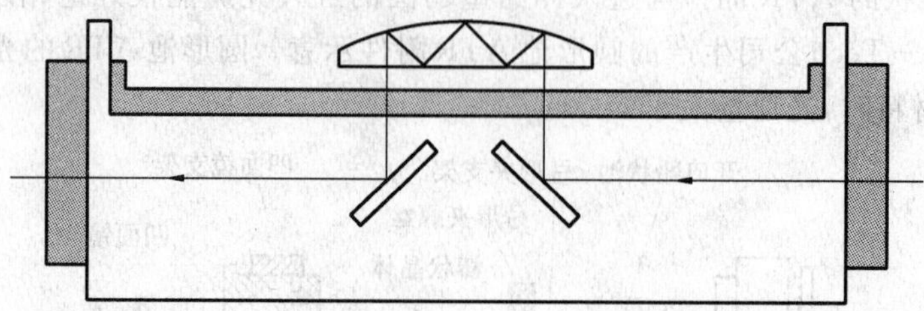

图 5.15　单次反射 ATR 附件光路示意

有些单次反射 ATR 附件采用 ⅡA 型金刚石作为晶体材料，施加的压力可以达到 200 lb(约 90.72 kg)，可以测试坚硬的样品。金刚石具有抗化学腐蚀性，可测试液体的 pH 范围为 1 ～ 14。除此之外，还可采用 Si，ZnSe，KRS－5，AMTIR 等作为单次反射 ATR 的晶体材料。有些单次反射 ATR 附件晶体表面为平面，属于单次反射水平 ATR 附件。有些单次反射 ATR 的压力杆下端与样品接触的面积直径小于 250 μm，压力杆上端安装有50×目镜，可以选择微小区间进行测试。有的单次反射 ATR 附件甚至带有一体化的照相装置，可以将测试的微小区间的图像传送到计算机，图像可以与光谱一起输出。

5.5.2　镜面反射光谱

镜面反射是一种典型的表面反射形式。镜面反射(Specular Reflectance) 测量分为固定角反射、可变角反射和掠角反射(Grazing Angle Reflectance)。镜面反射适合于测定表面改性的样品、树脂和聚合物薄膜或涂层、油漆、半导体外延层等。掠角反射适合于测定金属表面亚微米级薄膜、纳米级薄膜、LB 膜、单分子膜等。镜面反射附件提供一种非破坏性的红外光谱测试方法。

1. 镜面反射(掠角反射)工作原理

镜面反射指的是红外光谱以某入射角照射在样品表面上发生的反射,反射角等于入射角。镜面反射入射角的选择取决于所测样品层的厚度。如果样品层的厚度在微米级以上,入射角通常选在 30°。如果样品层的厚度在纳米级,如单分子层,入射角最好选 80°或 85°。入射角为 80°～85°的镜面反射通常称为掠角反射。

如果被测样品是一层非常薄的薄膜,它附着在能反射光的金属表面上,当红外光束照射到金属表面上的样品时,光束穿过样品到达金属表面后又反射出来,再次穿过样品到达检测器,这样测定得到的光谱称为镜面反射光谱。这种光谱类似于透射法测定的光谱,因此,这种镜面反射光谱又称为反射－吸收(Reflection-Absorption,R-A)光谱。

如果被测样品是一种比较厚的能吸收红外光的材料,其表面非常光滑平整。当红外光束以某一角度照射到这样的样品表面上时,一部分入射红外光被样品表面反射,这样测定得到的反射光谱也称为镜面反射光谱。

如果被测样品既能透射红外光,又能反射红外光,所测定的光谱是反射－吸收光谱与反射光谱的总和。当样品厚度均匀时,透射光和反射光互相干涉,在测得的光谱中会出现干涉条纹。根据干涉条纹可以计算样品的厚度。半导体外延层的厚度可利用这种方法测定。

2. 掠角反射光谱与透射光谱的差别

在掠角反射时,反射光谱主要由 P 偏振光贡献,它的电场矢量方向几乎垂直于反射表面,那些振动时偶极矩变化垂直于反射表面的振动模式被激发产生红外吸收谱带,而且其吸收强度比用透射法测得的吸收强度大得多。相反,那些振动时偶极矩变化平行于反射表面的振动模式却未被激发,因此,在掠角反射光谱中吸收带强度比用透射法测得的吸收强度弱得多,或根本不出现吸收谱带。由此可以看出,如果反射表面样品分子排列有规则,分子取向有序,那么,掠角反射光谱和透射光谱将会有差别。这种差别能给出整个分子取向的三维信息。如果反射表面样品分子排列无序,则掠角反射光谱和透射光谱相同,只不过掠角反射更灵敏。

3. 镜面反射光谱的强度

镜面反射光谱的强度取决于入射光的入射角和偏振状态、样品的厚度、样品的折射率、样品表面的粗糙程度和样品吸收红外光的性质,以及金属衬底反射表面的光学性质。在偏振状态和样品的性质不变的情况下,镜面反射光谱的强度与入射角以及金属反射表面的光学性质有关。

(1) 入射角与光程的关系

用镜面反射附件测试镜面反射光谱时,入射角通常都大于 30°。掠角反射时,入射角最大可达 85°。因为红外光要两次穿过样品薄层,所以镜面反射的光程远远大于薄层的实际厚度。设样品薄层厚度为 d,红外光两次穿过样品薄膜的光程 b 与薄膜厚度 d 及入射角 α 的关系为

$$b=\frac{2d}{\cos\alpha} \tag{5.21}$$

式(5.21)表明，薄膜厚度 d 一定时，入射角 α 越大，$\cos\alpha$ 值越小，红外光穿过样品薄膜的光程 b 越大，光谱的强度越高。若入射角 α 为 85°，计算得到 $b=23d$，即掠角反射的光程是实际薄膜厚度的 23 倍。与透射光谱相比，掠角反射光谱的灵敏度和信噪比远远高于透射光谱。

(2) 光谱强度与反射表面的光学性质的关系

镜面反射光谱的强度与反射光的强度有关。当样品附着在衬底上时，如果衬底是吸收红外光的材料(如玻璃)，或能透射红外光的材料(如单晶硅片)，每当红外光穿透薄膜到达衬底表面时，会发生反射和折射。反射光中除了样品的信息外，还会出现衬底信息，因而干扰样品的测定。因为有一部分光发生折射，使反射光的强度降低。因此，最好将样品附着在反射率高的不吸收红外光的衬底上。

金属是不吸收红外光的，非常薄的金属镀层红外光也无法穿透。金属镀层中，金的反射率最高，所以最好采用镀金表面作为样品薄膜的衬底，当然也可采用镀银或镀铝表面作为衬底。可在载玻片或单晶硅片一个表面上镀上金膜，镀层厚度为 100 ～ 200 nm。

掠角反射通常是测试厚度为纳米级的薄膜，样品光谱信号非常弱，要提高光谱的信噪比，最好是在镀金的表面上测试。

4. 镜面反射附件的种类

本节前面已经提到，镜面反射附件分为固定角反射附件、可变角反射附件和掠角反射附件。固定角镜面反射附件指的是，入射光的入射角是固定不变的。固定角镜面反射附件的入射角通常分为 10°、30°、45°、70°、80° 和 85°。其中入射角为 80° 或 85° 的固定角镜面反射附件又称为掠角反射附件。可变角镜面反射附件的入射角是可变的，变化范围通常为 30° ～ 80°。也有的可变角镜面反射附件入射角的变化范围为 20° ～ 85°。当用可变角镜面反射附件测定光谱时，如果入射角设定为 80° 或 85°，这时可变角镜面反射附件又称为掠角反射附件。不过，这时所测得的光谱的质量比专门用于掠角反射附件测得的光谱质量差。

图 5.16 所示是入射角为 30° 的固定角镜面反射附件光路图。图 5.17 所示是一种可变角镜面反射附件光路图，样品放置在 M_4 位置。最新式的掠角反射附件带自动附件识别功能，这种掠角反射附件还带内置偏振器，内置偏振器只提供电矢量与入射平面平行的P偏振光，而不提供电矢量与入射平面垂直的S偏振光。因为P偏振光能提高测试灵敏度和光谱的信噪比，而S偏振光对样品表面的光谱不能提供信息。有些红外显微镜上可以

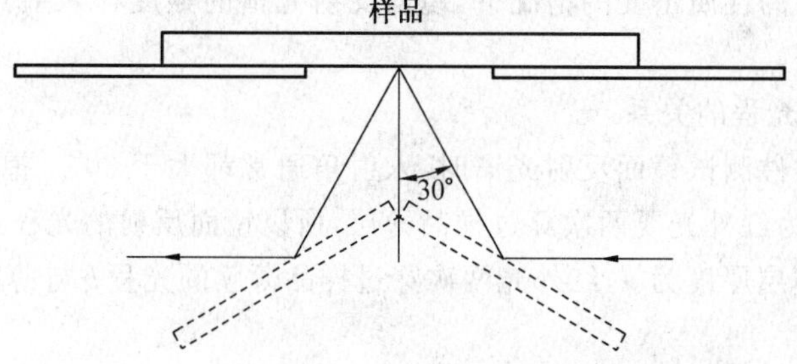

图 5.16　入射角为 30° 固定角镜面反射附件光路示意

安装掠角反射物镜，可以测试微小区间的掠角反射光谱。

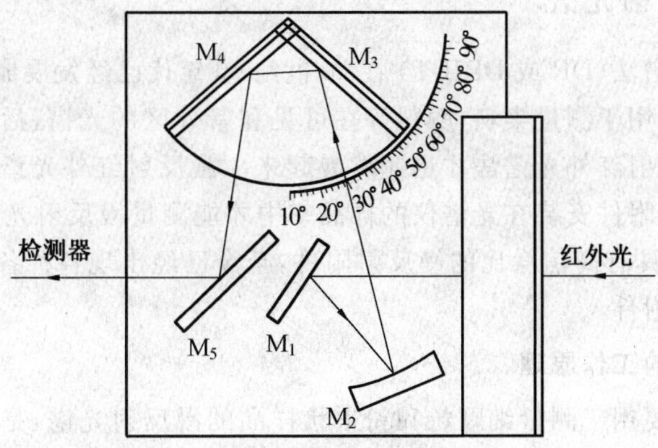

图 5.17　可变角镜面反射附件光路示意

5. 镜面反射附件使用技术

使用镜面反射附件测定附着在金属镀层表面上的透明或平整薄膜时，因为测定这样的薄膜得到的光谱与普通透射光谱相同，所以在设定采集参数时，光谱的最终格式可选用 lg(1/*R*)。*R* 是反射率，lg(1/*R*) 表示的光谱形状与吸光度光谱相同。但是，如果薄膜表面不平整，或测定的只是反射光谱，那么在设定采集参数时，光谱的最终格式应该选用反射率(Reflectance)。因为这时测得的反射光谱的形状可能像一阶导数光谱(出现正、负峰)，对这种光谱应进行 Kramers－Kroning 转换，将反射率光谱转换成吸光度光谱。

不管是用固定角反射附件，还是用可变角反射附件或掠角反射附件测定光谱时，都要用镀金镜面收集背景的单光束光谱。如果基底上镀层是 Ag 或 Al，就应采用相同的镀层镜面收集背景的单光束光谱。

在测试掠角反射光谱时，由于入射角很大，样品表面上的红外光斑是一个拉长的椭圆形。如果入射角为 80°，假设经掠角反射附件的球面镜聚焦后的红外光斑直径为 2 mm，经过计算可以得到，照射在样品表面上的椭圆形光斑面积为 21 mm × 2 mm。如果红外光斑直径为 5 mm，那么椭圆形光斑的面积达 29 mm × 5 mm。这就是说，测试掠角反射光谱时，要求样品有足够的长度。如果样品面积太小，红外光没有被充分利用，测得的光谱信号会非常弱，信噪比很难满足要求。

在测试掠角反射光谱时需要特别提出的是，如果样品面积没有足够大，也要保证椭圆形红外光斑全部照射在样品上和镀层镜面上。否则，在测得的光谱中会出现其他背底的杂峰。

对于大多数的有机样品，采用透射光谱法测试时，要求样品的厚度在 10 μm 左右，即可得到最强吸收峰吸光度在 1 左右。在用掠角反射附件测试单分子层光谱时，假设单分子层的厚度为 1 nm，如果入射角为 85°，从式(5.21)计算得光程长为 23 nm。如果在吸光度下仍然符合朗伯－比尔定律，这样的单分子层掠角反射光谱的吸光度估计应在 2×10^{-3} 吸光单位。吸光度在这个数量级的反射－吸收光谱，如果采用高信噪比的傅里叶红外光谱仪测试，用 16 cm^{-1} 分辨率采集数据，完全可以得到满意的光谱。

5.5.3 漫反射光谱

漫反射红外光谱法(DR 或 DRIFT) 在 20 世纪 60 年代已经发展成为光谱学中的一个分支。最初,它主要用于测量染料、颜料等在可见和紫外区的光谱,后来随着傅里叶红外光谱仪的发展,漫反射红外光谱法才迅速发展起来。漫反射红外光谱的测量需要配备漫反射附件,将漫反射附件安装在光谱仪的样品室中才能测量漫反射光谱。1978 年,Fuller 和 Griffiths 设计出具有高信噪比的漫反射附件,至今已经出现各种各样的适合各种红外仪器使用的漫反射附件。

1. 漫反射附件的工作原理

漫反射附件主要用于测量细颗粒和粉末状样品的漫反射光谱,是一种比较常用的红外样品分析测量方法。图 5.18 所示是一种漫反射附件光路图,将粉末状样品装在漫反射附件的样品杯中,红外光束从右侧照射到漫反射附件的平面镜 M_1 上,反射到椭圆球面镜 A,椭圆球面镜 A 将光束聚焦后射到样品杯中粉末状样品表面。从样品表面射出来的漫反射光,经椭圆球面镜 B 收集并聚焦后,射向左侧平面镜 M_2 上,再沿着原光路入射方向射向检测器。

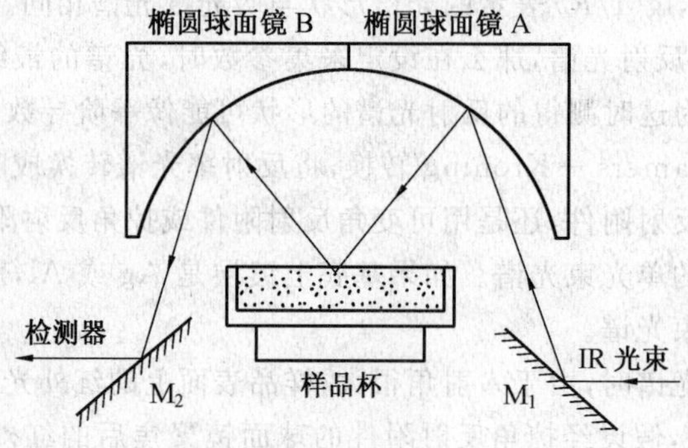

图 5.18 漫反射附件光路示意

当一束红外光聚焦到粉末样品表层上时,红外光谱与样品作用有两种方式:一部分光在样品颗粒表面反射,这种反射和可见光从镜面反射一样,这种现象称为镜面反射。由于镜面反射光束没有进入样品颗粒内部,未与样品发生作用,所以这部分镜面反射光不负载样品的任何信息。另一部分会射入样品颗粒内部,经过透射或折射或在颗粒内部表面反射后,从样品颗粒内部射出。这样,光束在样品不同颗粒内部经过多次的透射、折射和反射后,从粉末样品表面各个方向射出来,组成漫反射光。这部分漫反射光与样品内部分子发生了相互作用,因此负载了样品的结构和组成信息,可以用于光谱分析。

2. 漫反射附件的种类

早期的漫反射附件结构比较复杂,现在的漫反射附件越来越简单。目前,漫反射附件可以直接插入样品室中的样品架上。粉末样品装在样品杯中,一次可以放置 5 个样品。有些漫反射附件一次最多可以放置 24 个样品,由软件控制样品的测试。有些红外仪器配置的漫反射附件具有智能化,装上附件后,仪器能自动识别,自动调出测试参数并自动准直。

可以根据不同的测试需要选购不同类型的漫反射附件。漫反射附件大致分为以下四类。

(1) 常温常压漫反射附件。用于常规的漫反射光谱测试。

(2) 高温高压漫反射附件。这种漫反射附件在常压下温度可以从室温升到 900 ℃，在 20 MPa(1 500 psi) 压力下可以从室温升到 400 ℃。

(3) 高温真空漫反射附件。这种漫反射附件温度变化范围可以从室温升到 900 ℃，压力可以从常压降到 1.3×10^{-3} Pa(1×10^{-5} Torr)。

(4) 低温真空漫反射附件。这种漫反射附件使用液氮作为冷却剂，温度可以降到 －150 ℃。

后面三种漫反射附件适用于原位测试、催化剂的研究、脱水动力学研究和固体相转变的光谱测定。

3. 漫反射附件的使用技术

利用漫反射附件测试红外光谱不需要对样品进行特别处理，有些粉末状样品可以直接测试，不能直接测试的固体样品可以和漫反射介质（如 KBr）混合研磨，将固体样品均匀地分散在漫反射介质中测试。样品的浓度可以从 0.1% 到纯样品之间变化。

前面已经提到，当红外光照射到漫反射样品杯中的样品表面时，产生镜面反射光和漫反射光两种光。因为漫反射光包含样品信息，所以应该增加漫反射光成分。镜面反射光不携带样品信息，所以应该尽量减少镜面反射光成分。镜面反射光到达检测器对测试是一种干扰，当镜面反射光成分多时，还会引起光谱畸变，在测得的光谱中出现倒峰，形状像一阶导数光谱，这种谱带称为 Restrablen 谱带。

镜面反射光的强度与样品的浓度、样品的粒度以及样品的折射率有关。浓度越大，镜面反射越严重。高浓度还会使谱带变宽，还会出现全吸收现象。对于强吸收的物质，即使在较低的浓度下，在测得的光谱中还可能出现全吸收峰。所以对于强吸收物质，测试时浓度应尽量低，以降低对红外光的吸收和增加光通量。样品的颗粒越大，越容易产生镜面反射。漫反射样品的粒度应在 $2\sim5\ \mu\text{m}$ 之间，粒度越小镜面反射成分越少，漫反射成分越多，测量的灵敏度越高。样品的折射率越高，镜面反射越多，谱带变得越宽。

用肉眼很难确定粉末样品的吸收特性和折射率，所以最好先以 KBr 粉末为背景测试纯样品的漫反射光谱，如果光谱出现畸变现象，或出现全吸收谱带，或灵敏度太低，可将样品与 KBr 粉末混合研磨，重新测试。

漫反射光谱附件主要用于粉末样品的测试，液体样品也可以用漫反射附件测试。对于液体样品，可先在漫反射附件样品杯中装入非吸光性的粉末，将液体样品滴在粉末表面就可以进行测试。也可以将固体溶于易挥发溶剂中，滴在粉末表面，待溶剂挥发后测试漫反射光谱。

漫反射附件样品杯中的粉末应该疏松，不应该将粉末压实。粉末样品装满样品杯后，用不锈钢小扁铲将粉末表面刮平即可。如果将同样量的粉末样品压成直径与样品杯大小相同的透明圆片，分别测试透明圆片和粉末样品的漫反射光谱，可以发现，粉末样品的漫反射光谱吸光度比透明圆片高得多。

样品杯的深度为 2 ～ 3 mm。红外光照射到粉末样品表面时，光线的穿透深度为 1 mm 左右。如果在样品杯中溴化钾粉末表面铺上一层薄薄的粉末样品，这时测得的漫反射光谱谱带的强度比混合法测得的强度高好几倍。这是因为表层粉末样品起主导作用。

漫反射光谱测量的是粉末样品的相对漫反射率，简称为漫反射率，漫反射率 $R(\%)$ 定义为

$$R=\frac{I}{I_0}\times 100\% \tag{5.22}$$

式中，I 为粉末样品散射光强；I_0 为背景散射光强。用漫反射率 $R(\%)$ 表示漫反射光谱时，光谱的形状与透射率光谱形状相同。

漫反射光谱也可以用 $\lg(1/R)$ 表示。$\lg(1/R)$ 表示漫反射吸光度，漫反射吸光度光谱的形状和透射光谱的吸光度光谱形状相同。定义漫反射吸光度 A 为

$$A=\lg\frac{1}{R} \tag{5.23}$$

漫反射光谱谱带强度的重复性较差。这是因为每次往样品杯中装样品时，条件不可能完全相同，导致散射系数发生了变化。对确定波长的入射光，散射系数与粉末层的粒度、密度和平整度有关。

漫反射光谱的吸光度与样品的组分含量（浓度）不符合朗伯 － 比尔定律，也就是说，样品浓度与光谱强度不呈线性关系。不呈线性关系的原因是由于存在镜面反射光。要使样品浓度与光谱强度呈线性关系，必须减少或消除镜面反射光，将样品与漫反射介质 KBr 粉末一起研磨，样品的浓度越低，颗粒研磨得越细，样品与 KBr 研磨得越均匀，在测得的漫反射光谱中，谱带的强度与浓度越呈线性关系。

若将中红外漫反射光谱用于定量分析，应满足下列条件：

(1) 高质量的漫反射光谱；

(2) 样品应与 KBr 粉末混合研磨；

(3) 样品的浓度约 1%，即样品与 KBr 质量比为 1 ∶ 99；

(4) 样品厚度至少 3 mm，样品表面应该平整。

除了满足以上条件外，还应将漫反射率转换为 K－M 函数 $F(R)$。将漫反射率转换为 K－M 函数能够减少或消除任何与波长有关的镜面反射效应。K－M 函数 $F(R)$ 定义为

$$F(R)=\frac{(1-R)^2}{2R}=\frac{K}{S} \tag{5.24}$$

式中，R 为漫反射率；K 为吸收系数；S 为散射系数。当样品的浓度不高时，吸收系数 K 与样品浓度 c 成正比，即

$$K=Ac \tag{5.25}$$

式中，A 为摩尔吸光系数。将式(5.25) 代入式(5.24) 中，得

$$F(R)=\frac{K}{S}=\frac{Ac}{S}=\left(\frac{A}{S}\right)c=Bc \tag{5.26}$$

式(5.26) 表明，若散射系数 S 保持不变，K－M 函数 $F(R)$ 与样品浓度成正比。即经转换后得到的 K－M 函数 $F(R)$ 与样品组分浓度 c 的关系符合朗伯－比尔定律。总之，漫

反射光谱用于定量分析时,由于散射系数实际上常有较大的变化,所以定量分析结果会出现较大的误差。

5.6　变温红外光谱测量

变温红外光谱测量可依靠低温红外光谱附件和高温红外光谱附件进行开展。低温红外光谱附件又分为液氦温度(4.2 K,－269 ℃)红外光谱附件和液氮温度(77 K,－195.8 ℃)红外光谱附件。高温红外光谱附件也称为变温红外光谱附件,红外样品温度可用电热板或电热丝加热,温度从室温加热到几百摄氏度。液氦温度红外光谱附件可以当作液氮温度红外光谱附件使用。有些变温红外光谱附件可以抽真空,这种附件可以测试室温以上样品的光谱,也可以测试液氮温度样品的光谱。

在室温或在较高温度以下液态存在的样品,在低温下会变成固态。液体样品和低温下的固体样品的红外光谱之间存在很大的差别。常温下的固体样品与低温下的固体样品的光谱也会有显著的差别。在低温下,由于热弛豫现象受到抑制,红外谱带变得尖锐,使许多在室温下观察不出来或无法分辨的红外谱带,在低温下能够分别得很清楚。

室温下以固态存在的样品,在较高的温度下可能会发生相转变,或变成液态。随着温度的升高,样品的红外光谱会发生变化。谱带的峰形、峰宽、峰位和峰高可能会发生变化。原有的谱带可能会消失,还可能出现新的谱带。样品可能从有序的排列状态转变成无序状态,有氢键的样品体系可能会破坏,样品熔化导致晶格破坏也会引起红外光谱的变化。因此,变温红外光谱已经成为红外光谱学的一个重要组成部分。

5.6.1　液氦温度红外光谱附件

低温红外光谱附件中,温度最低的是液氦温度红外光谱附件。这种附件中有一个存储液氦的容器,容器下端连接带有窗口的金属块,待测样品放置在窗口上。由于存在温度梯度,所以样品的温度并非液氦温度。

由于液氦的沸点非常低,为防止空气对流和防止热辐射,减少液氦大量气化,在液氦存储容器与附件外壁之间应该有三个夹层,在中间夹层中加入液氮,另外两个夹层抽真空,真空度最好能达到 $10^{-6}\sim10^{-5}$ Torr($1.3\times10^{-4}\sim1.3\times10^{-3}$ Pa)。因此液氦温度红外光谱附件必须配备高真空泵和高真空测量系统。

液氦温度和室温之间的变温光谱测试是很难实现的。因为一旦液氦挥发完毕,温度就会上升,而温度上升的速率无法控制,也无法在一定的温度下恒温。不能恒温,样品光谱的变化就无法达到平衡,测试出来的光谱就不是该温度下样品的光谱。

5.6.2　液氮温度红外光谱附件

前面已经提到,液氦温度红外光谱附件可以当作液氮温度红外光谱附件使用,如果实验室已经有液氦温度红外光谱附件,就没必要购置或加工液氮温度红外光谱附件。液氮温度红外光谱附件的加工制作比液氦温度红外光谱附件要简单得多。它既是一个液氮温度红外光谱附件,又是一个变温红外光谱附件。液氮装在圆柱形金属容器里,容器下端连接一个带有窗口的金属块,窗口里可装入样品。样品温度的降低通过热传导来实现。热电偶插在金属块小孔里,测量的温度是金属块的温度而不是样品的真正温度。金属块两侧装有电加热板,供变温红外光谱加热用。在加液氮之前,需要抽真空,真空度达到10^{-3} Torr(1.3×10^{-1} Pa)即可。附件外壳两侧有安装红外窗口的圆孔,上端有O形密封圈。

更简单的液氮温度红外光谱附件可以自己制作。在直径5 cm、高12 cm的金属圆桶(可用喝完的可口可乐金属桶代替)两侧和红外光路等高的位置打两个直径约2 cm的孔。将金属圆桶放在样品室里,两侧的圆孔对准红外光格。溴化钾压片法制备的样品或薄膜样品夹在磁性样品架上。测试时,往金属圆桶内倒入液氮至两侧圆孔下沿,用细线拴住磁性样品架,将样品架放入金属圆桶液氮内,样品需浸泡在液氮内,样品的温度立即降至液氮温度,然后将磁性样品架慢慢提起,使样品对着红外光路,即可测试样品的红外光谱。样品提起来后,因有大量液氮挥发,样品的温度不会很快上升。因有氮气气氛保护,样品的表面也不会结霜。使用这种简单装置测试的样品比较接近液氮温度。

5.6.3　变温红外光谱附件

普通的变温红外光谱附件温度可以从室温升到几百摄氏度,升温速度可以通过调节电加热丝或电热板的电功率来实现。可以每隔一定的温度测定一张光谱。因为存在温度梯度,达到测定温度后,一定要恒温5～10 min。如果温度间隔大,为了达到热平衡,需要恒温15 min左右。图5.19所示是一种变温光谱附件装配图。这种变温红外光谱附件测试的最高温度可以达到400 ℃。这种变温光谱附件可以用于测试溴化钾压片法制备的样品光谱,也可以测试糊状法或薄膜法制备的样品光谱,液体样品的光谱也可以测试。

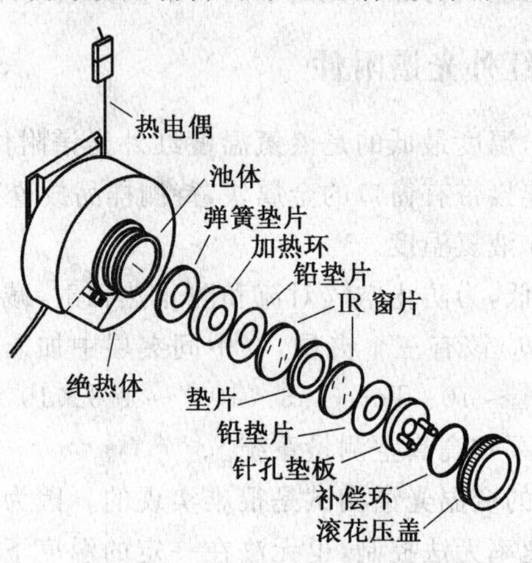

图5.19　一种变温光谱附件装配图

若想测试零下几摄氏度至100 ℃之间样品的变温光谱,就需要一套冷却和加热液体的循环系统和控温系统,循环用的液体通常采用水和甲醇混合液(70∶30)。用橡皮管将循环液体引到中空的特制样品架里,通过冷却或加热样品架使样品的温度发生变化。

5.6.4　变温红外光谱的应用

变温红外光谱是研究物质相变、分子间相互作用、化学反应等物理和化学过程的有力工具。当物质发生相变后，晶格会破坏，分子之间的相互作用和分子的构型会发生变化，使红外光谱发生明显的变化。如果发生化学反应，会生成新的物质，因而光谱也会发生变化。但是，如果温度发生变化时，样品本身并不发生任何变化，所测得的变温光谱也不会发生明显的变化。这时，谱带的强度和宽度可能会有些变化，但不会非常明显。原有的谱带不会消失，新的谱带不会出现。

5.7 高压红外光谱测量

高压红外光谱测量的核心部分是高压池(High Pressure Diamond Anvil Cell)。高压池的窗口材料采用ⅡA 型天然金刚石制作。图 5.20 所示是 1 mm 厚ⅡA 型金刚石片的红外吸收光谱。从图中可以看出，ⅡA 型金刚石片在 2 300～1 800 cm^{-1} 区间有吸收谱带。由于大多数的物质在 2 300～1 800 cm^{-1} 区间没有红外吸收峰，因此采用ⅡA 型金刚石作为高压池的窗口材料不会影响红外光谱的测定。虽然 C≡N，N═C═O，N═C═S，C═C═C，C═C═N，N═C═N 和 C═N═N 基团在 2 300～1 800 cm^{-1} 区间有吸收谱带，但采用相同的窗口作为背景，能将金刚石的吸收全部抵消掉，仍然可以得到这些基团的吸收光谱。

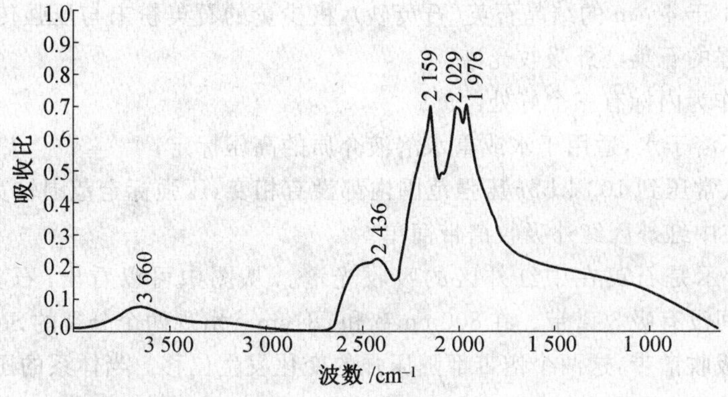

图 5.20　1 mm 厚ⅡA 型金刚石片的红外吸收光谱

由于天然金刚石价格昂贵，金刚石窗口面积很小，一般在 0.5 mm 左右，为了使金刚石窗口能承受最大的压强，需要将金刚石加工成圆形，而且还需要将金刚石镶嵌在一个硬质金属材料底座中，该金属底座给金刚石片以均匀的支撑力，以防止金刚石片在高压下破裂。高压红外光谱附件施加的压力一般可以达到 100 kbar，约 10 万个大气压。

测试高压红外光谱时，需要在两片金刚石窗口之间放入厚度为 0.23 mm 的不锈钢垫片，在垫片上打一个 0.35 mm 直径的小孔，将要测试的样品放入小孔中。往小孔中放入样品需要在显微镜下操作。如果测试的是液体样品，将液体注满小孔即可；如果测试的是固体样品，由于固体粉末不能有效地传递压强，因此需要有能均匀传递压强的介质。通常是将固体粉末用玛瑙研磨至颗粒小于 2.5 μm，然后和液体混合，将混合物注满小孔。只有液体才能均匀地传递压强，混合用的液体为水或重水，因为水和重水的光谱区间是互补的。当然也可以用其他液体作为压强传递介质，如 4∶1 的甲醇－乙醇混合液，但这种混合液在中红外区有许多强的吸收谱带，因此很少使用。不管是用水或重水(或甲醇－乙醇混合液)作为传递压强的介质，在高压下，这些介质都会变成固体。水或重水变成冰后，在光谱中会出现冰地吸收谱带，只有冰的吸收谱带不影响所感兴趣的样品谱带，仍然可以用它传递压强。

高压红外附件分为两类：一类高压红外附件用于主光学台样品室中样品的测定；另一类用于红外显微镜样品台上高压红外的测定。前一类高压红外附件的体积比后一类附件要大得多。用于主光学台的高压红外附件可以直接插在样品室中的样品架上。由于高压红外附件样品的有效直径只有 0.35 mm，因此需要在样品室中安装一个用溴化钾晶体制作的透镜，将进入样品室的红外光束聚焦后，照射到样品上。这样才能增加光通量，提高光谱的信噪比。用于红外显微镜样品台上的高压红外附件体积很小，也很简单，这种高压红外附件由两块镶有金刚石窗口的硬质金属材料底座组成，三根螺丝将两块底座固定。均匀地、逐步地拧紧三根螺丝上的螺母，即可对高压金刚石池加压。

高压红外光谱主要是研究样品在压力下红外光谱的变化，因此准确测定压强成为高压研究中不可缺少的内容之一。高压红外光谱测定中压强的标定，前人已经做了大量的工作，已有通用的方法。一般是采用结晶石英作为内标，根据石英 800 cm^{-1} 谱带的位移值，计算出加压体系的压强。方法是：在不锈钢垫片小孔中注满待测样品后，在显微镜下加入几颗粒度小于 4 μm 的结晶石英(石英砂)，极少量的石英粉末与压强传递介质混合，就可得到足够强的石英红外吸收光谱。

利用石英作为内标有三个好处：

(1) 石英不溶于水，适用于水或重水溶液介质的高压标定；

(2) 石英从常压到 100 kbar 压强范围内都没有相变，压强标定范围较宽；

(3) 石英在中红外区红外吸收谱带简单。

图 5.21 所示是石英在中红外区的吸收光谱。从图中可以看出，石英在 4 000 ～ 1 300 cm^{-1} 区间没有吸收谱带。在 800 cm^{-1} 和 781cm^{-1} 出现两个分裂的 Si－O 四面体对称伸缩振动弱吸收谱带，这两个谱带都随压强的变化发生位移。当体系的压强增大时，谱带频率向高频移动。

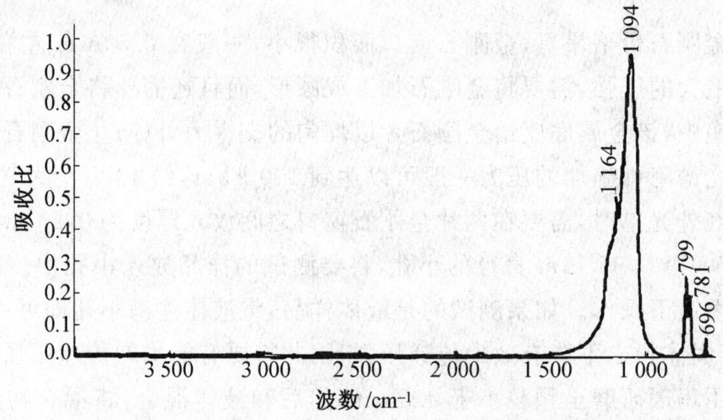

图 5.21　石英在中红外区的吸收光谱

5.8　小　结

本章在对物体透射和吸收特性测量技术发展历程简要分析的基础上，介绍了传统的红外分光光度计、傅里叶红外光谱仪的测量原理和性能特点，以及相关红外窗口材料的光谱特性和应用范围。同时，介绍了适用于透射法测量的固体、溶液、液体和气体的制样方法，以及现在广泛应用的各类反射法的特点，如衰减全反射、镜面反射和漫反射法的工作原理和测量特点。本章也对变温及高压两类特殊环境下的红外测量方法及仪器进行了概要介绍。

第 6 章　太阳辐射的热传输特性测量

太阳能一般指太阳光的辐射能量，通过辐射的形式传输到地面上，具有取之不尽、用之不竭、无所不在、清洁无污染等优点，在能源更替中处于不可取代的地位，但其能量密度低，受天气、昼夜和四季的影响而不稳定。太阳能利用的主要形式有太阳能光热转换、太阳能光电转换和太阳能光化学转换三种。太阳能开发利用研究主要集中在如何提高太阳能的能流密度、如何把低品位的太阳能转换成高品位热能、如何提高转换效率，实现低成本高效率的多元化多层次利用。本章主要针对太阳能利用过程中涉及的太阳能辐射量、太阳辐射热传输特性的测量技术进行介绍，并结合相应的实验系统对结果进行分析。

6.1　太阳辐射与相关参数

设计利用太阳能装置时，首先需要了解到达接收面上太阳辐射量的大小，这与太阳结构和特性、大气气候条件直接相关。本节主要对太阳辐射的基本概念和相关参数的含义进行介绍。

6.1.1　太阳与太阳辐射

太阳直径为 1.39×10^{9} m（相当于地球直径的 109 倍），是一个主要由 71.3% 的氢和 27% 的氦组成的炽热气体火球，质量大约为 1.989×10^{30} kg，相当于地球的 333 400 倍，太阳与地球之间的平均距离为 1.5×10^{11} m。太阳的中心温度约 1.5×10^{7} K，表面有效温度约为 5 800 K。根据斯蒂芬 — 玻耳兹曼定律，可粗略估计出太阳辐射总功率为 3.8×10^{23} kW。根据维恩位移定律，可得到太阳辐射光谱能量最大的波段大约为 0.5 μm，位于可见光波段。图 6.1 表示大气层外部与地面的太阳辐射强度随波长的分布图。

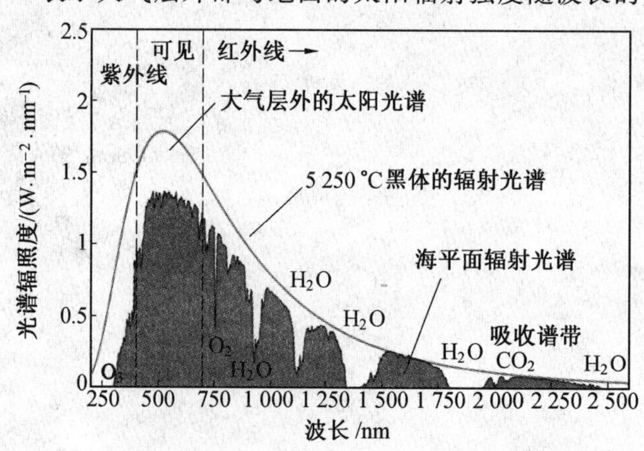

图 6.1　大气层外部与地面的太阳辐射光谱

太阳辐射按照方向可以分为直射辐射和散射辐射。直射辐射又称直达辐射，是指接收到的、直接来自太阳而不改变方向的太阳辐射。散射辐射又称天空辐射，是指接收到的、受大气层散射影响而改变了方向的太阳辐射。

太阳辐射的波长范围在 0.15 ～ 4 μm 之间。在这段波长范围内，又可分为三个主要区域，即波长较短的紫外光区、波长较长的红外光区和介于二者之间的可见光区。太阳辐射的能量主要分布在可见光区和红外光区，前者占太阳辐射总量的 50%，后者占 43%。紫外区只占能量的 7%。

6.1.2　太阳常数

太阳常数是进入地球大气的太阳辐射在单位时间、单位面积内的总量，要在地球大气层之外，垂直于入射光的平面上测量，以 G_{sc} 表示。地球绕太阳运动的轨迹为一椭圆，由于太阳表面常有黑子等太阳活动的缘故，太阳常数并不是固定不变的，实际到达地球大气层外缘处的辐射强度略呈周期变化，一年当中的变化幅度在 1% 左右。

当太阳和地球圆心平均距离为 1.5×10^{11} m 时，太阳对地球的张角为 32′，大气层外太阳辐射能基本上是恒定的，一般为 1 353 W/m^2，该数据是 1971 年美国国家航空航天局提出的，一直沿用至今。地球的截面积是 127 400 000 km^2，因此整个地球接收到的能量约为 1.724×10^{17} W。

每天大气层外太阳射线横断面上的太阳辐射强度值 G_{on}（W/m^2）可以用以下公式进行估算，即

$$G_{on}=G_{sc}\left(1+0.033\cos\frac{360^\circ n}{365}\right)\tag{6.1}$$

其中，n 表示计算日在一年中的序号，$1\leqslant n\leqslant 365$。

6.1.3　太阳位置和方向

为了描述地球上所看到的太阳轨迹，也就是太阳的方向，我们需要计算不同时刻太阳在天空中的位置。天顶角 θ_z 和方位角 γ_s 两个角度对其进行描述是必不可少的，其中天顶角为太阳－地球连线与观测点水平面法线的夹角，而方位角为太阳－地球连线在水平面投影与地球自转轴的夹角，如图 6.2 所示。

假定太阳光线是一组平行线，天顶角可以等效为太阳光线与水平面法线的夹角，通过下面的公式进行计算，即

$$\cos\theta_z=\cos h\cos\delta\cos\varphi+\sin\delta\sin\varphi\tag{6.2}$$

其中，φ 为纬度；h 为时角，$h=15^\circ(T_s-12)\pi/180^\circ$，$T_s$ 为太阳时；δ 为赤角，它表示地球绕太阳运行形成一个轨道平面，其自转轴与此平面形成的投影角度，可以通过 Cooper 公式计算获得，即

$$\delta=23.45^\circ\cos\left(2\pi\frac{n+10}{365}\right)\quad(1\leqslant n\leqslant 365)\tag{6.3}$$

太阳光线与水平面的夹角称为太阳高度角，即

$$\alpha_s=90^\circ-\theta_z\tag{6.4a}$$

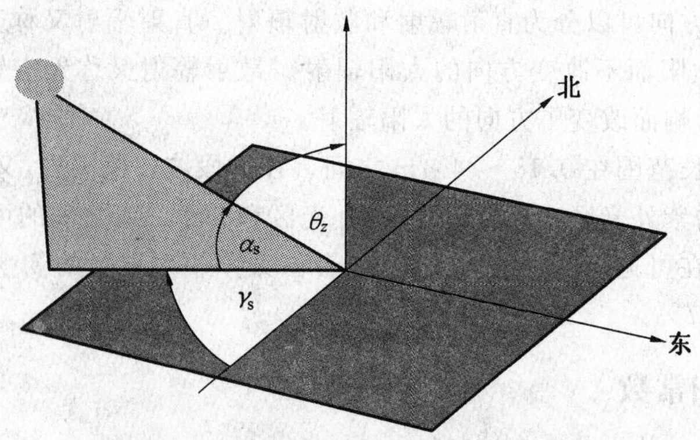

图 6.2　太阳天顶角和方位角的定义

$$\sin\alpha_s = \cos h\cos\delta\cos\varphi + \sin\delta\sin\varphi \tag{6.4b}$$

在正午 $h=0$ 时，可得到

$$\sin\alpha_s = \cos\delta\cos\varphi + \sin\delta\sin\varphi = \cos(\varphi-\delta) = \sin[90°\pm(\varphi-\delta)] \tag{6.5}$$

太阳方位角 γ_s 可以基于 Braun 和 Mitchell 的公式简化获得，即

$$\sin\gamma_s = \frac{\sin h\cos\delta}{\sin\theta_z} \tag{6.6}$$

在地面太阳能利用过程中，需要在目标坐标系内表示太阳的位置。除了根据角度直接计算太阳方向外，根据太阳高度角和方位角的定义，可以获得太阳方向的矢量表达式。

6.1.4　太阳辐射测量设备

太阳辐射测量包括全辐射、直接辐射和散射辐射的测量。对于太阳能利用，主要需要测定的是太阳辐射的总直射强度和总辐射强度。总直射强度是指水平面上单位面积单位时间内所接收到的来自整个半球形天空的太阳辐射能。

太阳直射辐射可以通过太阳直射辐射仪进行测量，通过瞄准接收器在法向测量来自太阳及其周围一小部分天空的太阳辐射。测量总辐射强度通过太阳总辐射仪实现。太阳辐射仪按照测量原理可分为卡计型、热电型、光电型以及机械型，分别利用太阳辐射转化成热能、电能或者热能和电能的结合以及热能和机械能的结合，这些转换的能量形式是可以以不同程度的准确度测定的，相关原理说明可以参看本书第 2 章。

测量太阳直射强度的仪器主要有绝对日射强度表和相对日射强度表。埃氏补偿式直射仪是典型的绝对日射强度表系列，通过比较两个涂黑的锰铜片的温度，其中一个吸收太阳直接辐射(锰铜片放在一个圆筒底部)而温度升高，另一个不接收太阳直射，但通过电加热达到和接收太阳直射的锰铜片的温度，加热电流的平方和太阳直射能成正比。通过对仪器校核，就可以测量太阳直射强度。图 6.3 是两种典型的太阳直射辐射仪。

扬尼雪夫斯基相对日射强度表由感应部分、进光筒和底座三部分组成。其中感应部分是一块熏黑的薄银片，片的背后贴有热电偶堆，排列成环形锯齿状，由锰铜康铜片串联而成，热接点固定在银盘背面，冷接点贴附在铜环的口边上，以维持与仪器处在同一的热状态。热电偶的两端用导线引出筒外，接到电流表上，感应部分外遮有镀铬的防护罩，进光筒具有一定的长度和直径，内有六层光阑。进光筒前沿有一个小孔，对准太阳时，光点

(a)MS-700 型直射光谱辐射度计

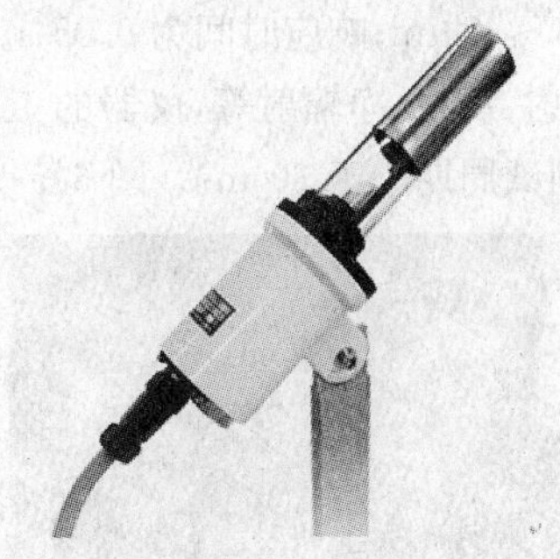

(b)EKO 公司的 MS-093 太阳直射仪

图 6.3　两种典型的埃氏补偿式太阳直射辐射仪

恰好落在后面屏蔽的黑点上。整个进光筒固定在底座上，其上装有定位器。它一方面可调整进光筒轴与地平面的交角，对准当地的纬度，另一方面还可调整进光筒对准太阳。观测时先把导线与电流计接通，对准太阳光读出仪器遮蔽时的电流计初始读数；再打开遮光筒的盖子，使太阳辐射落到感应面上，读出电流计实时读数，结合绝对日射强度表提供的仪器常数就可以平行得到太阳直接辐射强度。

太阳总辐射测量仪主要有莫尔－戈齐斯基太阳总辐射仪和埃普雷太阳总辐射仪。莫尔－戈齐斯基太阳总辐射仪的基本原理是：利用放置在半球形的双层玻璃钟罩内的涂黑的康铜－锰铜热电偶片组成的多个热点，和接在非常大的金属壳上的冷点，通过测量输出电信号，得到总辐射强度。埃普雷太阳总辐射仪利用两个以同心圆形式安装的银质圆环，外环涂白色氧化镁，内环涂锡基铅铜合金黑漆，通过内环吸收太阳辐射，并利用热电偶测量两个圆环的温差，推算出太阳总辐射强度。图 6.4 为莫尔－戈齐斯基类型的 TBQ－2L 总辐射表。

图 6.4　TBQ－2L 总辐射表及安装示意

6.1.5　太阳辐射强度的实验测量和分析

本节采用北京东方顶峰科技有限公司 SS－30 型太阳辐射测量仪和锦州阳光气象科技有限公司 PC－2 型太阳辐射记录仪测试了哈尔滨地区的太阳辐射强度。

SS－30 型太阳辐照度传感器的性能指标：工作温度为－180 ～ 200 ℃；准确度为优于 3%；灵敏度 K_S 为 4.12 μV/(W/m^2)；视场角(球面度) 为 2π；工作范围为±200 kW/m^2；光谱响应范

围为 0.3～4 μm；响应时间为 0.05 s。PC－2 型太阳辐射记录仪可以实时监测太阳的总辐射、散射、直射、反射、净辐射等，仪器的工作环境为－40～70 ℃，显示精度为1 W/m²，准确度为0.5%，测试周期小于 30 ms。图 6.5 为实验用的两种辐照度实物图。

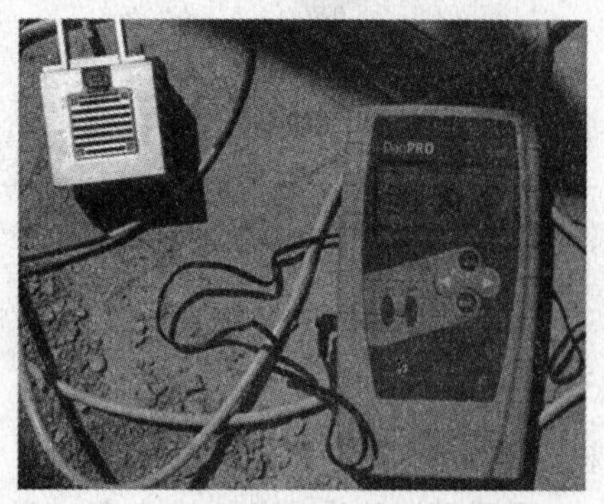

图 6.5　SS－30 型太阳辐射测量仪和 PC－2 型太阳辐射记录仪

由于哈尔滨地处中国严寒地区，年降雪量比较大，冬季准确测量太阳辐射强度具有一定的难度，尤其是散射辐射测量受积雪深度和纯净度的影响特别大，因此本文的太阳辐射强度测试时间选取在 2011 年 6 月 21 日～23 日，测试 3 天各时刻的太阳辐射强度，最后分别取平均值代表夏至日(22 日)当天的辐射强度，大气最低温度 20 ℃，最高温度 31 ℃，风力 3 级，测试时间段都选择在上午 8 点到下午 15 点整。测试过程中 SS－30 型太阳辐射测量仪是先测试总辐射强度，再通过遮阳环去除直射辐射强度后测量太阳散射辐射强度，两者的差值即为太阳直射辐射强度。PC－2 型太阳辐射记录仪直接可以测试直射太阳辐射强度。

图 6.6 显示了两种仪器的实验测试结果和结合太阳方位角及经纬度的数值结果。从图可知，理论计算值和两种实验测量值的变化趋势一样，都是从早上 8 时开始增加，最大值出现在中午 12 时，然后一直减小到下午 15 时。采用 PC－2 太阳辐射记录仪的测试值与理论计算值吻合较好，最大误差为 9.97%，而采用 SS－30 太阳辐射测量仪的测试值与理论计算值吻合稍差，最大误差接近 22.77%。SS－30 太阳辐射测量仪的误差主要是由于散射辐射部分的测量不精确引起的。

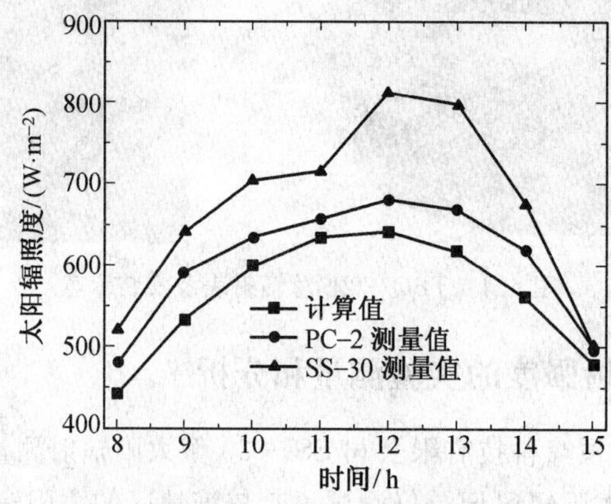

图 6.6　太阳辐射强度逐时变化的计算值与实验测量值的比较

6.2　低倍聚集太阳辐射能流特性测量

太阳辐射的能流密度低，为了获得足够的能量，或者为了提高温度，往往需要采用一定的技术和聚集装置，对太阳能进行收集。太阳聚集器按是否聚光，可以划分为聚光型和非聚光型两大类。非聚光型聚集器（平板式，真空管式）能够利用太阳辐射中的直射辐射和散射辐射，集热温度较低；聚光型聚集器能将太阳光汇聚在面积较小的吸热面上，进而获得较高温度，但只能利用直射辐射，且需要跟踪太阳。太阳能光热发电系统中常用的聚光型聚集器包括槽式系统、碟式系统和塔式系统，聚光比从几十到几千，甚至上万。如此高的辐射热流密度对实验测量提出了新的挑战。

6.2.1　聚集辐射热流测量的常见方法

聚集太阳辐射热流的测量方法主要有基于 CCD 相机与朗伯靶的间接测量和基于热流计阵列的直接测量两大类。对于热流计阵列直接测量法，通过若干个热流计组成的阵列直接测量焦平面的聚集太阳能能流分布。直接测量法只能测量焦平面上若干个离散单元的聚集太阳能能流密度，空间分辨率比较低。另一方面，对碟式聚集器等大聚光比能流密度测量时，热流计探头容易饱和甚至烧坏。因此，除与 CCD 相机联合使用有少量研究外，目前对于聚集热流的测量很少单独采用热流计阵列直接测量法。

CCD 相机与朗伯靶组合的间接测量，利用 CCD 接收朗伯靶反射的太阳能量，通过图像数据处理，得到聚集太阳能流分布，空间分辨率高。1998 年，Johnston 采用 CCD 相机结合水冷靶实验测量了面积 20 m^2 的碟式聚集器焦平面能流分布。为防止 CCD 相机饱和，相机镜头前段布置了中性密度滤光片。水冷靶面喷涂白漆，通过高温处理，近似成朗伯表面。2008 年，戴景民基于 CCD 相机和朗伯靶结合，采用类似的方法对旋转抛物面聚光器的能流密度分布进行了测量。2011 年，Lovegrove 也采用 CCD 相机测试了 500 m^2 大型碟式聚集器的焦平面热流分布特性。为了防止 CCD 相机饱和，在布置中性滤光片同时还需要对靶面采取侧面拍摄的方式。

综上所述，由于 CCD 相机是基于可见光对聚集能流密度分布进行测量，当测量大聚光聚集能流密度分布时，CCD 相机容易饱和测不准，尽管在相机镜头前布置中性密度滤光片能解决相机饱和问题，但由于滤光片对不同角度入射能束的衰减程度不同，导致测量精度下降。此外，为获得测量数据，需要对 CCD 相机的图像灰度值进行标定和修正，数据处理过程比较烦琐。

6.2.2　低倍聚集辐射能流分布的测量系统

为了测量低倍聚集辐射能流密度分布，本研究所改进了一套基于 CCD 相机间接测量方法的能流密度测量装置，主要部件包括旋转抛物面聚光器、朗伯靶、CCD 照相机、中性密度滤光片（ND－filter）和数据采集的计算机系统，如图 6.7 所示。本系统可以测量聚光器焦平面及不同离焦面内光斑能流密度分布，包括最大能流密度、平均能流密度、光斑半径和光斑中心位置，进而求出聚光系统的光学效率、几何聚光比、能量聚光比和接收器上能流密度最大不一致性的相对百分比；同时也可以用来确定聚光器的真实焦距。其能流密度测量范围为 0.001 ～ 0.3 W/mm²；测量分辨率为 0.001 W/mm²；系统的测量误差约为 7%。

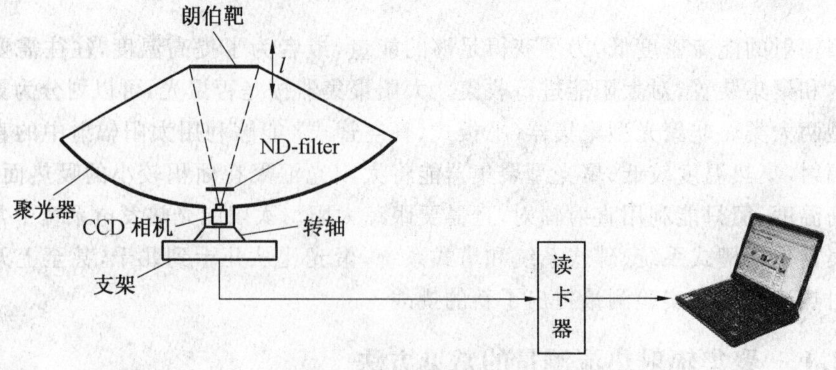

图 6.7　测量系统示意图

图 6.8 为本测量系统使用的抛物面聚光器实物图。该聚光器基体采用抛物面卫星接收天线，口径 $d=1\ 200$ mm，标定焦距 $f=462$ mm，接收面上粘贴小块梯形平面镜，选择厚度 $h=2$ mm 的平面镜片，每片镜片的形状是等腰梯形，镜片总数为 $m\times n=26\times 32=832$ 片。朗伯靶为直径 200 mm 的圆形铁靶，安装在聚光器焦点处，如图 6.9 所示，设计的拉杆可以使靶在焦点区域沿着与聚光器光轴平行的方向移动，拉杆上刻有间距为 10 mm 的刻度，能确定靶移动的位置。对靶的前表面进行处理，使其接近于朗伯反射面。

图 6.8　聚光器实物图

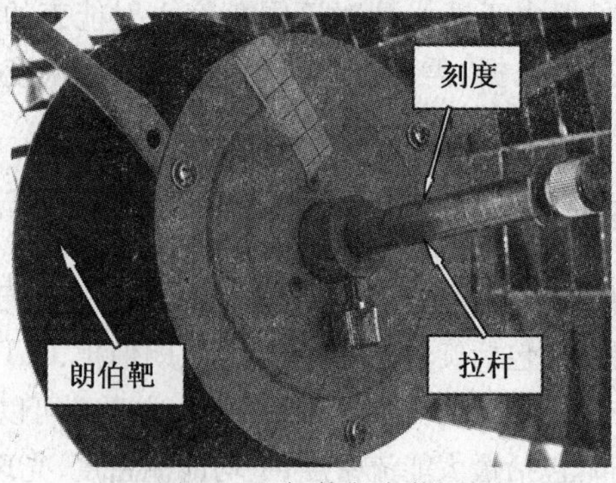

图 6.9　朗伯靶实物图

为了分析聚集系统反射镜面的光谱选择性，采用 UV3101PC 分光光度计测量了反射镜面的光谱反射率，如图 6.10 所示。表 6.1 为聚光镜面的光谱反射率的九个谱带近似划分参数。采用蒙特卡洛法研究了反射镜面光谱特性对聚光比的影响，结果如图 6.11 所示。可以看出，在不考虑其他误差影响的条件下，聚光表面的光谱选择性对聚光器的聚光比影响很大，并且随着边缘角的增加而增加。

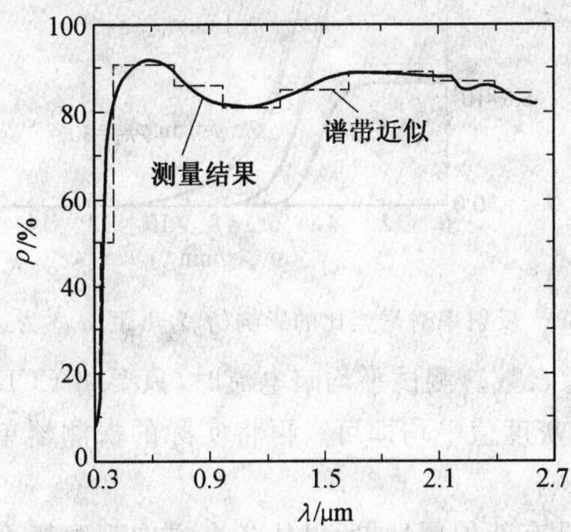

图 6.10　玻璃的光谱反射率用九个谱带近似

表 6.1　镜面光谱反射率的谱带近似参数

谱带数 k	区间 $\Delta\lambda_k/\mu$m	反射率 ρ	太阳辐射所占能量份额 $F_{b(\lambda_1-\lambda_2)}$
1	0 ～ 0.33	0.1	0.058 76
2	0.33 ～ 0.40	0.5	0.073 29
3	0.40 ～ 0.72	0.91	0.392 03
4	0.72 ～ 0.97	0.86	0.188 87
5	0.97 ～ 1.27	0.81	0.121 08
6	1.27 ～ 1.63	0.85	0.071 77
7	1.63 ～ 2.08	0.89	0.042 25
8	2.08 ～ 2.40	0.87	0.015 87
9	2.40 ～ 2.70	0.84	0.009 54

CCD 照相机采用有效像素为 10.1 百万，型号为 EX－Z1000 的卡西欧数码相机。将其安装在聚光器的底部顶点处，面向朗伯靶，为了防止朗伯靶上反射的强光使 CCD 阵列达到饱和，相机透镜前方放置一套中性密度滤光片（ND－filter）。将 CCD 置于全黑环境下，其芯片也会产生暗电流信号。暗电流的大小与光照强度无关，而与 CCD 像素的本征材料、大小和温度等有关，平均暗电流通常用平均暗输出表示。系统在无光照情况下，各像元灰度数据 GV_i 的平均值 GV_{mean} 称为平均暗输出，即

$$GV_{\text{mean}} = \frac{1}{N_{\text{total}}}\sum_{i=1}^{N_{\text{total}}} GV_i \tag{6.7}$$

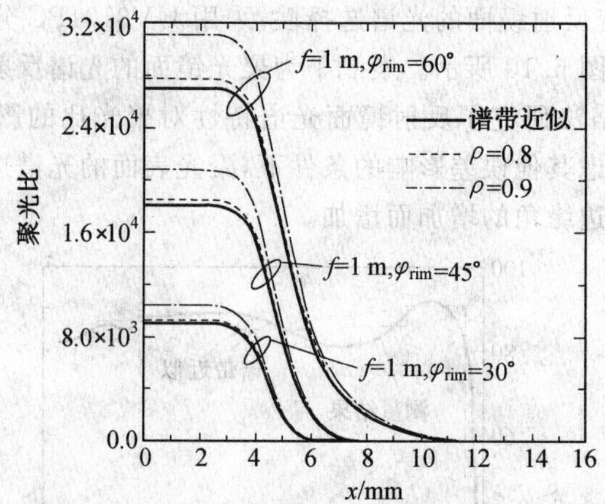

图 6.11　反射率对聚光比的影响(f 为焦距,$\varphi_{\rm rim}$ 为边缘角)

式中,$N_{\rm total}$ 为系统的总像素数。测试平均暗电流时,只要将 CCD 预热后,关上镜头盖,采集一帧图像,将所有像元灰度值平均即可。再将实际的探测器单元响应信号减去平均暗电流,即消除暗电流的影响。

由于接收靶的表面具有朗伯属性,所以从各个方向观察靶面的亮度分布与靶面的能流密度分布呈线性关系;又由于 CCD 相机的灰度值信号与靶面亮度分布也呈线性关系,所以有下列关系存在

$$q = F_{\rm c} \cdot GV \tag{6.8}$$

其中,q 为能流密度值;$F_{\rm c}$ 为比例系数。常用的标定方法是辐射计标定法,即用辐射计测量靶面上不同位置的能流密度值,再与 CCD 在该位置的输出灰度值进行比较,求出两者之间的比例系数,进而求出各位置的能流密度值。

6.2.3　焦面辐射能流测量结果与分析

采用上述太阳能聚集能流密度测试装置,本节对不同靶面位置的朗伯靶上能流密度分布进行了测量。以 10 mm 为间距,分别对朗伯靶距聚能器底部顶点位置 $Z=397\sim467$ mm 等位置进行测量。

图 6.12 和图 6.13 分别为 $Z=397$ mm 和 $Z=447$ mm 时 CCD 拍摄的可见光照片,图 6.14 和图 6.15 分别为 $Z=397$ mm 和 $Z=447$ mm 时朗伯靶的红外热像图。从图可知,距离 $Z=447$ mm 时对应的光斑亮度明显强于 $Z=397$ mm 的光斑,并且前者对应的朗伯靶的温度比后者低大约 45 ℃,但后者的光斑几何尺寸直径更大一些。

图 6.16 ~ 图 6.23 为朗伯靶离聚光器顶点不同距离时对应的辐射热流分布。由图可知,在 $Z=447$ mm 时的光斑直径最小,且能流密度峰值最大,因此聚光器的实际焦点位于 $Z=447$ mm 附近,这与聚光器基体标定焦距 462 mm 有差别,主要由于在基体上粘贴镜片后,由于每个镜片都是小平面镜,不能与基体完全吻合,产生一定的面形误差,聚光器的形状不再是标准旋转抛物面型。由图 6.18 可知,在抛物面聚光器实际焦点处的光斑形状为近似椭圆的高斯分布,能流密度的最大值为 0.227 W/mm^2。另外,从图可以看出随着朗伯靶与抛物聚光器底部顶点距离的变化,光斑的中心位置也发生变化,这主要是由于本

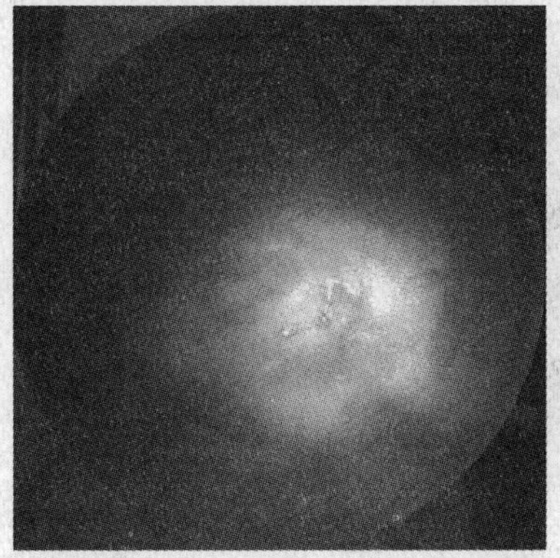

图 6.12　$Z = 397$ mm 时光斑图

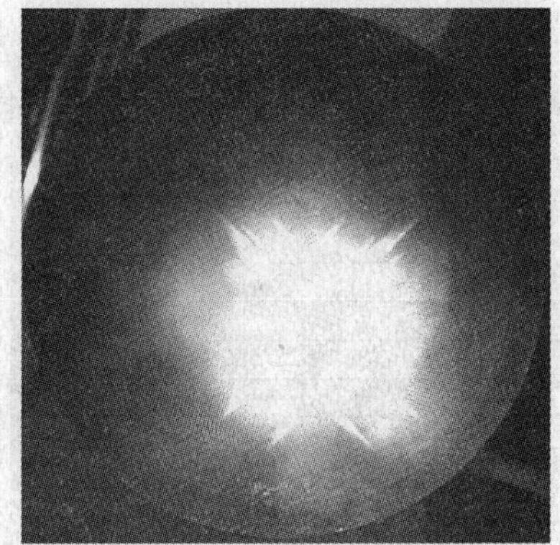

图 6.13　$Z = 447$ mm 时光斑图

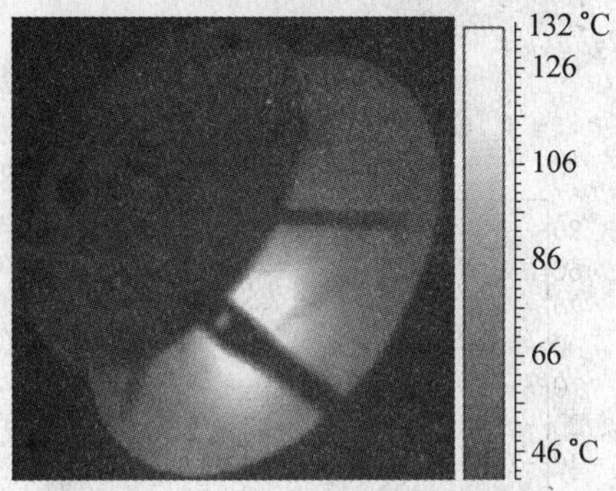

图 6.14　$Z = 397$ mm 朗伯靶红外热像图

测试平台的对日跟踪系统主要依赖于手动调节，存在一定的误差。

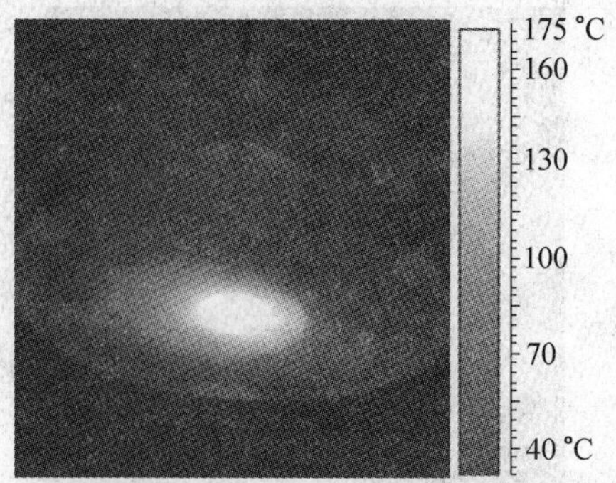

图 6.15　$Z = 447$ mm 朗伯靶红外热像图

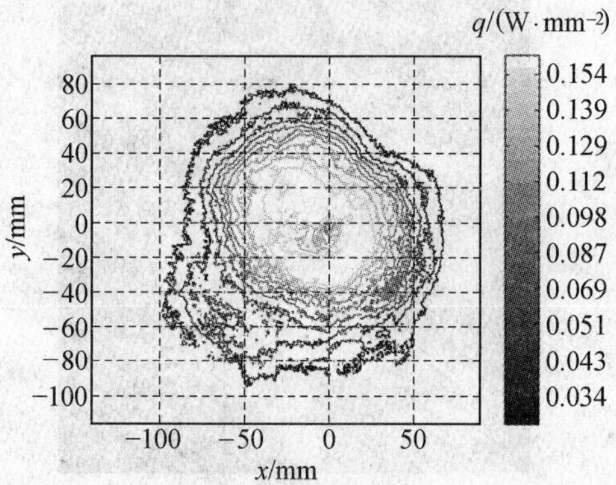

图 6.16　$Z = 467$ mm 的能流密度分布图

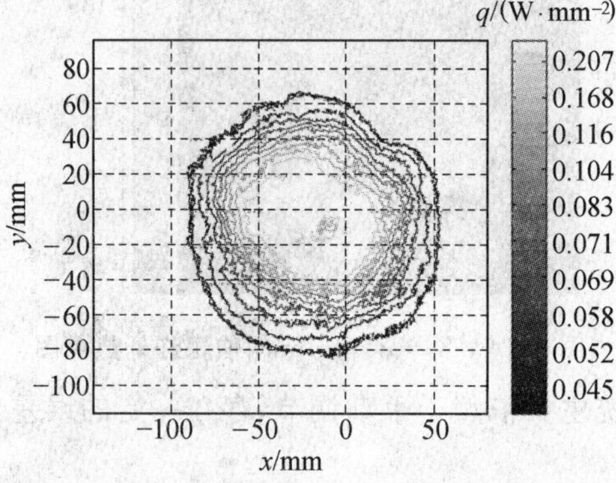

图 6.17　$Z = 457$ mm 的能流密度分布图

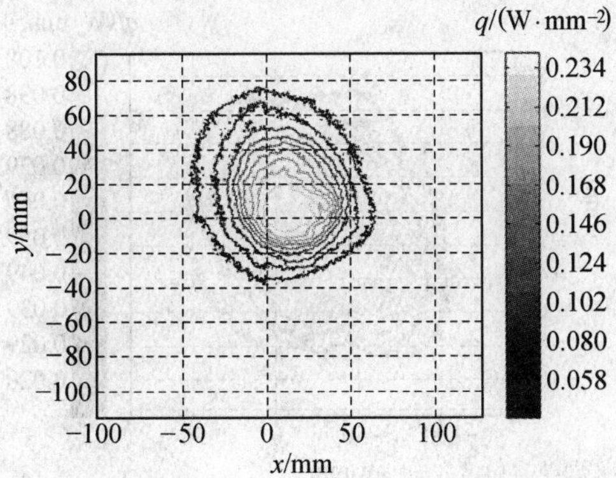

图 6.18　$Z = 447$ mm 的能流密度分布图

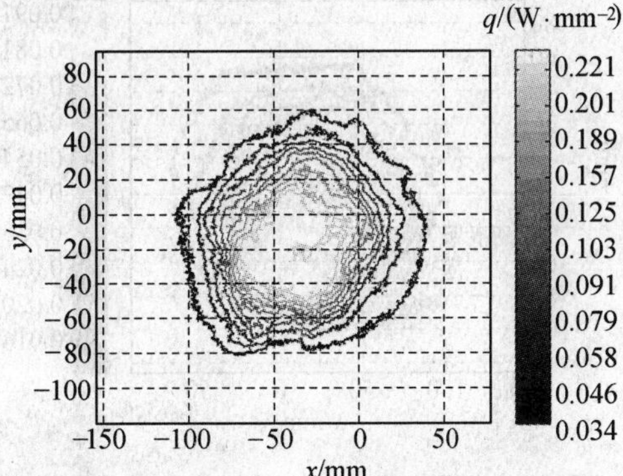

图 6.19　$Z = 437$ mm 的能流密度分布图

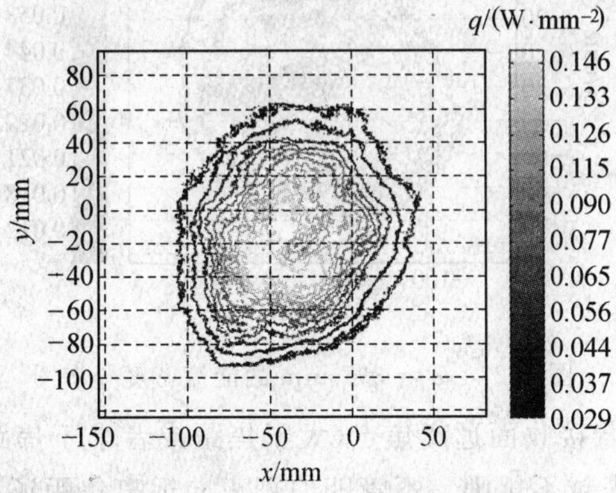

图 6.20　$Z = 427$ mm 的能流密度分布图

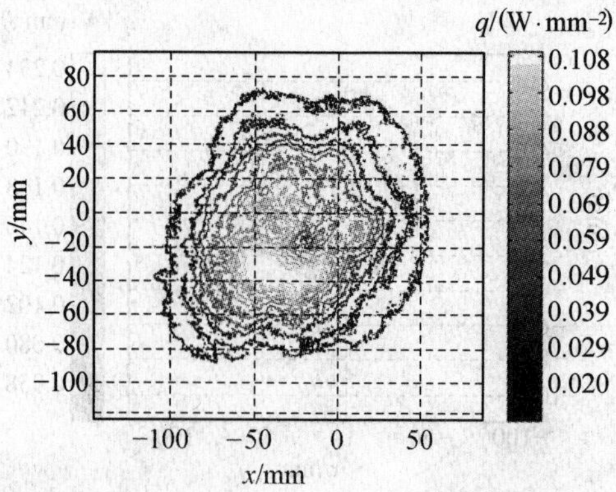

图 6.21　$Z = 417$ mm 的能流密度分布图

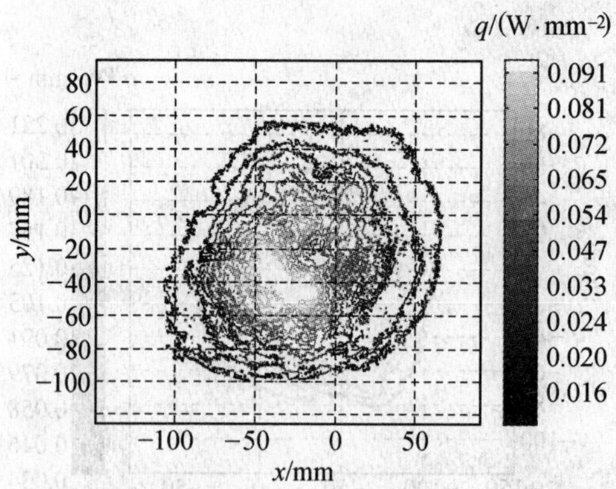

图 6.22　$Z = 407$ mm 的能流密度分布图

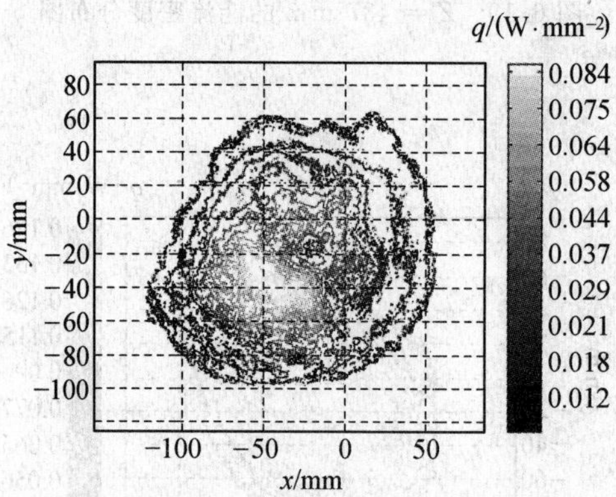

图 6.23　$Z = 397$ mm 的能流密度分布图

从测试结果看，随着接收面远离焦点（大于焦距或者小于焦距），光斑直径变大，能流密度峰值减小，形状越来越不规则。不管朗伯靶正向远离焦距还是负向远离焦距，两者形成的光斑形状和峰值大小都很接近。但是在实际应用中，有时更加希望得到分布均匀的光斑，即能流密度峰值与光斑边缘的能流密度值相差不要太大，光斑半径有时也不希望太小，因此需要根据实际对接收器进行具体设计，同时还应该考虑吸收器的遮挡作用。

6.3　高倍聚集太阳辐射能流特性测量

6.3.1　高倍聚集辐射能流分布的测量系统

针对 CCD 相机实验测量的不足，我们课题组提出了一种基于红外热像仪和水冷朗伯靶的大聚集比聚集能流密度分布的红外测量方法。基于红外热像仪和水冷朗伯靶的红外测量过程如图 6.24 所示：水冷朗伯靶固定在聚集器焦平面上，高反射入射的聚集太阳能流；红外热像仪正对靶面，接收水冷朗伯靶面反射的聚集太阳光，获得反射聚集太阳能流的等效红外温度图像。

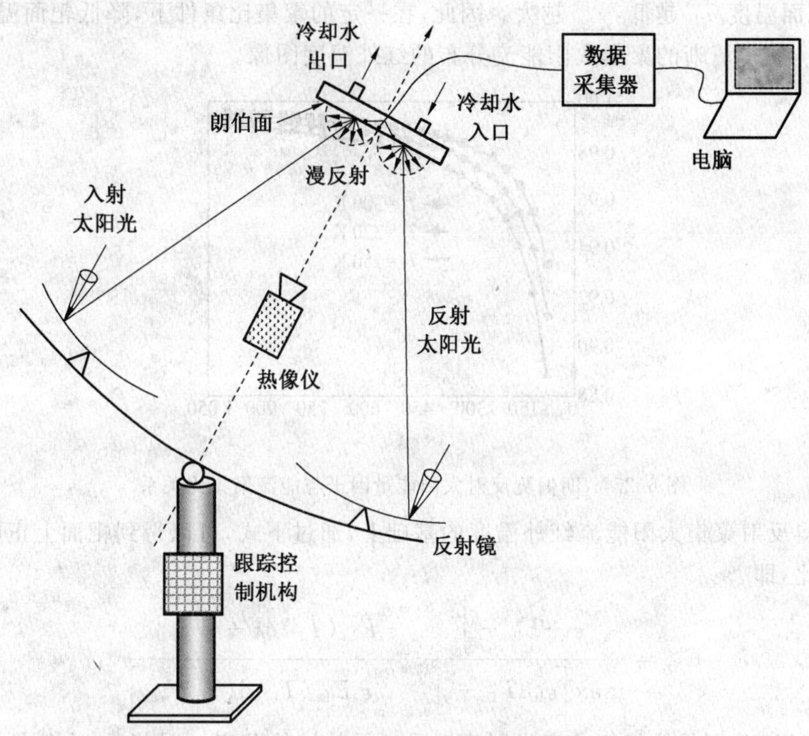

图 6.24　高倍聚焦光斑热流分布红外测量原理示意图

红外热像仪工作波段一般为 7.5～13.0 μm。虽然太阳辐射在 7.5～13.0 μm 波段的能量份额较低，但是该波段能量在大气传输过程中衰减小（大气窗口）。在聚集条件下，该波段的太阳辐射能量比常温物体（朗伯靶）发射能量高。为定量分析热像仪接收的总能量中反射太阳能量份额，定义太阳辐射能量因子 χ_{SR} 为

$$\chi_{SR}=\frac{\int_{7.5\ \mu m}^{13.0\ \mu m}\rho_\lambda C_E F_{se} E_{b\lambda}(T_{sun})\mathrm{d}\lambda}{\int_{7.5\ \mu m}^{13.0\ \mu m}\rho_\lambda C_S F_{se} E_{b\lambda}(T_{sun})\mathrm{d}\lambda+\int_{7.5\ \mu m}^{13.0\ \mu m}\varepsilon_\lambda E_{b\lambda}(T_L)\mathrm{d}\lambda+W_{sur}} \tag{6.9}$$

其中，环境投射能量 W_{sur} 包括周围物体和大气的辐射能量，表达式为

$$W_{\text{sur}} = \int_{7.5\ \mu\text{m}}^{13.0\ \mu\text{m}} [\varepsilon_{\text{refl}} E_{\text{b}\lambda}(T_{\text{refl}}) + (1-\tau) E_{\text{b}\lambda}(T_{\text{atm}})]\, \text{d}\lambda \tag{6.10}$$

式中，ρ_λ，ε_λ 和 T_L 分别是朗伯靶面的反射率和发射率及其表面温度；C_E 是靶面能流聚集比；F_se 是太阳表面积与日地距为半径的球表面积之比，$F_\text{se}=8.612\times10^{-5}$；$T_\text{sun}$ 是太阳光谱等效温度，$T_\text{sun}=5\ 800$ K；$E_{\text{b}\lambda}$ 是光谱辐射力函数。而 ε_refl 和 T_refl 分别是周围物体的发射率和温度，τ_atm 和 T_atm 分别是周围大气的透过率和温度，一般有 $\varepsilon_\text{refl}=1.0$ 和 $\tau_\text{atm}=0.92$，T_refl 和 T_atm 具体数据在实验时通过温度计测量获得。

太阳辐射能量因子 χ_SR 与能流聚集比 C_E 的特征关系如图 6.25 所示，其中 $\rho_\lambda=0.8$，$T_\text{refl}=T_\text{atm}=300.0$ K。从图 6.25 可看出，χ_SR 随聚集比 C_E 增加快速增加，当 $C_\text{E}\geqslant150$ 时，$\chi_\text{SR}>0.96$。说明红外测量方法测量大聚集比的能流密度分布具有较好的适应性。当 C_E 一定时，靶面温度 T_L 越低，χ_SR 越大。因此，在一定的聚集比条件下，降低靶面温度，有利于提高 χ_SR，获得清晰的聚集太阳能流分布的红外温度图像。

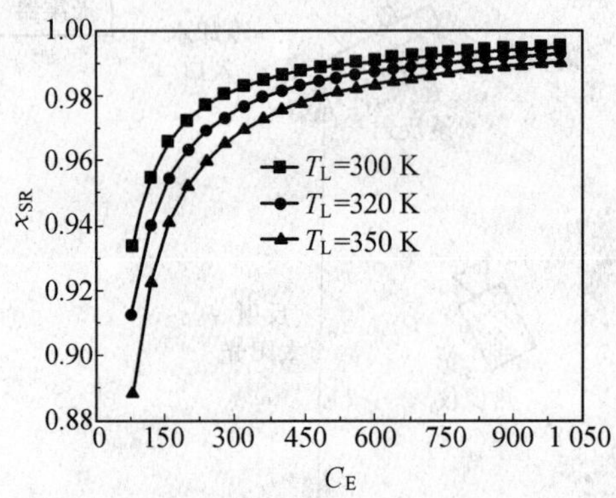

图 6.25　朗伯靶反射太阳能量因子与能流聚集比关系

在获得反射聚集太阳能流红外温度的基础上，通过下式，可以得到靶面上正则化太阳能流聚集比，即

$$C_{\text{NE}} = \frac{\varepsilon_{\text{Ir}}\sigma T_{\text{IL}}^n - \int_{0.75\ \mu\text{m}}^{13.0\ \mu\text{m}} \varepsilon_\lambda E_{\text{b}\lambda}(T_\text{L})\,\text{d}\lambda - W_{\text{sur}}}{\max\left[\varepsilon_{\text{Ir}}\sigma T_{\text{IL}}^n - \int_{0.75\ \mu\text{m}}^{13.0\ \mu\text{m}} \varepsilon_\lambda E_{\text{b}\lambda}(T_\text{L})\,\text{d}\lambda - W_{\text{sur}}\right]} \tag{6.11}$$

式中，ε_Ir 和 T_IL 分别是热像仪参考发射率以及显示的红外温度；n 是指数，由热像仪型号决定；σ 是 Stefan－Boltzmann 常数，$\sigma=5.67\times10^{-8}\ \text{W}/(\text{m}^2\cdot\text{K}^4)$。

根据上述聚集能流密度分布的红外测量原理，我们研制了如图 6.26 所示的红外热像仪和水冷朗伯靶实验测量装置。整个实验测量系统包括红外热像仪、水冷朗伯靶、温度采集系统和冷却水系统。本实验采用 FLIR－SC620 型红外热像仪，工作波段为 7.5～13.0 μm，式(6.11)中的 $n=4.09$。水冷朗伯靶是由紫铜板加工而成，紫铜板的导热系数高，有利于冷却降温。正对聚集太阳光的紫铜板面涂制了高反射的硫酸钡膜，形成朗伯靶面，减少靶面对聚集太阳能的吸收，降低靶面自身的红外发射。温度采集系统由热电偶、数据采集器、电脑组成。热电偶埋在靶板内，通过和数据采集器和电脑相连测量靶面真实温度。冷却水系统包括水泵、水桶、水管。冷却水在泵驱动下流过朗伯靶，带走朗伯靶吸收的太阳能流，降低朗伯靶表面温度。

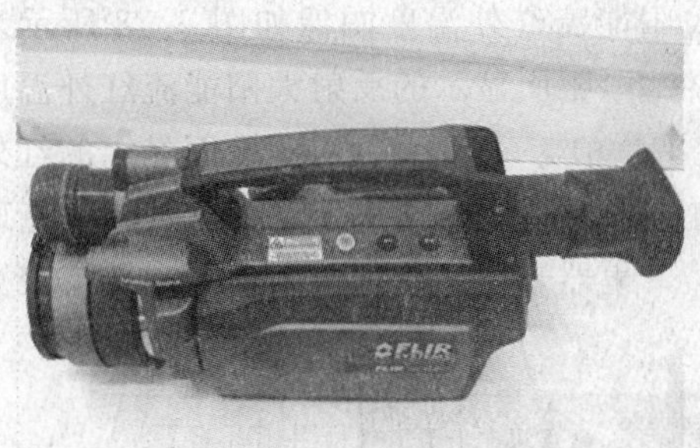

(a)FLIR 红外热像仪

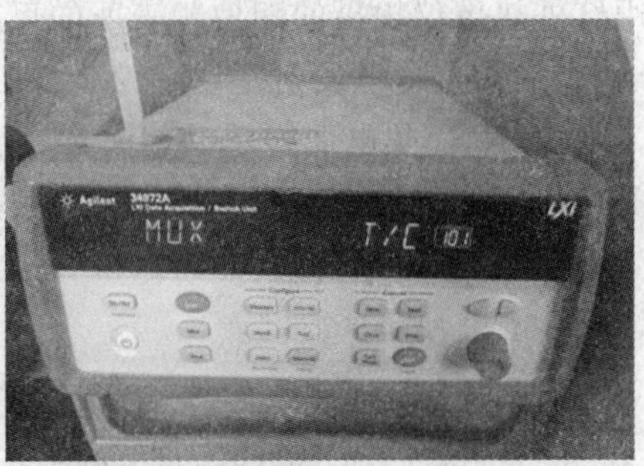

(b) 热电偶数据采集器

(c) 朗伯靶内部结构

(d) 涂制硫酸钡形成的朗伯表面

图 6.26　水冷朗伯靶测量系统实验照片

6.3.2　十六碟聚集能流密度分布测量结果

采用上述红外热像仪和水冷靶对十六碟聚集系统的聚集太阳辐射能流密度进行了实验测量，实验测量场景如图 6.27 所示。朗伯靶固定在十六碟聚集器的焦平面上，朗伯表面正对入射的聚集太阳能流。通过相关试验校对，朗伯靶的发射率为 0.15，即反射率为 0.85；冷却水从朗伯靶盒的背面穿过靶盒，降低朗伯面温度。热电偶的连线也从靶盒背面引出。

图 6.27　十六碟聚集能流密度分布的红外测量实验场景

用红外热像仪拍摄的朗伯靶表面的反射太阳能流红外温度图像如图 6.28 所示。从图看出，在热像仪参考发射率设置为 1.0 的条件下，靶面显示的反射太阳能流红外温度峰值为 341.35 K，而热电偶显示的靶面实际温度平均值为 302.6 K，因此靶面显示的红外温度大部分是反射聚集太阳能流形成的。根据红外温度分布结果，以朗伯靶面红色亮斑的中心为坐标原点，通过公式(6.11)，得到十六碟聚集器聚集能流的正则化太阳能流聚光比分布，如图 6.29 所示。

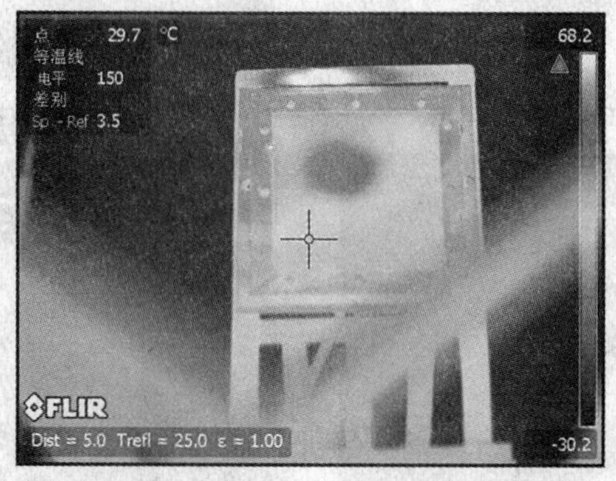

图 6.28 靶面反射聚集太阳能流的红外温度分布图像

从图 6.29 可以看出，十六碟聚集器的能流聚集比为近似高斯分布，中心聚集比高，沿半径方向聚集比不断下降，聚集光斑半径在 0.05 ～ 0.06 m 的范围内。

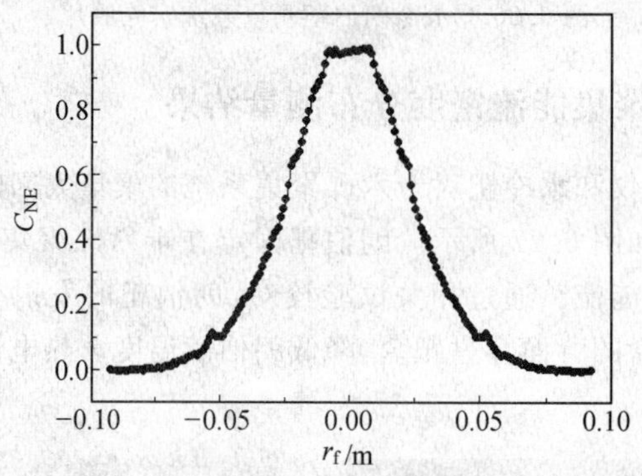

图 6.29 十六碟聚集器的红外测量正则化能流聚集比分布

6.3.3 测量系统的不确定度分析

影响红外实验测量结果精度的主要因素有：红外温度测量重复性引起的不确定度，朗伯靶表面的非朗伯属性，靶面温度不均匀引起的不确定度，以及热电偶和红外热像仪器示值的不确定性。下面结合十六碟的实验测量数据，对红外测量方法测量结果的不确定度进行分析。

(1) 聚集太阳能流反射红外温度测量重复性引起的不确度

对被测量 X，在同一条件下进行 n 次独立重复测量，测量值为 X_i $(i=1,2,\cdots,n)$。用贝塞尔法计算单次测量的标准差为

$$\sigma_V = \sqrt{\frac{\sum_{i=1}^{n}(X_i - \overline{X})^2}{n-1}} \tag{6.12}$$

其中,$\overline{X}$ 为样本算术平均值

$$\overline{X} = \frac{1}{n}\sum_{i=1}^{n} X_i \tag{6.13}$$

采用 A 类评定计算重复性测量引起的标准不确定度 u_{s1},有

$$u_{s1} = \frac{\sigma_V}{\sqrt{n}} \tag{6.14}$$

测量结果的相对不确定度为

$$u_{1,s} = \frac{u_{s1}}{\overline{X}} \tag{6.15}$$

通过六次连续拍摄,得到朗伯靶面的反射聚集太阳能流和自身辐射的等效红外温度峰值分布见表 6.2。

表 6.2　红外温度峰值的六次测量结果

i	1	2	3	4	5	6
T_{IL}/K	337.6	339.7	336.8	341.5	340.2	338.4

由式(6.15),计算得到红外温度测量重复性引起的相对不确定度为

$$u_{1,s} = \frac{0.715}{339.1} \times 100\% = 0.21\% \tag{6.16}$$

(2) 朗伯靶表面的非朗伯属性引起的不确定度

靶面的非朗伯属性是影响测量精度的主要因素之一。考虑到热像仪正对靶面,根据双向反射分布函数 BRDF 概念,定义靶面的非朗伯属性为

$$LB = \left[1 - \frac{\mathrm{BRDF}(\theta_i, \varphi_i; 0, 0)}{\mathrm{BRDF}(0, 0; 0, 0)}\right] \times 100\% \tag{6.17}$$

式中,$\mathrm{BRDF}(\theta_i, \varphi_i; 0, 0)$ 表示(θ_i, φ_i) 方向入射能流在(0,0) 反射方向的 BRDF。

十六碟聚集器边缘角为 50°,通过文献中硫酸钡板的 BRDF 测量数据,经过计算可得此时靶面的非朗伯属性为 8.46%。靶面的非朗伯属性在区间(0,8.46) 各处出现的机会相等,服从均匀分布。采用 B 类不确定度的评定方法,其标准差 a 为

$$a = \frac{8.46\%}{2} = 4.23\% \tag{6.18}$$

因此,靶面的非朗伯属性引起的标准不确定度为

$$u_{2,s} = \frac{a}{\sqrt{3}} = 2.44\% \tag{6.19}$$

(3) 朗伯靶表面的温度非均匀性引起的不确度

由于焦斑热流分布和冷却水换热的不均匀性,靶面的温度分别不均匀。为测量靶面的温度分布,九个 T 型热电偶均匀埋在紫铜板内,其温度示值 T_L 见表 6.3。

表 6.3 水冷朗伯靶热电偶温度值

i	1	2	3	4	5	6	7	8	9
T_L/K	304.6	302.7	303.8	302.5	301.8	303.7	299.8	302.6	302.1

根据表 6.3 的测量结果，得到靶表面温度的算术平均值为

$$\overline{T}_L = \frac{\sum_{i=1}^{9} T_{L,i}}{9} = 302.6 \tag{6.20}$$

由贝塞尔公式计算靶表面温度的标准差为

$$\sigma_{TL} = \sqrt{\frac{\sum_{i=1}^{9} (T_{L,i} - \overline{T}_L)^2}{8}} = 1.39 \tag{6.21}$$

采用B类评定计算靶面温度不均匀引起的标准不确定度 u_{TL}。为简化分析，假设靶板温度分布在区间(302.6 − 1.39, 302.6 + 1.39) 服从均匀分布，有

$$u_{TL} = \frac{\sigma_{TL}}{\sqrt{3}} = 0.81 \tag{6.22}$$

靶面温度不均匀引起的相对标准不确定度为

$$u_{3,s} = \frac{u_{TL}}{\overline{T}_L} = 0.27\% \tag{6.23}$$

(4) 热像仪及热电偶示值误差引起的不确度

实验采用的FLIR－SC620型红外热像仪，出厂前经过标定，示值误差 σ_4 为±2.0 K。取均匀分布，按下式结合表 6.2 中红外温度峰值，计算得热像仪示值相对不确定度为

$$u_{4,s} = \frac{\sigma_4}{\sqrt{3} \times \overline{T}_{IL}} = \frac{2.0}{\sqrt{3} \times 339.1} = 0.34\% \tag{6.24}$$

采用 T 型热电偶测量靶板的温度值。用温度计对热电偶进行标定修正，示值误差 σ_5 范围为 ± 1.2 K。取均匀分布，按下式结合表 6.3 中热电偶读数，计算得到热电偶示值相对不确定度为

$$u_{5,s} = \frac{\sigma_5}{\sqrt{3} \times \overline{T}_L} = \frac{1.2}{\sqrt{3} \times 302.6} = 0.23\% \tag{6.25}$$

(5) 聚集太阳能流密度分布红外测量结果的相对标准不确定度

上述各不确定分量 $u_{1,s}, u_{2,s}, u_{3,s}, u_{4,s}, u_{5,s}$ 相对独立。将各分量值代入下式，计算红外能流密度相对标准不确定度为

$$u_s = \sqrt{u_{1,s}^2 + u_{2,s}^2 + u_{3,s}^2 + u_{4,s}^2 + u_{5,s}^2} = 2.5\% \tag{6.26}$$

即十六碟聚集器聚集能流密度分布的红外测量结果的不确定度为 2.5%，说明基于红外热像仪和水冷朗伯靶的红外测量结果具有较好的精度。

6.4 小 结

太阳能光热利用过程主要是光热辐射传递过程，从太阳光聚集、传输到光热转换都涉

及材料热辐射物性的表征和测量，同时也有可为太阳能高效低成本转换技术提供基础物性数据库。本章介绍了太阳能光热利用过程中涉及的典型热辐射测量问题，包括太阳能辐照度的测量、高低倍聚集太阳辐射热流密度的测量，阐述了太阳辐射强度、聚集辐射能流的测试原理、方法和装置，并研制了相应的测试平台，对碟式聚集系统的焦面聚集辐射热流分布进行了测量和误差分析。

参考文献

[1] 谈和平,夏新林,刘林华,等. 红外辐射特性与传输的数值计算 —— 计算热辐射学[M]. 哈尔滨:哈尔滨工业大学出版社,2006.

[2] 谈和平,易红亮. 多层介质红外热辐射传输[M]. 北京:科学出版社,2012.

[3] 余其铮. 辐射换热原理[M]. 哈尔滨:哈尔滨工业大学出版社,2000.

[4] 杨世铭,陶文铨. 传热学[M]. 4 版. 北京:高等教育出版社, 2006.

[5] 肖劲松,李超,郭航,等. 微型薄膜瞬态热流计的研究与开发[J]. 北京工业大学学报,2006,32(12):1116-1120.

[6] 徐恒,韩义中,杨永军. 黑体辐射源的发展[J]. 计测技术,2009,29(5):1-3.

[7] 岳桢干. 黑体辐射源技术的发展趋势(上)[J]. 红外,2012,33(7):43-48.

[8] 岳桢干. 黑体辐射源技术的发展趋势(下)[J]. 红外,2012,33(8):44-45.

[9] 段宇宁. 黑体辐射源研究综述[J]. 现代计量测试,2001,3:7-11.

[10] 刘金元,薛凤仪. 紫外和真空紫外光谱辐射标准灯 —— 氘灯[J]. 测量与设备,2001,3:19-21.

[11] 黄煜,王淑荣,张振铎,等. 用 150 W 氘灯标定 200 ~ 300 nm 光谱辐照度[J]. 光学精密工程,2007,15(8):1215-1219.

[12] 陈大华. 氙灯的技术特性及其应用[J]. 光源与照明,2012,4:18-20.

[13] MODEST M F. Radiative heat transfer [M] . 3rd ed. New York: Academic Press Inc, 2013.

[14] HOWELL J R, SIEGEL R, MENGUC M P. Thermal radiation heat transfer [M]. 5th ed. New York:CRC Press Inc, 2010.

[15] PALIK E D. Handbook of optical constants of solids[M]. New York:Academic Press Inc, 1998.

[16] ZHANG Zhuomin, YE Hong. Measurements of radiative properties of engineered micro/nanostructures. Annual review of heat transfer [M]. New York: Begell House, 2013.

[17] 帅永. 典型光学系统表面光谱辐射传输及微尺度效应[D]. 哈尔滨:哈尔滨工业大学,2008.

[18] 阮立明,齐宏,王圣刚,等. 导弹尾喷焰目标红外特性的数值仿真[J]. 红外与激光工程,2008,37(6):959-962.

[19] TAN Heping, SHUAI Yong, DONG Shikui. Analysis of rocket plume base heating by using backward Monte-Carlo method [J]. AIAA Journal of Thermophysics and Heat Transfer,2005,19(1):125-127.

[20] 张友华,陈连忠,刘德英,等. C/C 复合材料光谱发射率测量研究[J]. 宇航材料工艺,2009,1:91-92.

[21] 周怀春. 炉内火焰可视化检测原理与技术[M]. 北京:科学出版社,2005.

[22] 李明华，段炼，徐洪福. 稳态卡计法半球向热辐射率测定装置[J]. 计量技术，1984，3:13-17.

[23] DAI Jingmin, FAN Yi, CHU Zaixiang. Development of a millisecond pulse-heating apparatus[J]. International Journal of Thermophysics, 2002, 23(5): 1401-1405.

[24] RIGHINI F, SPISIAK J, BUSSOLINO G, et al. Measurement of thermophysical properties by a Pulse-Heating method: thoriated tungsten in the range 1 200 to 3 600 K [J]. International Journal of Thermophysics, 1994, 15(6): 1311-1322.

[25] RIGHINI F, SPISIAK J, BUSSOLINO G. Normal spectral emissivity of niobium (at 900 nm) by a pulse-heating reflectometric technique[J]. International Journal of Thermophysics, 1999, 20(4): 1095-1106.

[26] RIGHINI F, SPISIAK J, BUSSOLINO G, et al. Thermophysical properties by a pulse-heating reflectometric technique: niobium, 1100 to 2700 K[J]. International Journal of Thermophysics, 1999, 20(4): 1107-1116.

[27] KRISHNAN S, HAMPTON S, JAMES R, et al. Spectral polarization measurements by use of the grating division-of-amplitude photopolarimeter[J]. Applied Optics, 2003, 42(7): 1216-1227.

[28] 戴景民，王新北. 材料发射率测量技术及其应用[J]. 计量学报，2007，28(3): 232-236.

[29] LEVENDIS Y A. Development of multicolor pyrometers to monitor the transient response of burning carbonaceous particles [J]. Review of Scientific Instruments, 1992, 63(7): 3608-3622.

[30] COPPA P, DAI J M, RUFFINO G. The transient regime of a multiwavelength pyrometer[J]. International Journal of Thermophysic, 1993, 14(3): 599-608.

[31] 戴景民，卢小冬，褚载祥，等. 具有同步数据采集系统的多点多波长高温计的研制[J]. 红外与毫米波学报，2000，19(1): 62-66.

[32] SUN Xiaogang, DAI Jingmin. Development of a special multiwavelength pyrometer for temperature distribution measurements in rocket engines [J]. International Journal of Thermophysic, 2002, 23(5): 1293-1301.

[33] CONG Dacheng, DAI Jingmin, SUN Xiaogang, et al. Design of mid-infrared multi-wavelength radiation thermometer[J]. 红外与毫米波学报，2000，19(6): 407-412.

[34] 孙晓刚，王雪峰，戴景民. 基于多光谱法的目标真温及光谱发射率自动识别算法研究[J]. 西安交通大学学报，2001，35(12): 1275-1278.

[35] YANG Chunling, DAI Jingmin, HU Yan. Optimum identifications of spectral emissivity and temperature for multi-wavelength pyrometry[J]. Chinese Physics Letters, 2003, 20(10): 1685-1688.

[36] 肖青，柳钦火，李小文，等. 热红外发射率光谱的野外测量方法与土壤热红外发射率

特性研究[J]. 红外与毫米波学报，2003，22(5)：373-378.

[37] SOVA R M, LINEVSKY M J, THOMAS M E, et al. High-temperature infrared properties of Sapphire, Alon, Fused Silica, Yttria, and Spinel[J]. Infrared Physics & Technology, 1998, 39(4): 251-261.

[38] ISHII J, ONO A. Uncertainty estimation for emissivity measurements near room temperature with a Fourier transform spectrometer[J]. Measurement Science and Technology, 2001, 12(12): 2103.

[39] 宋扬. 光谱发射率在线测量技术研究[D]. 哈尔滨：哈尔滨工业大学，2009.

[40] 费业泰. 误差理论与数据处理[M]. 北京：机械工业出版社，2000.

[41] 杨立，杨桢. 红外热成像测温原理与技术[M]. 北京：科学出版社，2012.

[42] 郑子伟. 红外测温仪概述[J]. 计量与测试技术，2006，33(10)：22-23.

[43] 吴燕燕，罗铁荀，黄杰，等. 基于红外热像仪测温原理的物体表面发射率计算[J]. 直升机技术，2011，(4)：25-29.

[44] 金伟其，胡威捷. 辐射度 光度与色度及其测量[M]. 北京：北京理工大学出版社，2009.

[45] 叶玉堂，刘爽. 红外与微光技术[M]. 北京：国防工业出版社，2005.

[46] 张耀明，邹宁宇. 太阳能科学开发与利用[M]. 南京：江苏科学技术出版社，2012.

[47] 邓长生. 太阳能原理与应用[M]. 北京：化学工业出版社，2010.

[48] 张鹤飞. 太阳能热利用原理与计算机模拟[M]. 西安：西北工业大学出版社，2007.

[49] 刘颖. 太阳能聚光器聚焦光斑能流密度分布的理论与实验研究[D]. 哈尔滨：哈尔滨工业大学，2008.

[50] 戴贵龙. 太阳能两级聚集与高温热转换的光热传输特性研究[D]. 哈尔滨：哈尔滨工业大学，2012.

[51] 何立群，丁力行. 太阳能建筑的热物理计算基础[M]. 北京：中国科学技术大学出版社，2011.

名词索引

注:名词后面数字为本书节的编号